Autodesk 授权培训中心（ATC）推荐教材
柏慕培训 BIM 与绿色建筑分析实战应用系列教材

Autodesk Revit MEP 2011
管线综合设计实例详解

柏慕培训　组织编写

中国建筑工业出版社

图书在版编目（CIP）数据

Autodesk Revit MEP 2011管线综合设计实例详解/柏慕培训组织编写. —北京：中国建筑工业出版社，2010.10

（Autodesk授权培训中心（ATC）推荐教材，柏慕培训BIM与绿色建筑分析实战应用系列教材）

ISBN 978-7-112-12561-6

Ⅰ. ①A… Ⅱ. ①柏… Ⅲ. ①管线综合-计算机辅助设计-应用软件，Revit MEP 2011 Ⅳ. ①TB21-39

中国版本图书馆CIP数据核字（2010）第197798号

Revit MEP是一款能够按照您的思维方式工作的智能设计工具，它提供了针对管网及布管的三维建模功能，用于创建供暖通风系统，水系统，及电路的布局。即使初次使用的用户，也能借助直观的设计工具，轻松、高效地创建三维模型。从而帮助设计师们更出色的理解整个设计体系。结合NavisWorks的动态导航漫游功能对三维项目进行实时的可视化、漫游和体验，能够帮助人们加深对项目的理解，即便是最复杂的三维模型也能直观理解。

本书丢掉以往单纯讲解软件功能的方式，结合实际案例和软件相关功能着重讲解BIM在管线综合设计中的应用，并且介绍了柏慕进业多年在实战中累积的技巧和方法。

本书适合于暖通空调、建筑电气、给水排水专业等专业的高校学生作为教材使用，也适用于与建筑业有关的工程与设计人员参考。

* * *

责任编辑：陈 桦 牛 松
责任设计：赵明霞
责任校对：马 赛 王雪竹

Autodesk授权培训中心（ATC）推荐教材
柏慕培训BIM与绿色建筑分析实战应用系列教材
Autodesk Revit MEP 2011管线综合设计实例详解
柏慕培训 组织编写

*

中国建筑工业出版社出版、发行（北京西郊百万庄）
各地新华书店、建筑书店经销
北京嘉泰利德公司制版
北京建筑工业印刷厂印刷

*

开本：787×1092毫米 1/16 印张：9¾ 字数：244千字
2011年3月第一版 2011年3月第一次印刷
定价：**49.00**元
ISBN 978-7-112-12561-6
(19803)

本书编委会

前　言

1982 年成立的 Autodesk 公司已经成为世界领先的数字化设计和管理软件以及数字化内容供应商，其产品应用遍及工程建筑业、产品制造业、土木及基础设施建设领域、数字娱乐及无线数据服务领域，能够普遍地帮助客户提升数字化设计数据的应用价值，能够有效地促进客户在整个工程项目生命周期中管理和分享数字化数据的效率。

欧特克软件（中国）有限公司成立于 1994 年，15 年间欧特克见证了中国各行各业的快速成长，并先后在北京、上海、广州、成都、武汉设立了办公室，与中国共同进步。中国数百万的建筑工程设计师和产品制造工程师利用了欧特克数字化设计技术，甩掉了图板、铅笔和角尺等传统设计工具，用数字化方式与中国无数的施工现场和车间交互各种各样的工程建筑与产品制造信息。欧特克产品成为中国设计行业的最通用的软件。欧特克正在以其领先的产品、技术、行业经验和对中国不变的承诺根植于中国，携手中国企业不断突破创新。

Autodesk 授权培训中心（Autodesk Training Center，简称 ATC）是 Autodesk 公司授权的，能对用户及合作伙伴提供正规化和专业化技术培训的独立培训机构，是 Autodesk 公司和用户之间赖以进行技术传输的重要纽带。为了给 Autodesk 产品用户提供优质服务，Autodesk 通过授权培训中心提供产品的培训和认证服务。ATC 不仅具有一流的教学环境和全部正版的培训软件，而且有完善的富有竞争意识的教学培训服务体系和经过 Autodesk 严格认证的高水平师资作为后盾，向使用 Autodesk 软件的专业设计人员提供经 Autodesk 授权的全方位的实际操作培训，帮用户更高效、更巧妙地使用 Autodesk 产品工作。

每天，都有数以千计的顾客在 Autodesk 授权培训中心（ATC）的指导下，学习通过 Autodesk 的软件更快、更好地实现他们的创意。目前全球超过 2000 家的 Autodesk 授权培训中心，能够满足各地区专业设计人士对培训的需求。在当今日新月异的专业设计要求和挑战中，ATC 无疑成为用户寻求 Autodesk 最新应用技术和灵感的最佳源泉。

北京柏慕进业工程咨询有限公司（柏慕中国）是一家专业致力于以 BIM 技术应用为核心的建筑设计及工程咨询服务的公司。其中包括柏慕培训、柏慕咨询、柏慕设计、柏慕外包等四大业务部门。

2008 年，柏慕中国与 Autodesk 建立密切合作关系，成为 Autodesk 授权培训中心，积极参与 Autodesk 在中国的相关培训及认证的推广等工作。柏慕中国的培训业务作为公司主营业务之一一直受到重视，目前柏慕已培训全国百余所高校相关专业师生，以及设计院在职人员数千名。

柏慕培训网 www.51bim.com 还提供相关视频教程，方便远程学习。同时不断增添族和样板文件下载资源，还分享了许多相关技术要点。目前柏慕网站已集结了近万名会员，共同打造最全面的 BIM 技术学习及交流平台。

柏慕中国长期致力于 BIM 技术及相关软件应用培训在高校的推广，旨在成为国内外一流设计院和国内院校之间的桥梁和纽带，不断引进、整合国际最先进的技术和培训认证项目。另外，柏慕中国利用公司独有的咨询服务经验和技巧总结转化成柏慕培训的课程体系，邀请一流的专家讲师团队为学员授课，为各种了解程度的 BIM 技术学习者精心准备了完备的课程体系，循序渐进，由浅入深，锻造培训学员的核心竞争力。

同时，柏慕中国还是 Autodesk Revit 系列官方教材编写者，教育部行业精品课程 BIM 应用系列教材编写单位，有着丰富的标准培训教材与案例丛书的编著策划经验。除了本次编写的《柏慕培训 BIM 与绿色建筑分析（实战应用）系列教程》，柏慕还组织编写了数十本 BIM 和绿色建筑的相关教程。

为配合 Autodesk 新版软件的正式发布，柏慕中国作为编写单位，与 Autodesk 密切合作，推出了全新的《Autodesk 授权培训中心（ATC）推荐教材》系列，非常适合各类培训或自学者参考阅读，同时也可作为高等院校相关专业的教材使用。本系列对参加 Autodesk 认证考试同样具有指导意义。

Autodesk，Inc.　柏慕中国

目 录

第 1 章　Revit MEP 绪论：软件的优势 …… 1

第 2 章　管线综合设计流程及工程实例简介 …… 2

2.1　MEP 管线综合工作流程 …… 2

2.2　工程实例简介 …… 3

第 3 章　界面介绍及新功能讲解 …… 4

3.1　工作界面介绍与基本工具应用 …… 4

3.2　Revit MEP 三维设计制图的基本原理 …… 8

3.3　新特性 …… 19

第 4 章　风系统的创建及相关族制作 …… 30

4.1　风系统的创建 …… 30

4.2　管件族的制作 …… 60

4.3　设备族的制作 …… 73

第 5 章　水系统的创建及相关族制作 …… 83

5.1　导入 CAD 底图 …… 84

5.2　绘制水管 …… 84

5.3　添加水管阀门 …… 86

5.4　机组与水管的连接 …… 88

5.5　水管系统碰撞的调整 …… 89

5.6　阀门族的创建 …… 93

第 6 章　电气系统的绘制 …… 101

6.1　案例介绍 …… 101

6.2 电缆桥架的绘制 …… 104
6.3 照明设备族的载入及放置 …… 106

第 7 章 Navisworks 碰撞检查、优化及漫游 …… 109
7.1 Revit MEP 与 Navisworks 的软件接口 …… 109
7.2 Navisworks 碰撞检查 …… 116
7.3 漫游 …… 120

第 8 章 剖面大样图 …… 122
8.1 大样图简介 …… 122
8.2 Revit MEP 大样图的绘制 …… 122

第 9 章 工程量统计 …… 124
9.1 新建明细表 …… 124

附录 1 BIM 应用现状概况 …… 127

附录 2 柏慕中国咨询服务体系 …… 129

第 1 章　Revit MEP绪论：软件的优势

建筑信息模型（Building Information Model）是以三维数字技术为基础，集成了建筑工程项目各种相关信息的工程数据模型。BIM 是一种技术、一种方法、一种过程，BIM 把建筑业业务流程和表达建筑物本身的信息更好地集成起来，从而提高整个行业的效率。

随着以 Autodesk Revit 为代表的三维建筑信息模型（BIM）软件在国外发达国家的普及应用，国内外先进的建筑设计团队也纷纷成立 BIM 技术小组，应用 Revit 进行三维建筑设计。

Revit MEP 软件是一款智能的设计和制图工具，Revit MEP 可以创建面向建筑设备及管道工程的建筑信息模型。使用 Revit MEP 软件进行水暖电专业设计和建模，主要有以下优势：

1）按照工程师的思维模式进行工作，开展智能设计

Revit MEP 软件借助真实管线进行准确建模，可以实现智能、直观的设计流程。Revit MEP 采用整体设计理念，从整座建筑物的角度来处理信息，将给排水、暖通和电气系统与建筑模型关联起来，为工程师提供更佳的决策参考和建筑性能分析。借助它，工程师可以优化建筑设备及管道系统的设计，进行更好的建筑性能分析，充分发挥 BIM 的竞争优势，促进可持续性设计。

同时，利用 Revit 与建筑师和其他工程师协同，还可即时获得来自建筑信息模型的设计反馈。实现数据驱动设计所带来的巨大优势，轻松跟踪项目的范围、进度和工程量统计、造价分析。

2）借助参数化变更管理，提高协调一致

利用 Revit MEP 软件完成建筑信息模型，最大限度地提高基于 Revit 的建筑工程设计和制图的效率。它能够最大限度地减少设备专业设计团队之间，以及与建筑师和结构工程师之间的协作。通过实时的可视化功能，改善客户沟通并更快做出决策。Revit MEP 软件建立的管线综合模型可以与由 Revit Architecture 软件或 Revit Structure 软件建立的建筑结构模型展开无缝协作。在模型的任何一处进行变更，Revit MEP 可在整个设计和文档集中自动更新所有相关内容。

3）改善沟通，提升业绩

设计师可以通过创建逼真的建筑设备及管道系统示意图，改善与甲方的设计意图沟通。通过使用建筑信息模型，自动交换工程设计数据，从中受益。及早发现错误，避免让错误进入现场并造成代价高昂的现场设计返工。借助全面的建筑设备及管道工程解决方案，最大限度地简化应用软件管理。

第 2 章　管线综合设计流程及工程实例简介

2.1　MEP管线综合工作流程

使用 BIM 技术进行水暖电建模和设计，必须遵循一定的工作流程。主要步骤如图 2–1 所示。

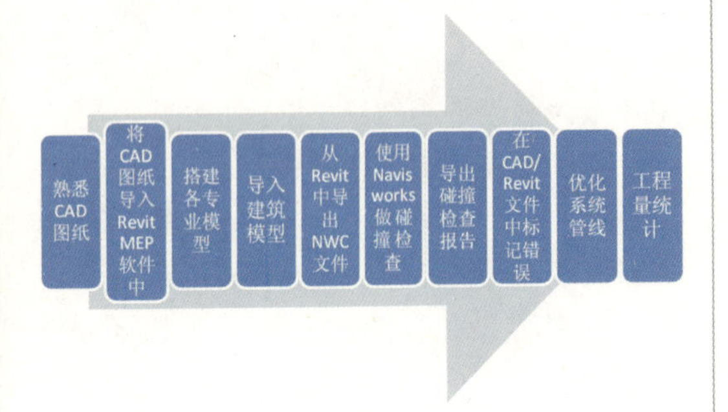

图 2–1

1）熟悉 CAD 图纸

现在的绘图模式很大部分采用先绘制 CAD 二维图纸，然后根据实际项目的需要绘制成三维图纸。所以，熟悉 CAD 二维图纸至关重要。可以在识图、读图的过程中掌握工程概况，对整个项目有详细了解。

2）将 CAD 图纸导入 Revit MEP 软件中

为了利用 CAD 图纸中的线条进行定位、拾取线条等，需要将 CAD 图纸导入 Revit MEP 软件中作为底图。

3）搭建各专业模型

为了避免模型文件过大，有时需要将水暖电各个专业，甚至各个系统的模型分别搭建。后期可以采取链接或工作集的方式将所有模型拼装起来。

4）导入建筑模型

导入建筑模型后，导出格式为 .NWC 的文件。

5）从 Revit 中导出 NWC 文件

水暖电模型搭建完毕后，需要导出格式为 .NWC 的文件，为下一步在 Navisworks 中做碰撞检查做准备。

6）使用 Navisworks 做碰撞检查

这是所有工作中最重要的一步，可以检查出水暖电各个模型之间的碰撞以及水暖电模型与建筑模型的碰撞。

7）导出碰撞检查报告

碰撞检查完毕后，需要导出碰撞检查报告，以提供给其他工作人员，或以备存档，保证信息的完整性和真实性。

8）在 CAD 或 Revit 文件中标记错误

目前，Revit MEP 软件和 AutoCAD 软件还不能实现根据碰撞检查报告自动标记错误，需要手工标记碰撞位置，以备查阅和修改。

9）优化系统管线

设计师可以根据碰撞的标记来查阅需要修改的设计位置，然后根据各专业相关规范要求进行管线系统的优化，可以实现在未施工之前就改正一些设计错误，节约了施工效率和成本。

10）工程量统计

系统优化后，可使用软件的工程量统计功能对图纸中的各种设备及材料进行统计，导出表格，对施工前期设备与材料采购进行指导。

2.2 工程实例简介

为使大家尽快地掌握 Revit MEP 软件，本书将列举一个工程实例，通过具体实例操作的学习使大家掌握基本工作流程及绘图技巧。本书选用的案例是“某会所的暖通、给排水、消防及电气的设计”。

1）工程概况

本工程总建筑面积为 1245.71m^2，其中地下面积为 292.57m^2，地上面积为 953.14m^2；地上为 2 层，局部夹层 3 层；首层、二层为办公、洽谈等，三层夹层办公。地下一层层高 4.5m，首层层高为 4.0m，二层层高为 4.0m。

2）冷热源

采用土壤源热泵系统，夏季空调供／回水温度（17/20）℃，冬季空调供／回水温度（35/40）℃。地源热泵机房设在首层。

3）空调系统

建筑整体空调方式为温湿度独立控制空调系统。冬夏季冷热辐射末端负担空调显热负荷（大厅由空调机组和辐射末端共同负担），夏季利用溶液除湿新风系统负担室内潜热负荷。冬季新风由带热回收的新风机组提供。冬夏季均回收排风能量。

4）通风系统

卫生间、储藏室设机械排风，自然补充室内空气。冬夏季利用新风机组回收排风能量。地下电气和设备机房设机械送排风，冬季考虑回收电气设备的散热量。夏季和过渡季排风散热。

5）给水系统

本工程给水系统利用市政压力直供。给水总管自首层引入，给水干管在吊顶内敷设。

6）热水系统

屋顶设太阳能集热器作为主要热源，夏季利用地源热泵机组废热作为辅助热源，其他季节利用电辅助加热。

7）配电系统

太阳能风能互补发电系统逆变交电源和市电备用电源接入地下一层总配电柜。配出回路至各层照明配电箱和动力配电箱。

8）照明系统

照明、插座均由不同的支路供电；设置应急照明和疏散照明。

第 3 章　界面介绍及新功能讲解

3.1　工作界面介绍与基本工具应用

与以往版本的 Revit 软件相比，Revit MEP 2011 的界面变化很大。界面变化的主要目的是为了更好地支持用户的工作方式。例如，功能区有三种显示设置，用户可以自由选择；还可以同时显示若干个项目视图，或按层次放置视图以仅看到最上面的视图，如图 3–1 所示。

3.1.1　快速访问工具栏

单击快速访问工具栏后的向下箭头将弹出下拉菜单，如图 3–2*a* 所示，可以控制快速访问工具栏中按钮的显示与否。若要向快速访问工具栏中添加功能区的按钮，在功能区的按钮上单击鼠标右键，然后单击“添加到快速访问工具栏”，如图 3–2*b* 所示，功能区按钮将会添加到快速访问工具栏中默认命令的右侧，如图 3–2*c* 所示。

3.1.2　功能区三种类型的按钮

(1) 普通按钮：如按钮，单击可调用工具。

(2) 下拉按钮：如 机械 按钮，左键单击小箭头用来显示附加的相关工具

(3) 分割按钮：调用常用的工具，或显示包含附加相关工具的菜单。

提示

如果看到按钮上有一条线将按钮分割为 2 个区域，单击上部（或左侧）可以访问通常最常用的工具。单击另一侧可显示相关工具的列表（如图 3–3 所示）。

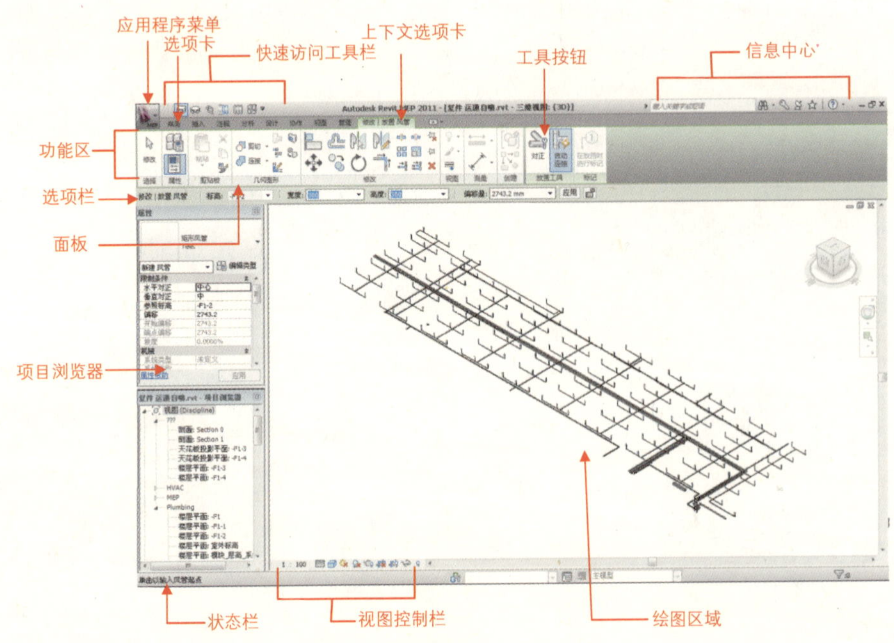

图 3–1

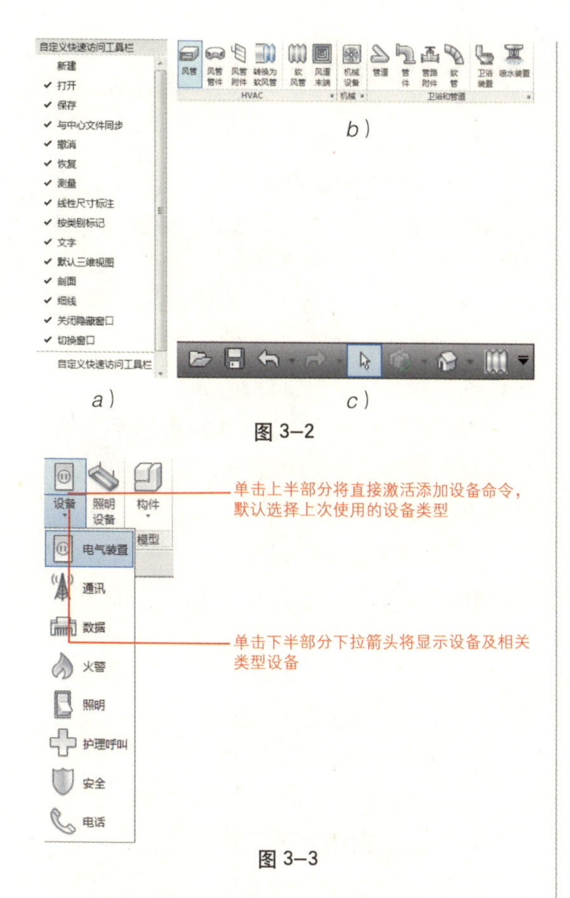

图 3–2

图 3–3

3.1.3 上下文功能区选项卡

激活某些工具或者选择图元时，会自动增加并切换到一个“上下文功能区选项卡”，其中包含一组只与该工具或图元相关的上下文工具。

例如，单击“风管”工具时，将显示“修改 / 放置 风管”的上下文选项卡，其中显示八个面板：

(1) 选择：包含“修改”工具。

(2) 属性：包含“图元属性”和“类型选择器”。

(3) 几何图形：包含绘制平面上几何图形的修改选项。

(4) 修改：包含放置风管所必需的绘图工具。

(5) 视图：包含在视图中隐藏、替换视图中的图形和线处理工具。

(6) 测量：包含测量尺寸和标注工具。

(7) 放置工具：包含对正和自动连接工具。

(8) 标记：在放置时进行标记。

同时，选项栏将显示风管的放置调整选项，包括：标高、宽度、高度和偏移量。

退出该工具时，上下文功能区选项卡即会关闭（如图 3–4 所示）。

3.1.4 全导航控制盘

将查看对象控制盘和巡视建筑控制盘上的三维导航工具组合到一起。用户可以查看各个对象以及围绕模型进行漫游和导航。全导航控制盘和全导航控制盘（小）经优化适合有经验的三维用户使用（如图 3–5 所示）。

1）切换到全导航控制盘

在控制盘上单击鼠标右键，然后单击“全导航控制盘”。

注意

显示其中一个全导航控制盘时，按住鼠标中键可进行平移，滚动鼠标滚轮可进行放大和缩小，同时按住 SHIFT 键和鼠标中键可对模型进行动态观察。

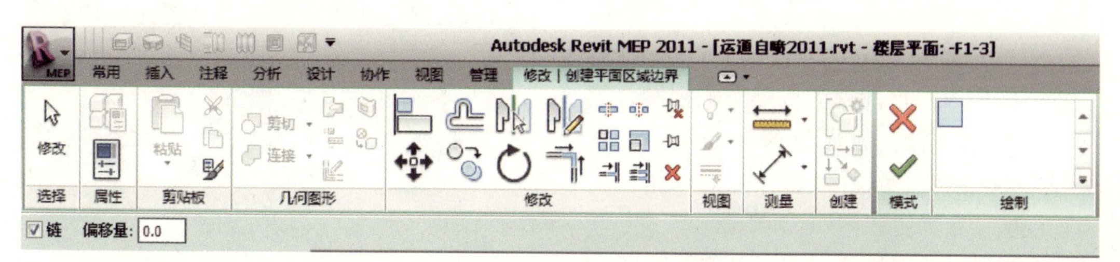

图 3–4

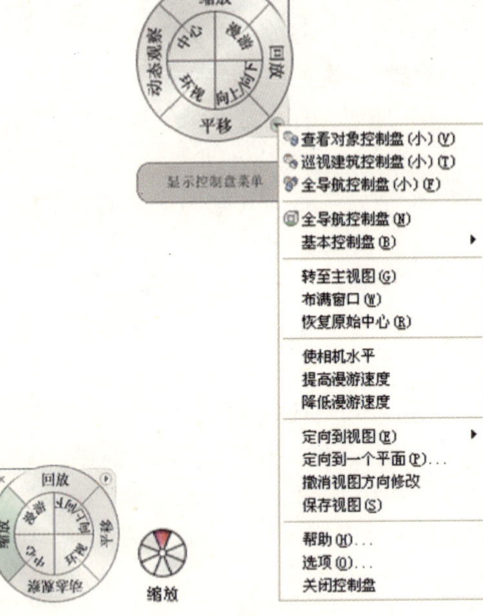

图 3–5

2）切换到全导航控制盘（小）

在控制盘上单击鼠标右键，然后单击"全导航控制盘（小）"。

3.1.5　ViewCube

ViewCube 是一个三维导航工具，可指示模型的当前方向，并让您调整视点（如图 3–6 所示）。

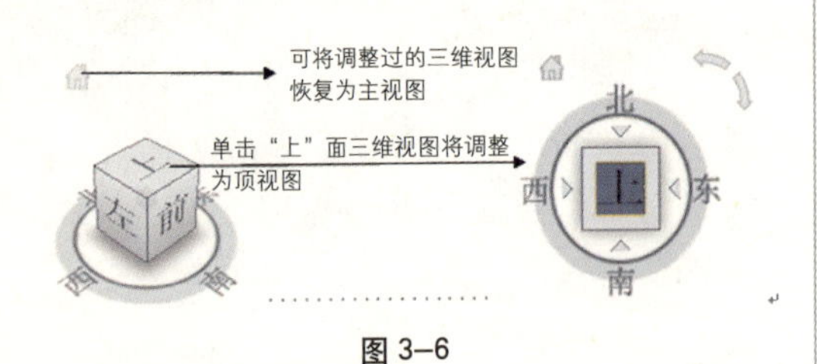

图 3–6

主视图是随模型一同存储的特殊视图，可以方便地返回已知视图或熟悉的视图，您可以将模型的任何视图定义为主视图。在 ViewCube 上单击鼠标右键，然后单击"将当前视图设定为主视图"。

3.1.6　视图控制栏

位于 Revit 窗口底部的状态栏上方 1 : 100 。通过它，可以快速访问影响绘图区域的功能，视图控制栏工具从左向右依次是：

(1) 比例尺。

(2) 详细程度：单击可选择粗略、中等和精细视图。

(3) 模型图形样式：单击可选择线框、隐藏线、着色、带边框着色、一致的颜色和真实 6 种模式。

(4) 打开 / 关闭日光路径。

(5) 打开 / 关闭阴影。

(6) 显示 / 隐藏渲染对话框，仅当绘图区域显示三维视图时才可用。

(7) 打开 / 关闭裁剪区域。

(8) 显示 / 隐藏裁剪区域。

(9) 临时隐藏 / 隔离。

(10) 显示隐藏的图元。

3.1.7　基本工具的应用

1）图元的编辑工具

常规的编辑命令适用于软件的整个绘图过程中，如对齐、移动、偏移、复制、镜像 – 拾取轴、旋转、镜像 – 绘制轴、修剪、阵列、镜像、拆分等编辑命令（如图 3–7 所示），下面主要通过管道的编辑来详细介绍。

管道的编辑：单击"修改 管道"选项卡，"修改"面板下的编辑命令：

(1) 对齐：将一个或多个图元与选定图元对齐。

(2) 移动：用于将选定的图元移动到当

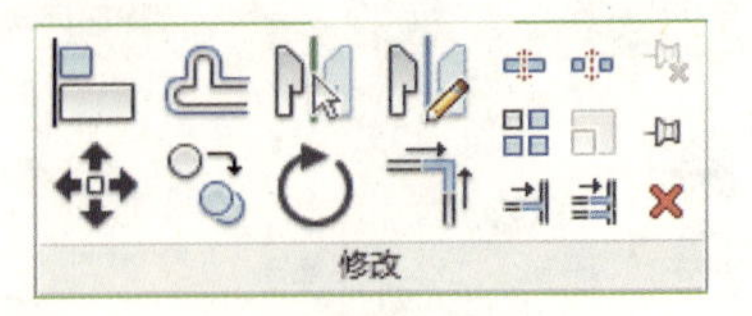

图 3–7

前视图中指定的位置。点击移动按钮，选项栏如图 3–8 所示。

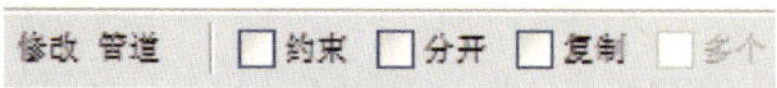

修改 管道 ☐约束 ☐分开 ☐复制 ☐多个

图 3–8

约束选项：限制管道只能在水平和垂直方向移动。

分开选项：选择分开，管道与其相关的构件不同时移动。

复制选项：在移动管道时复制出一个新的副本。

(3) 复制：用于复制选定图元并将它们放置在当前视图指定的位置。勾选选项栏 ☑约束 ☑分开 ☑复制 ☑多个 选项，拾取复制的参考点和目标点，可复制多个管道到新的位置。

(4) 偏移：将选定的图元复制或移动到其长度的垂直方向上的指定距离处。

(5) 旋转：拖拽“中心点”可改变旋转的中心位置。鼠标拾取旋转参照位置和目标位置，旋转管道。也可以在选项栏设置旋转角度值后回车旋转管道 ☑分开 ☑复制 角度：135（注意勾选“复制”会在旋转的同时复制一个新的管道的副本，原管道保留在原位置）。

(6) 阵列：选择“阵列”在选项栏中进行相应设置，“成组并关联”的选项的使用，输入阵列的数量，选择“移动到”选项，在视图中拾取参考点和目标点位置，二者间距将作为第一个管道和第二个或最后一个管道的间距值，自动阵列管道，如图 3–9 所示。

☐成组并关联 项目数：2 移动到：⊙第二个 ○最后一个 ☑约束

图 3–9

(7) 缩放：选择图元，单击“缩放”工具，选项栏 ⊙图形方式 ○数值方式 比例：0.463284 选择缩放方式，“图形方式”单击整道墙体的起点、终点，以此来作为缩放的参照距离，再单击图元新的起点、终点，确认缩放后的大小距离，“数值方式”直接缩放比例数值，回车确认即可。管道不可以缩放。

2）窗口管理工具

包含：切换窗口、关闭隐藏对象、复制、层叠、平铺和用户界面，如图 3–10 所示。

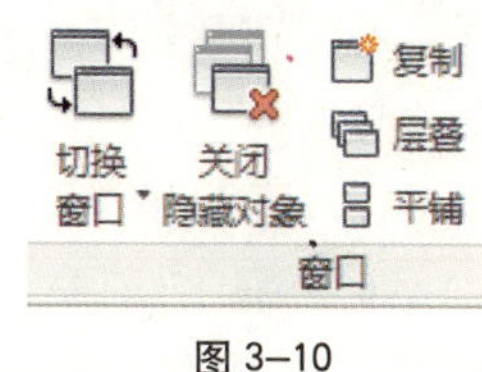

图 3–10

(1) 切换窗口：绘图时打开多个窗口，通过“窗口”面板上“窗口切换”命令选择绘图所需窗口。

(2) 关闭隐藏对象：自动隐藏当前没有在绘图区域上使用的窗口。

(3) 复制：单击命令复制当前窗口。

(4) 层叠：单击命令当前打开的所有窗口层叠地出现在绘图区域，如图 3–11 所示。

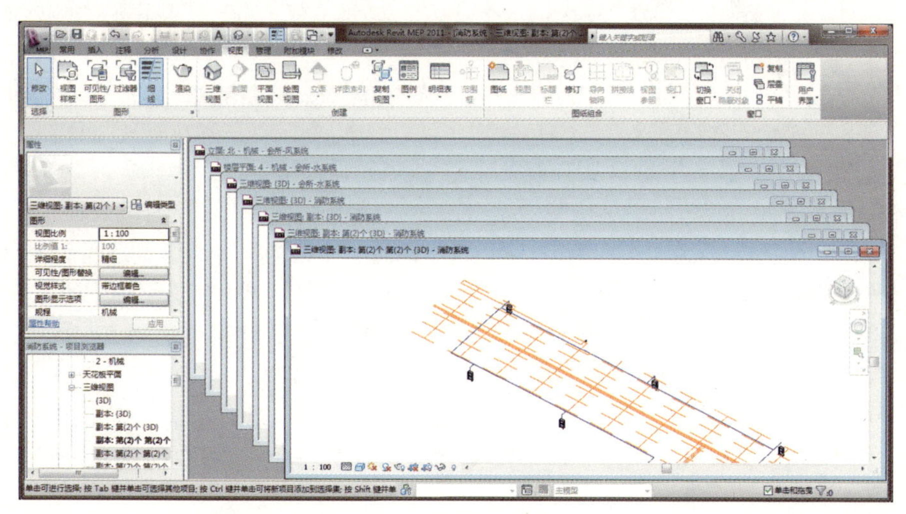

图 3–11

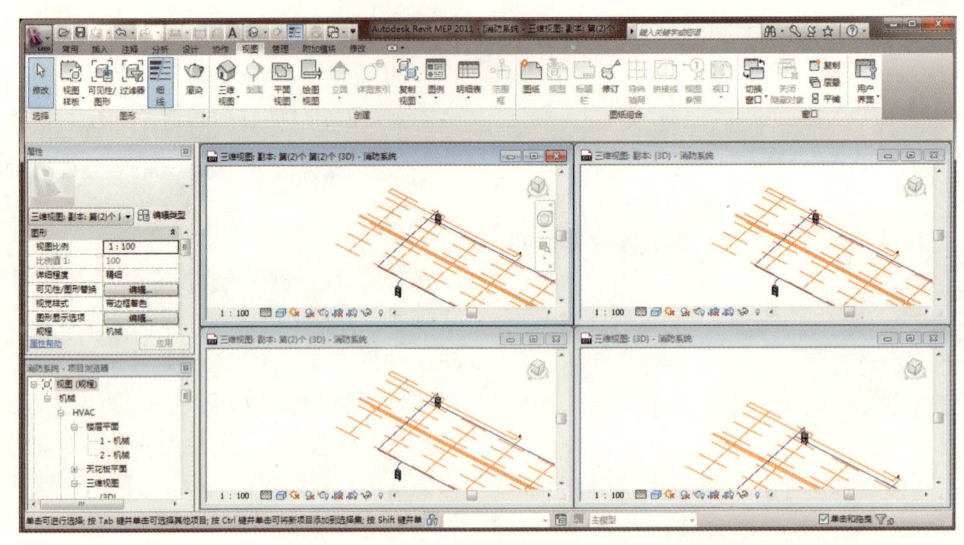

图 3–12

(5) 平铺：单击命令当前打开的所有窗口平铺在绘图区域（如图 3–12 所示）。

(6) 用户界面：点击下拉菜单控制 ViewCube、导航栏、系统浏览器、状态栏和最近使用的文件各按钮的显示与否。浏览器组织控制浏览器中的组织分类和显示种类。快捷键栏点击将显示软件操作的快捷键汇总，如图 3–13 所示。

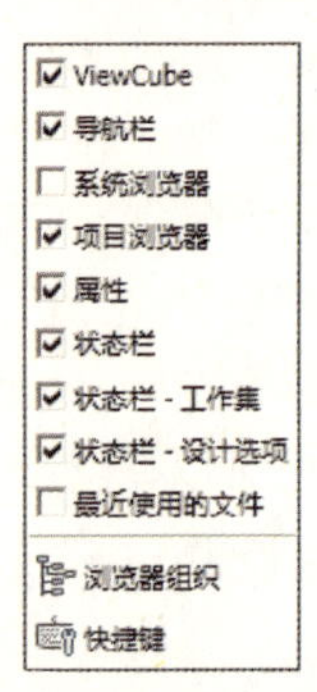

图 3–13

3.2 Revit MEP三维设计制图的基本原理

在 Revit MEP 里，每一个平面，立面，剖面，透视，轴测，明细表都是一个视图。它们的显示都是由各自视图的视图属性控制，且不影响其他视图。这些显示包括可见性，线型线宽，颜色等控制。

作为一款参数化的三维 MEP 设计软件，在 Revit MEP 里，如何通过创建三维模型并进行相关项目设置，从而获得用户所需要的符合设计要求的相关平、立、剖面大样详图等图纸，用户就需要了解 Revit MEP 三维设计制图的基本原理。

3.2.1 平面图的生成

1）详细程度

(1) 由于在建筑设计的图纸表达要求里，不同比例图纸的视图表达要求也不相同，所以用户需要对视图进行详细程度的设置。

(2) 在楼层平面中右键单击“视图属性”，在弹出的“实例属性”对话框中单击“详细程度”后下拉箭头可选择“粗略”、“中等”或“精细”的详细程度，如图 3–14 所示。

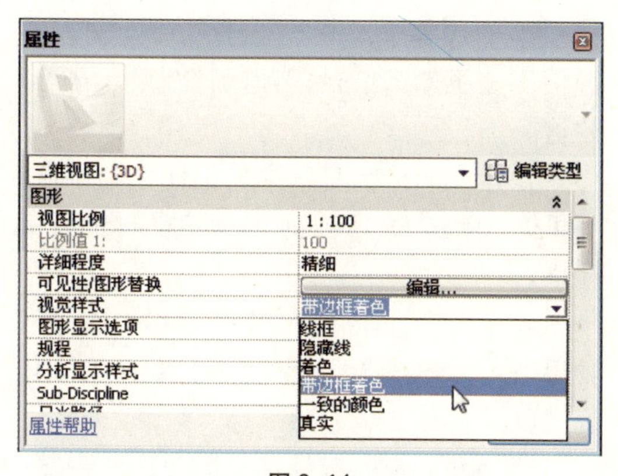

图 3–14

(3) 通过预定义详细程度，可以影响不同视图比例下同一几何图形的显示。

(4) 墙、楼板和屋顶的复合结构以中等和精细详细程度显示，即详细程度为“粗略”时不显示结构层。

(5) 族几何图形随详细程度的变化而变化，此项可在族中自行设置。

(6) 各构件随详细程度的变化而变化。以粗略程度显示时，它会显示为线。以中等和精细程度显示时，它会显示更多几何图形。

(7) 除上述方法外，还可直接在视图平面处于激活的状态下，在视图控制栏中直接进行调整详细程度，此方法适用于所有类型视图，如图 3–15 所示。

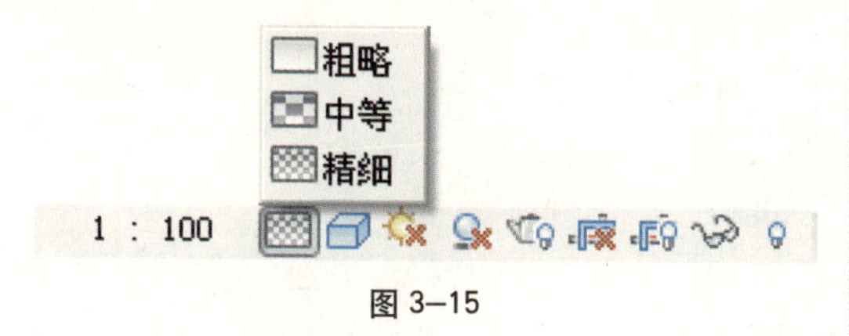

图 3–15

2）可见性图形替换

在建筑设计的图纸表达中，用户常常要控制不同对象的视图显示与可见性，用户可以通过“可见性 / 图形替换”的设置来实现上述要求。

打开楼层平面的“视图属性”对话框，单击“可见性 / 图形替换”后的编辑按钮，打开“可见性图形替换”对话框（如图 3–16 所示）。

(1) 从“可见性 / 图形替换”对话框中，可以查看已应用于某个类别的替换。如果已经替换了某个类别的图形显示，单元格会显示图形预览。如果没有对任何类别进行替换，单元格会显示为空白，图元则按照“对象样式”对话框中的指定显示。图元的投影 / 表面线和截面填充图案的替换，并能调整图元是否半色调、是否透明，及详细程度，在可见性中构件前打勾为可见，取消为隐藏不可见状态。如图 3–16 所示。

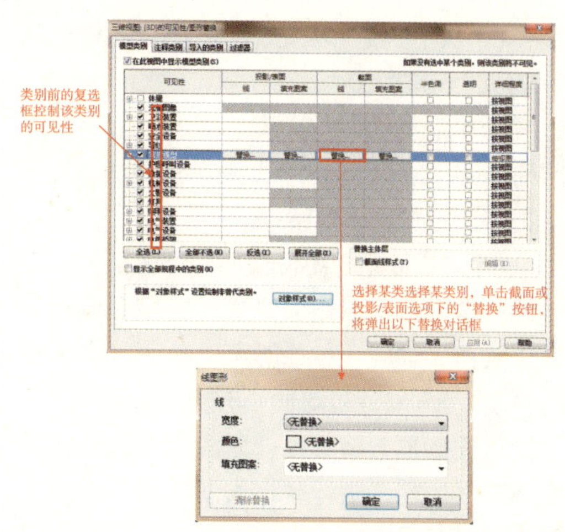

图 3–16

(2) 注释类别选项卡里同样可以控制注释构件的可见性，可以调整投影 / 表面的线及填充样式及是否半色调显示构件。

(3) 导入的类别设置，控制导入对象的可见性及投影 / 截面的线及填充样式及是否半色调显示构件。

3）过滤器的创建

可以通过应用过滤器工具，设置过滤器规则，选取所需要的构件。

(1) 单击“视图”选项卡 > “图形”面板 > “过滤器”。

(2) 在“过滤器”对话框中，单击（新建），或选择现有过滤器，然后单击（复制）。

(3) 在“类别”下，选择所要包含在过滤中的一个或多个类别。

(4) 在“过滤器规则”下，设置过滤条件有参数，如“类型名称”，如图 3–17 所示。

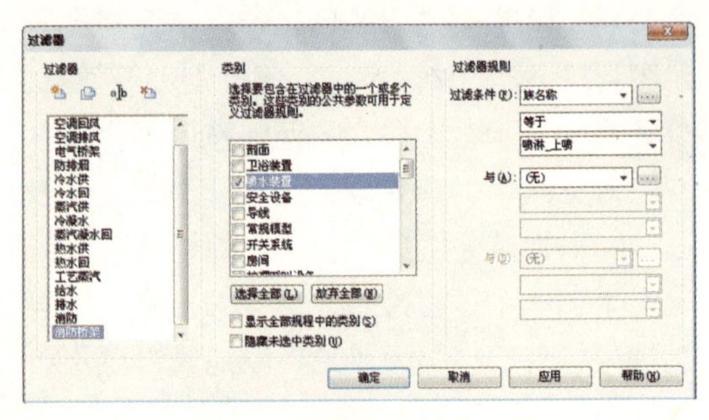

图 3–17

(5) 从下拉选项中选择过滤器运算符如“等于”：

为过滤器输入一个值“喷淋 _ 上喷”即所有族名称是“喷淋 _ 上喷”的喷水装置，单击“确定”退出对话框。

(6) 在“可见性图形替换”对话框中，“过滤器”选项卡下点击“添加”将已经设置好的过滤器添加使用，此时可以隐藏符合条件的喷水装置，取消过滤器“消防桥架”的“可见性”复选框，将其进行隐藏或修改包含此过滤条件的构件进行替换表面或截面的线型图案和填充图案样式。

注意

如果选择等于运算符，则所输入的值必须与搜索值相匹配，此搜索区分大小写。

4）选项中选择过滤器运算符

等于：字符必须完全匹配。

不等于：排除所有与输入的值不匹配的内容。

大于：查找大于输入值的值。如果输入 23，则返回大于 23（不含 23）的值。

大于或等于：查找大于或等于输入值的值。如果输入 23，则返回 23 及大于 23 的值。

小于：查找小于输入值的值。如果输入 23，则返回小于 23（不含 23）的值。

小于或等于：查找小于或等于输入值的值。如果输入 23，则返回 23 及小于 23 的值。

包含：选择字符串中的任何一个字符。如果输入字符 H，则返回包含字符 H 的所有属性。

不包含：排除字符串中的任何一个字符。如果输入字符 H，则排除包含字母 H 的所有属性。

开始部分是：选择字符串开头的字符。如果输入字符 H，则返回以 H 开头的所有属性。

开始部分不是：排除字符串的首字符。如果输入字符 H，则排除以 H 开头的所有属性。

末尾是：选择字符串末尾的字符。如果输入字符 H，则返回以 H 结尾的所有属性。

结尾不是：排除字符串末尾的字符。如果输入字符 H，则排除以 H 结尾的所有属性

5）模型图形样式

单击楼层平面视图属性对话框中“视觉样式”后下拉箭头，可选择图形显示样式：线框、隐藏线、着色、带边框着色、一致的颜色和真实，如图 3–18 所示。

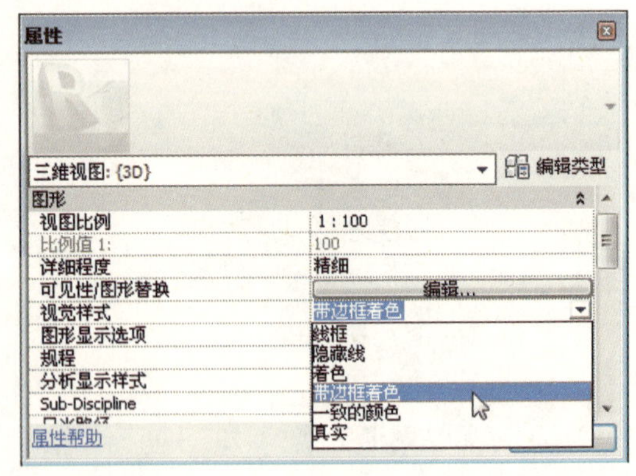

图 3–18

除上述方法外，还可直接在视图平面处于激活的状态下，在视图控制栏中直接进行调整模型图形样式，此方法适用于所有类型视图，如图 3–19 所示。

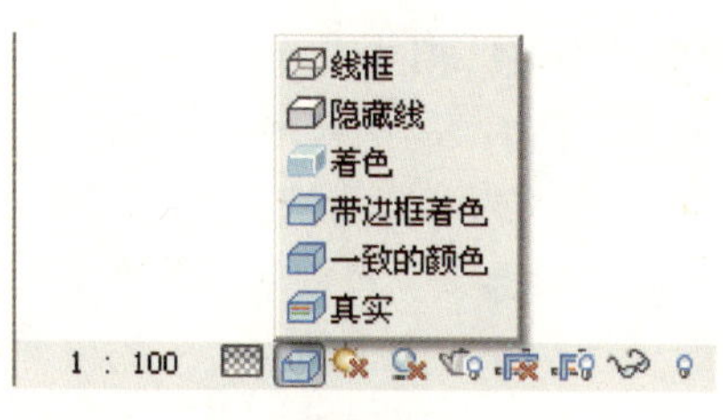

图 3–19

6）图形显示选项

在图形显示选项的设置里，用户可以设置真实的建筑地点，设置虚拟的或者是真实的日光位置，控制视图的阴影投射，实现建筑平立面轮廓加粗等功能。

在楼层平面视图属性对话框中单击“图形显示选项”后的“编辑”按钮，打开“图形显示选项”对话框，如图 3–20 所示。

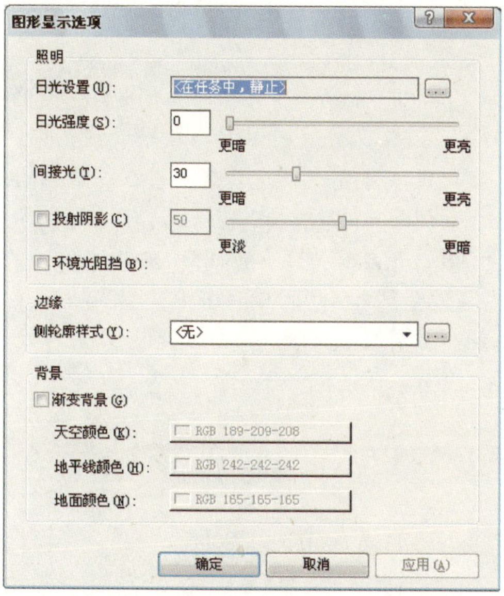

图 3–20

除上述方法外，还可直接在视图控制栏中用“打开 / 关闭阴影”按钮调整图形显示选项，此方法适用于所有类型视图，如图 3–21 所示。

图 3–21

7）设置图形的“日光和阴影”

“投射阴影”：即勾选该项复选框将打开阴影，此选项与在视图控制栏上单击（打开阴影）具有相同的效果。开启该选项将显著降低软件运行速度，建议不需要时不勾选。

“环境光阻挡”：当“投射阴影”复选框未勾选时勾选此选项，三维视图虽然未投射阴影，但模型各面将受日光设置的影响出现灰度变化，使模型显示效果更加生动。但是，当软件运行速度慢时建议不勾选该项。

8）设置“边缘”

设置侧轮廓样式：可将模型的侧轮廓线样式替换成用户需要显示的样式，步骤如下：

(1) 在视图控制栏上，单击（模型图形样式）“隐藏线”或“带边框着色”。对于线框或着色模型图形样式，侧轮廓边缘不可用。

(2) 在视图控制栏上，单击（关闭 / 打开阴影）“图形显示选项”，如图 3–22 所示。

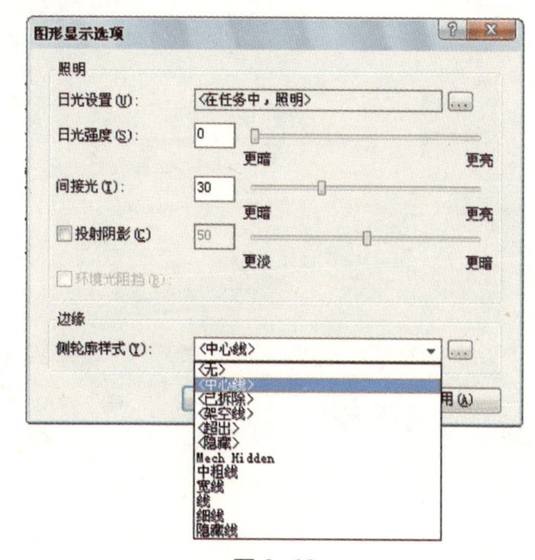

图 3–22

(3) 设置“边缘” – “侧轮廓样式”，选择所需侧轮廓加粗的线型样式，如图 3–22 所示。

要删除侧轮廓边缘的线样式，请执行下列步骤：

第一步：单击“修改”选项卡 “编辑线处理”面板 “线处理”。

第二步：单击“线处理”选项卡 “图元”

面板，然后从类型选择器中选择“< 并非侧轮廓 >”。

第三步：选择侧轮廓边缘，即会删除侧轮廓。

9）基线

在当前平面视图下显示另一个模型片段，该模型片段可从当前层上方或下方获取。通过基线的设置用户可以看到建筑物内楼上或楼下各层的平面布置，作为设计参考。如需设置视图的“基线”，需在绘图区域中右键单击“视图属性”，打开楼层平面的“实例属性”对话框，如图 3–23 所示。

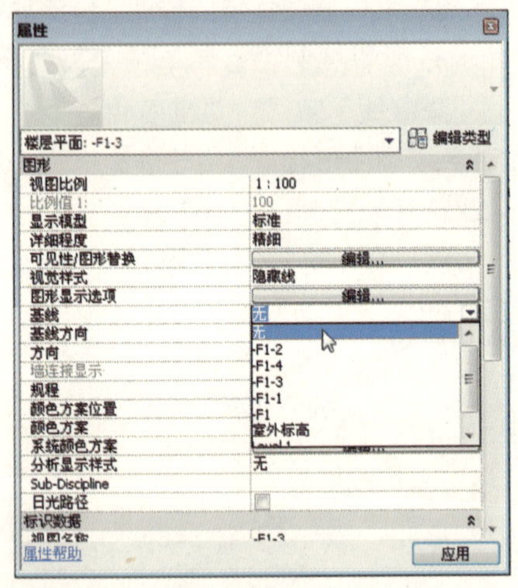

图 3–23

10）“范围”相关设置

楼层平面的“实例属性”对话框中的“范围”栏可对裁剪做相应设置，如图 3–24 所示。裁剪视图：勾选该复选框即裁剪框有效，范围内的模型构建可见，裁剪框外的模型构件不可见，取消勾选该复选框则不论裁剪框是否可见均不裁剪任何构件。

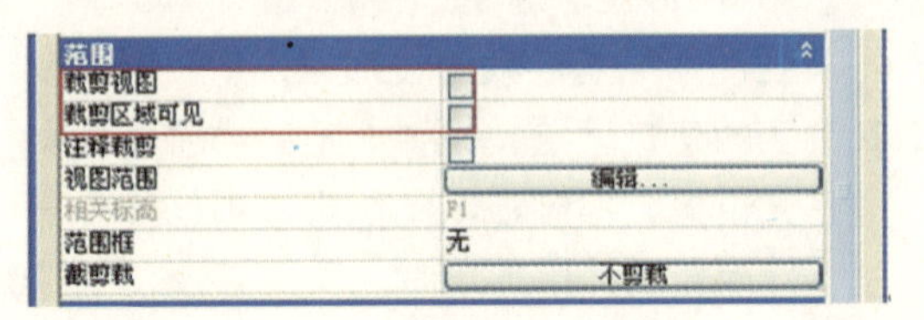

图 3–24

裁剪区域可见：勾选该复选框即裁剪框可见，取消勾选该复选框则裁剪框将被隐藏。

注意

只有将裁剪视图打开在平面视图中，裁剪区域才会起效，如需调整在视图控制栏，同样可以控制裁剪区域的可见及裁剪视图的开启及关闭，如图 3–25。

两个选项均控制裁剪框，但不相互制约，裁剪区域可见或不可见均可设置有效或无效。

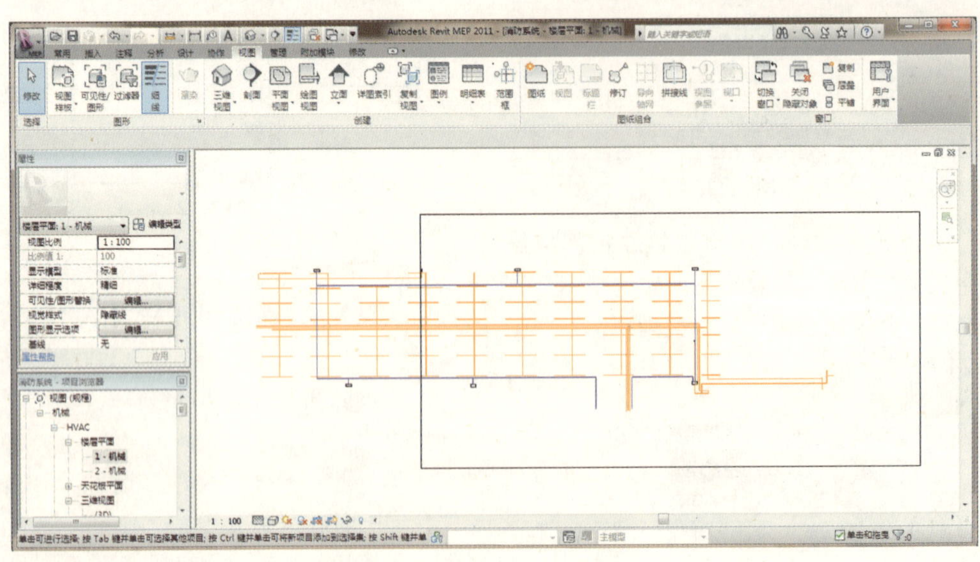

图 3–25

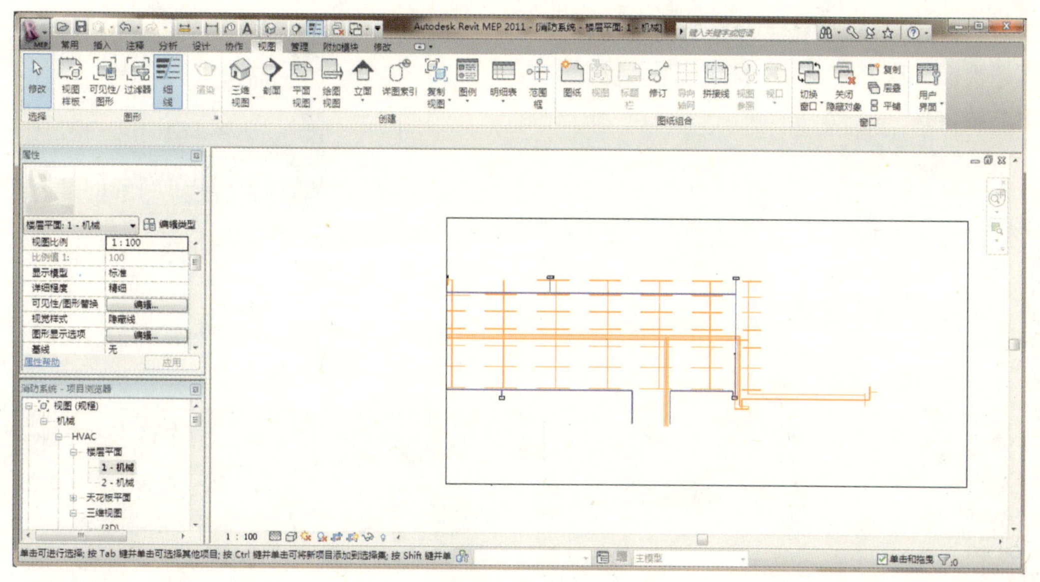

图 3-25（续）

11）视图范围设置

单击楼层平面的视图属性对话框中“视图范围”后的“编辑”按钮 > 单击打开视图范围对话框进行相应设置，如图 3-26 所示。

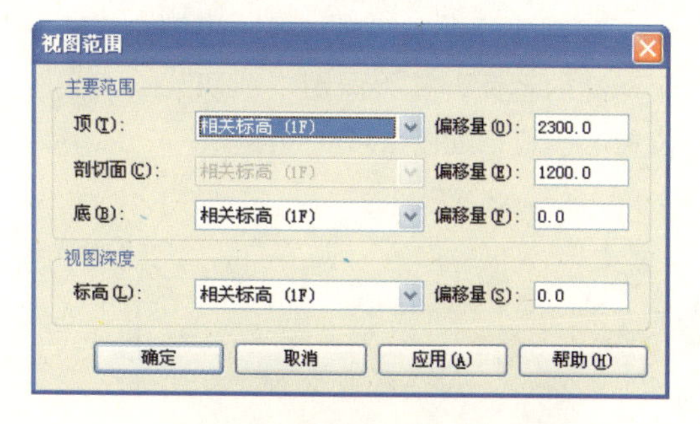

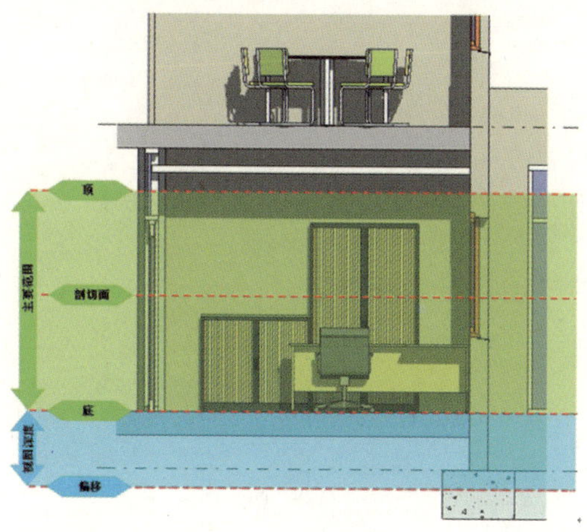

图 3-26

视图范围是可以控制视图中对象的可见性和外观的一组水平平面。水平平面为“顶部平面”、“剖切面”和“底部平面”。顶剪裁平面和底剪裁平面表示视图范围的最顶部和最底部的部分。剖切面是确定视图中某些图元可视剖切高度的平面。这三个平面可以定义视图范围的主要范围。

> **注意**
>
> 默认情况下，视图深度与底裁剪平面重合。

12）默认视图样板的设置

进入楼层平面的视图属性对话框，找到“默认视图样板”项，如图 3-27 所示。

如图 3-28 所示在各视图的视图属性中指定“默认视图样板”后，可以在视图打印或导出之前，在“项目浏览器”的图纸名称上右键单击“将默认视图样板应用到所有视图”，该图纸上所布置的视图将被默认视图样板中的设置所替代，而无须逐一视图调整。

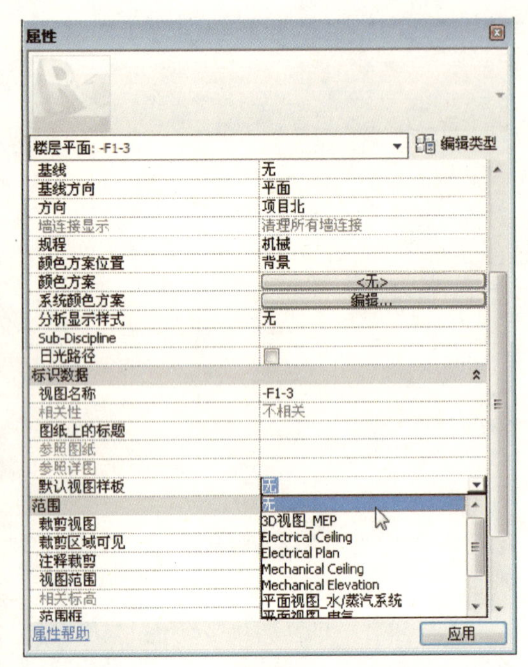

图 3–27

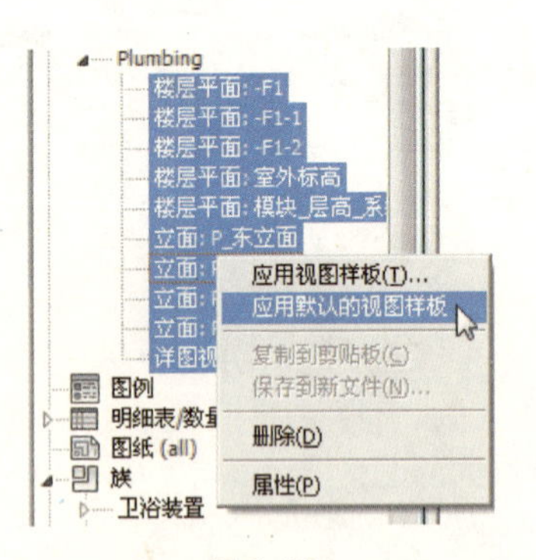

图 3–28

注意

可在项目浏览器中按“Ctrl”键多选图纸名称，或先选择第一张图纸名称，然后按住 Shift 键选择最后一张图纸名称实现全选，右键单击“应用默认的视图样板”，可一次性实现所有布置在图纸上的视图默认样板的应用（每个视图的默认样板可以不同）。

13）“截剪裁”的设置

视图属性中的“截剪裁”用于控制跨多个标高的图元，在平面图中剖切范围下截面位置的设置，如图 3–29 所示。

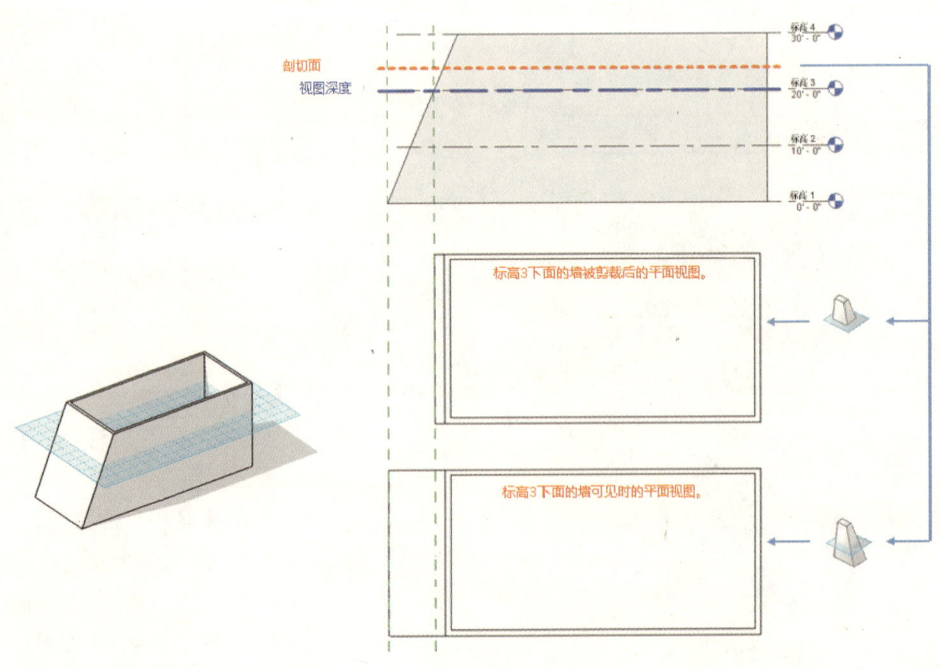

图 3–29

平面视图的“视图属性”对话框中的“截剪裁”参数可以激活此功能。截剪裁中的“剪裁时无截面线”、“剪裁时有截面线”设置的裁剪位置由“视图深度”参数定义，如设置为“不剪裁”那么平面视图将完整显示该构件剖切面以下的所有部分而与视图深度无关，该参数是视图的“视图范围”属性的一部分。

注意

平面视图包括楼层平面视图、天花板（也称顶棚）投影平面视图、详图平面视图和详图索引平面视图。

如图 3–30 所示，显示了该模型的剖切面和视图深度以及使用“截剪裁”参数选项（“剪裁时无截面线”、“剪裁时有截面线”和“不剪裁”）后生成的平面视图表示（立面视图同样适用）。

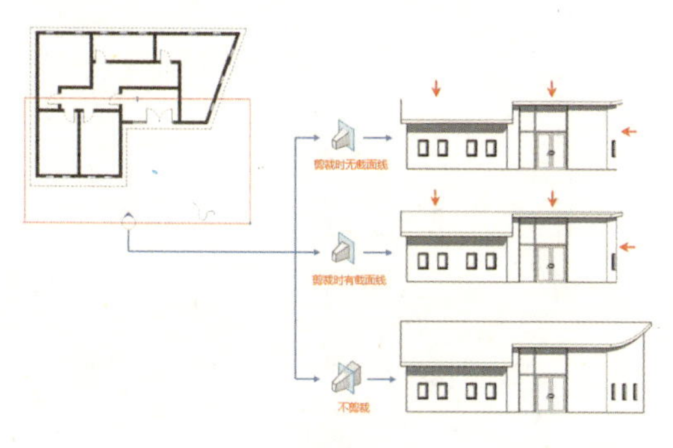

图 3–30

平面区域服从其视图的“截剪裁”参数设置，但遵从自身的“视图范围”设置，按后剪裁平面剪切平面视图时，在某些视图中具有符号表示法的图元（例如，结构梁）和不可剪切族不受影响，将显示这些图元和族，但不进行剪切，此属性会影响打印。

在“实例属性”对话框中，找到“截剪裁”参数。“截剪裁”参数可用于平面视图和场地视图。单击“值”列中的按钮，此时显示“截剪裁”对话框，如图 3–31 所示。

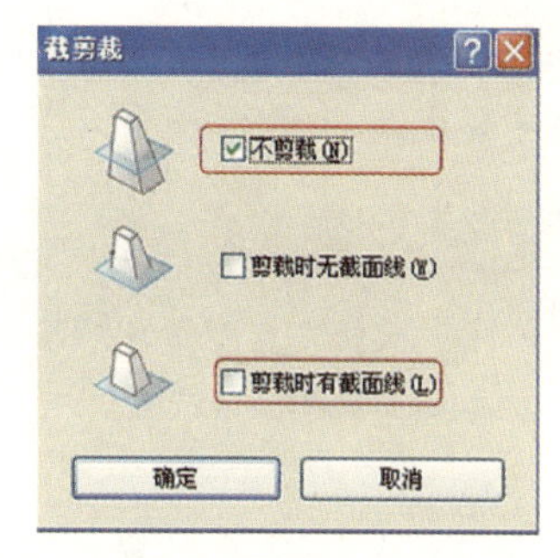

图 3–31

在“截剪裁”对话框中，选择一个选项，并单击“确定”。

3.2.2 立面图的生成

1）立面的创建

默认情况下有东、南、西、北 4 个正立面，可以使用“立面”命令创建另外的内部和外部立面视图。如图 3–32 所示。

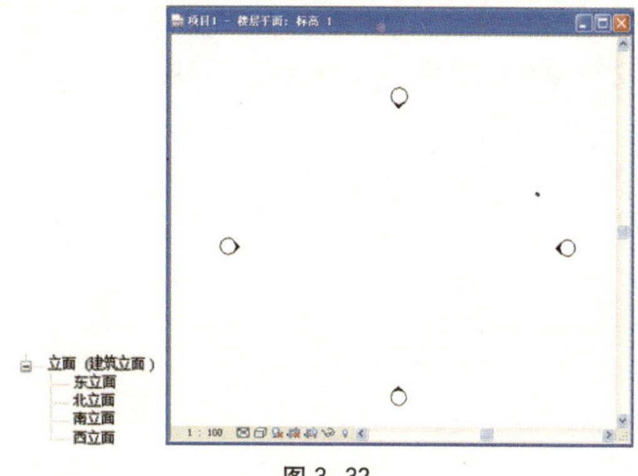

图 3–32

单击“视图”选项卡 > “创建”面板 > “立面”，在光标尾部会显示立面符号。

在绘图区域移动光标到合适位置，单击放置（在移动过程中立面符号箭头自动捕捉与其垂直的最近的墙），自动生成立面视图。

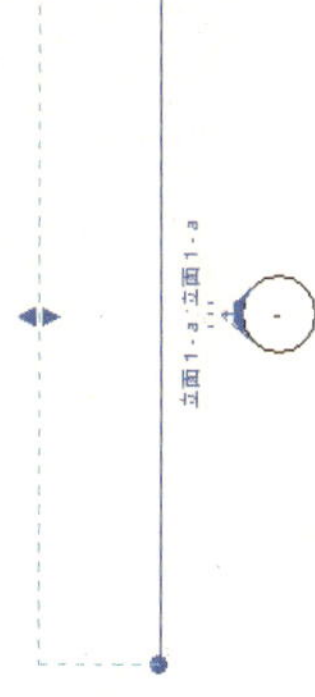

图 3–33

鼠标单击选择立面符号，此时显示蓝色虚线为视图范围，拖拽控制柄调整视图范围，包含在该范围内的模型构件才有可能在刚刚创建的立面视图中显示，如图 3–33 所示。

注意

立面符号不可随意删除，删除符号的同时会将相应的立面一同删除。

4 个立面符号围合的区域即为绘图区域，请不要超出绘图区域创建模型。否则立面显示将可能会是剖面显示。

因为立面有截裁剪，裁剪视图等设置，这些都会控制影响立面的视图宽度和深度的设置。

如图 1–30 所示右侧，蓝色实线建议穿过立面符号中心位置，便于理解生成立面的位置和范围。

为了扩大绘图区域而移动立面符号时，注意全部框选立面符号，否则绘图区域的范围将有可能没有移动。移动立面符号后还需要调整绘图区域的大小及视图深度。

2) 修改立面属性

选择立面符号，单击“修改 视图”的上下文选项卡中的“图元属性”按钮，打开立面的“实例属性”对话框修改视图设置，如图 3–34 所示。

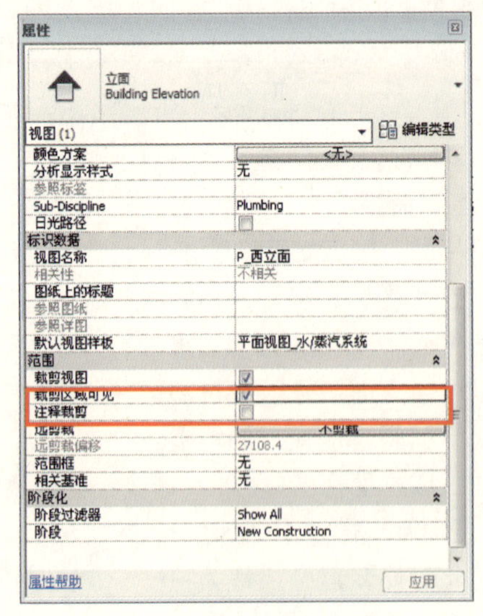

图 3–34

3) 创建框架立面

当项目中需创建垂直于斜墙或斜工作平面的立面时，可以创建一个框架立面来辅助设计。

注意

视图中必须有轴网或已命名的参照平面，才能添加框架立面视图。

单击“视图”选项卡 > “创建”面板 > “立面”下拉列表，单击“框架立面”工具。

将框架立面符号垂直于选定的轴网线或参照平面并沿着要显示的视图方向单击放置，如图 3–35 所示。观察项目浏览器中同时添加了该立面，双击可进入该框架立面。

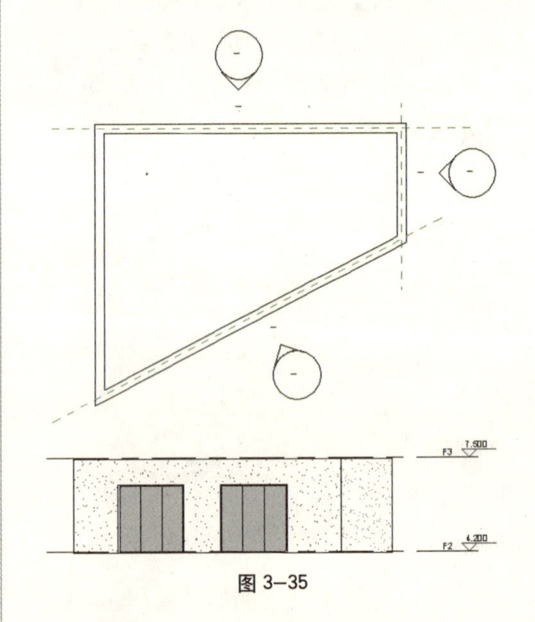

图 3–35

对于需要将竖向支撑添加到模型中时，创建框架立面，有助于为支撑创建并选择准确的工作平面。

4) 平面区域的创建

平面区域：用于当部分视图由于构件高度或深度不同而需要设置与整体视图不同的视图范围而定义的区域：可用于拆分标高平面，也可用于显示剖切面上方或下方的插入对象。

> **注意**
>
> 平面区域是闭合草图，多个平面区域可以具有重合边但不能彼此重叠。

创建“平面区域”请参看如下步骤：

(1) 单击功能区“视图”选项卡 > “创建”面板下打开平面视图下拉箭头，单击“平面区域”工具，进入创建平面区域。

(2) 在绘制面板中选择绘制方式进行创建区域，单击图元面板中平面区域属性打开属性对话框，如图 3–36 所示。

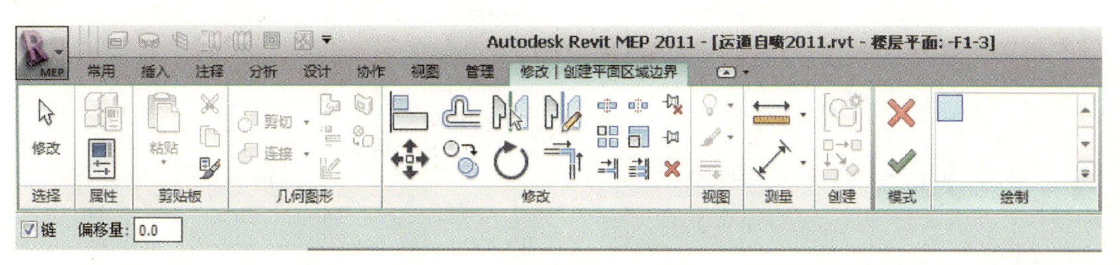

图 3–36

(3) 单击“视图范围”后的“编辑”按钮，打开，“视图范围”对话框，以调整绘制区域内的视图范围，以使该范围内的构件在平面中正确显示。

3.2.3　剖面图的生成

1）创建剖面视图

打开一个平面、剖面、立面或详图视图：

单击“视图”选项卡下的“创建”面板，单击“剖面”工具。在“剖面”选项卡下的“类型选择器”中选择“详图”、“建筑剖面”或“墙剖面”。

在选项栏上选择一个视图比例。

将光标放置在剖面的起点处，并拖曳光标穿过模型或族，当到达剖面的终点时单击完成剖面的创建。

选择已绘制的剖面线将显示裁剪区域，如图 3–37 所示，鼠标拖拽绿色虚线上的视图宽度和视景深度控制柄调整视图范围。

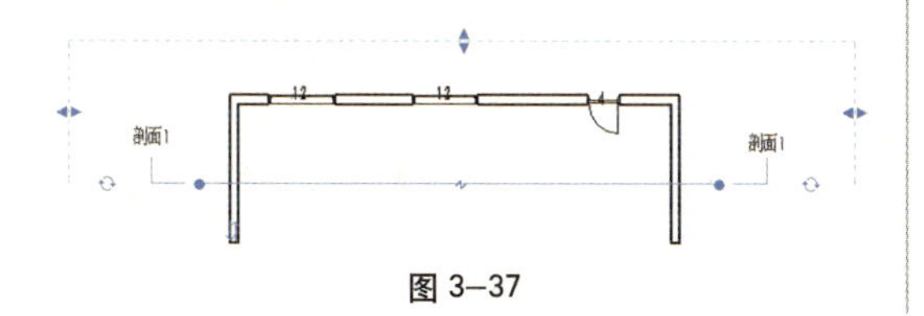

图 3–37

鼠标单击查看方向控制柄可翻转视图查看方向。

鼠标单击线段间隙符号，可在有隙缝的或连续的剖面线样式之间切换，如图 3–38 所示。

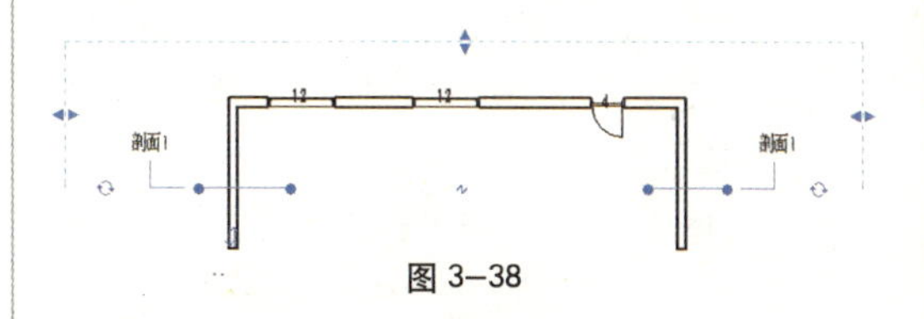

图 3–38

在项目浏览器中自动生成剖面视图，双击视图名称打开剖面视图。修改剖面线的位置、范围、查看方向时剖面视图自动更新。

2）创建阶梯剖面视图

按上述方法先绘制一条剖面线。选择它并点击上下文选项卡 > 剖面面板下命令，在剖面线上要拆分的位置单击鼠标并拖动到新位置，再次单击放置剖面线线段。鼠标拖拽线段位置控制柄调整每段线的位置到合适位置，自动生成阶梯剖面图，如图 3–39 所示。

鼠标拖拽线段位置控制柄到与相邻的另

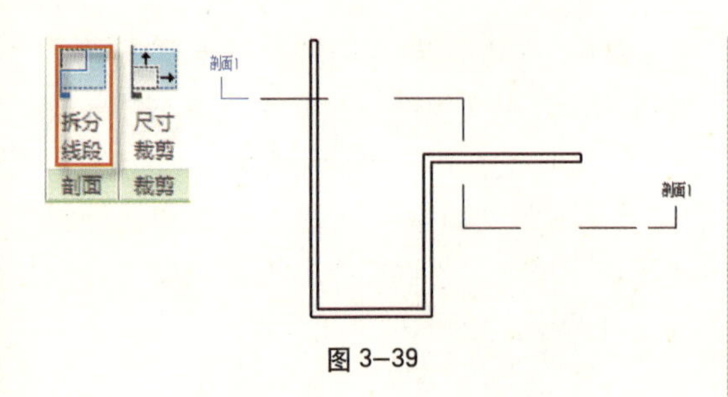

图 3–39

一段平行线段对齐时，松开鼠标，两条线段合并成一条。

提示

阶梯剖面中间转折部分线条的长度可直接拖拽端点调整，线宽可通过上下文选项卡中的管理 – 设置 – 对象样式 – 注释对象中的剖面线的线宽设置来修改。

3.2.4 透视图的生成

1）创建透视图

打开一层平面视图，单击“视图”选项卡，“创建”面板下，“三维视图”下拉箭头选择“相机”。

“选项栏”设置相机“偏移量”，即所在视图，单击鼠标拾取相机位置点，拖拽鼠标再次单击拾取相机目标点，自动生成并打开透视图。

选择视图裁剪区域方框，移动蓝色夹点调整视图大小到合适的范围，如图 3–40 所示。

图 3–40

如精确调整视口的大小，请选择视口，点击“修改相机选项卡”>“裁剪”面板上“尺寸裁剪”，精确调整视口尺寸，如图 3–41 所示。

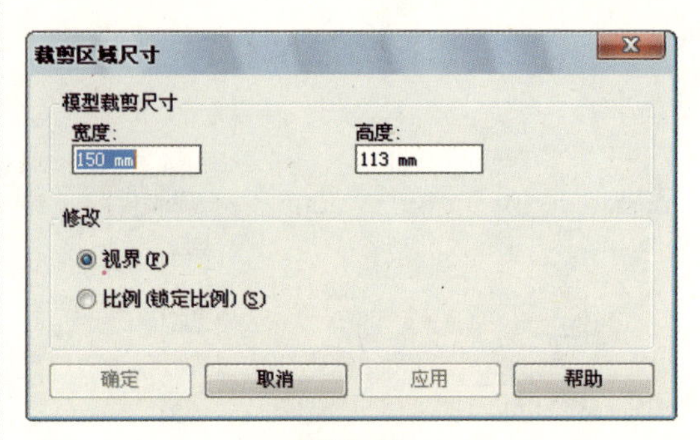

图 3–41

如要显示相机远裁剪区域外的模型，鼠标右键点“视图属性”命令，清除参数“远裁剪激活”，如图 3–42 所示。

图 3–42

2）修改相机位置、高度和目标

同时打开一层平面、立面、三维、透视视图，单击“视图”选项卡，“窗口”面板下单击“平铺”平铺所有视图。

鼠标单击三维视图范围框，此时一层平面显示相机位置并处激活状态，相机和相机的查看方向就会显示在所有视图中。

在平面、立面、三维视图中鼠标拖拽相机、目标点、远裁剪控制点，调整相机的位置、高度和目标位置。

也可单击修改“相机选项卡”，“图元”面板下，击“图元属性”按钮，打开“视图属性”对话框，修改“视点高度”、“目标高度”参数值，调整相机，同时也可修改此三维视图的视图名称、详细程度、模型图形样式等。

3.3 新特性

相比 Autodesk Revit MEP 2010，Autodesk Revit MEP 2011 增加了很多新功能，下面就对 Revit MEP 新功能进行详细的介绍。

3.3.1 用户界面

1）无模式属性选项板

属性选项板被单独设置在绘图区域的左侧，不再通过单击图元属性来调出图元属性选项板，如图 3–43 所示。

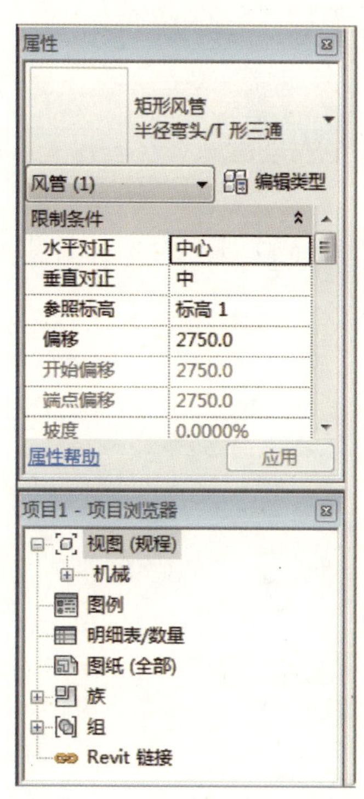

图 3–43

2）重复上一个命令／重复最近使用的命令

在关联菜单中，增加了“最近使用的命令”的工具，也可以使用快捷键“RC”，如图 3–44 所示。

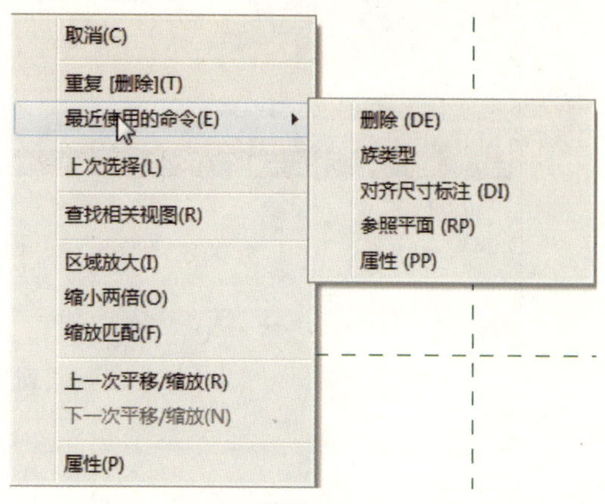

图 3–44

3）快速访问工具栏（QAT）

可以根据需要将按钮添加到 QAT 状态栏中。

增加了 QAT 中默认命令的数目，如图 3–45 所示。

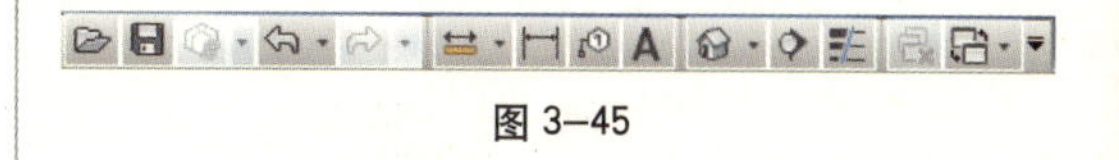

图 3–45

对话框中自定义选项：向上 / 向下移动命令、添加分隔符、删除命令。

改进了对状态栏上的“工作集”和“设计选项”的访问，如图 3–46 所示。

4）功能区增强

经过重新设计的“修改”选项卡

2010 的“修改”选项卡及“修改”选项卡处于活动状态时的界面，如图 3–47 所示。

2011 的“修改”选项卡及“修改”选项卡处于活动状态时的界面，如图 3–48 所示。

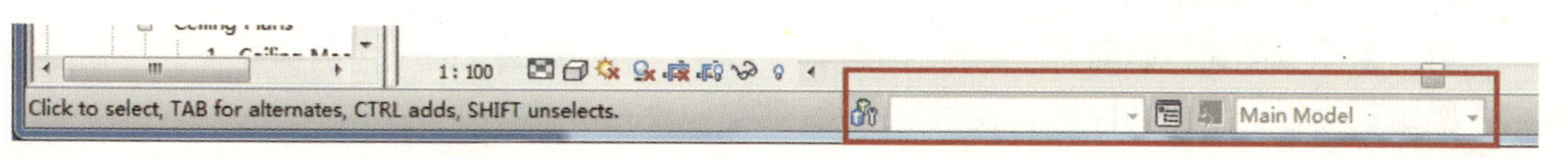

图 3–46

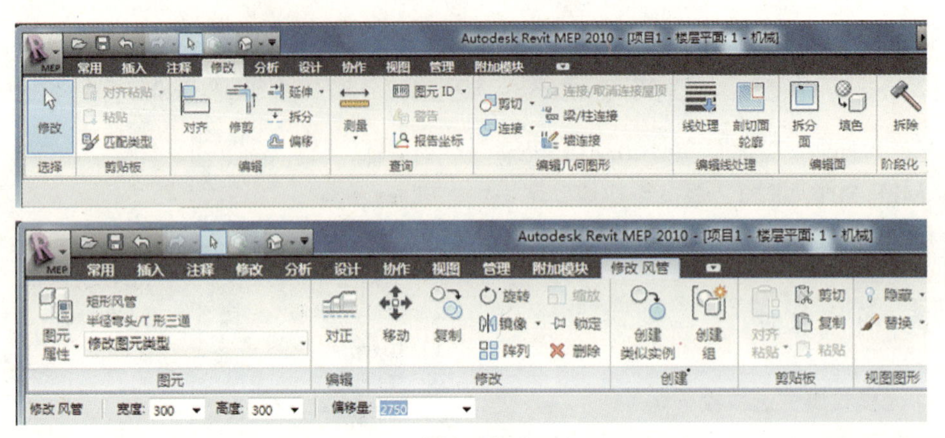

图 3–47

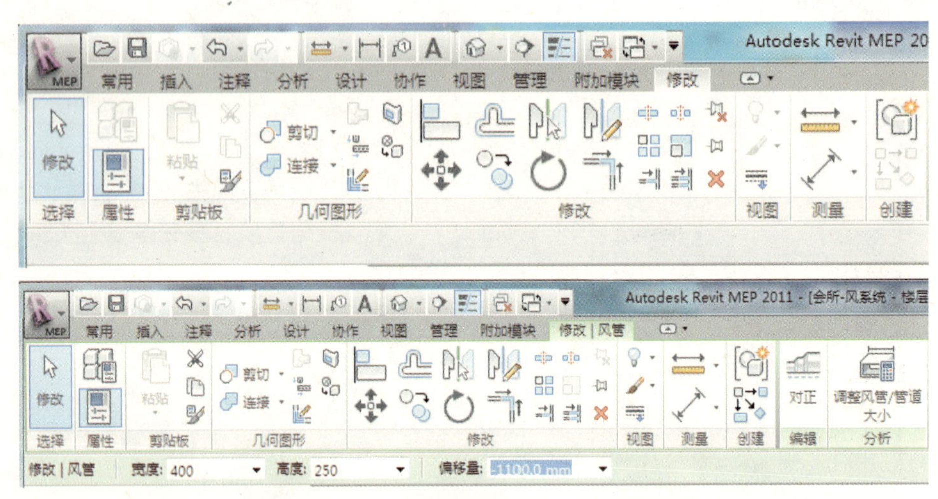

图 3–48

“修改”选项卡处于活动状态时与“修改”选项卡左侧有一致的排列顺序，附加的工具添加到右侧，并以灰色区域分别。同时添加了一些核心修改工具：移动、复制、旋转、镜像 – 拾取轴、镜像 – 绘制轴、删除。

5）类型选择器增强

类型选择器与“属性”选项板组合在一起，一直处于打开状态；可以使用“属性”功能区面板中提供的“属性”选项板按钮来打开 / 关闭。如图 3–49 所示。

6）“组编辑模式”访问

组编辑面板已移出功能区，在调用时悬浮于绘图区域中，默认位于绘图区域左上角，

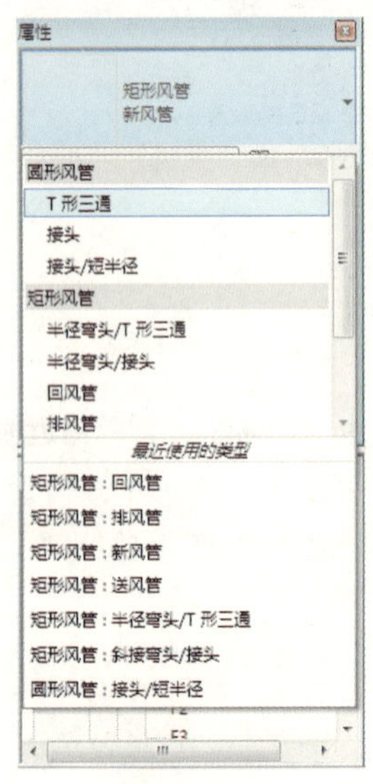

图 3–49

可以移动，如图 3–50 所示。

7）内建模型

启动或编辑内建模型时，族功能区取代项目功能区显示；编辑完成后，恢复为项目功能区，如图 3–51 所示。

8）快捷键

快捷键的设置被布置在“选项”工具中的用户界面里，可对快捷键进行即时修改。修改完成后，可导出“.xml”文件，如图 3–52 所示。

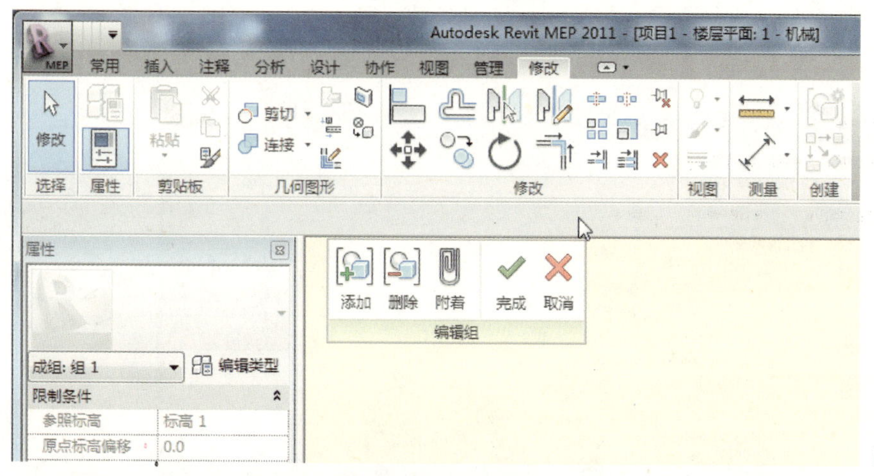

图 3–50

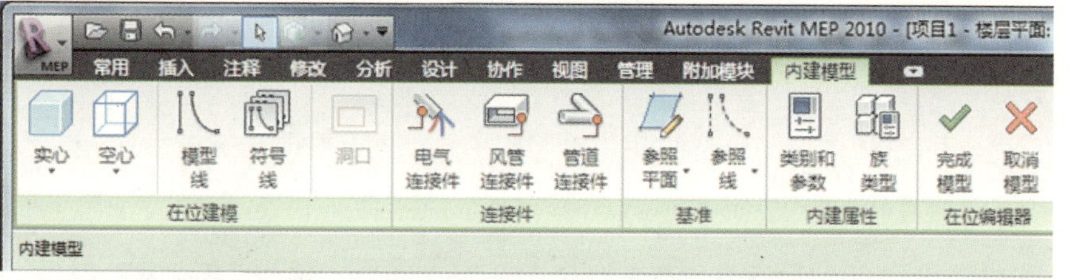

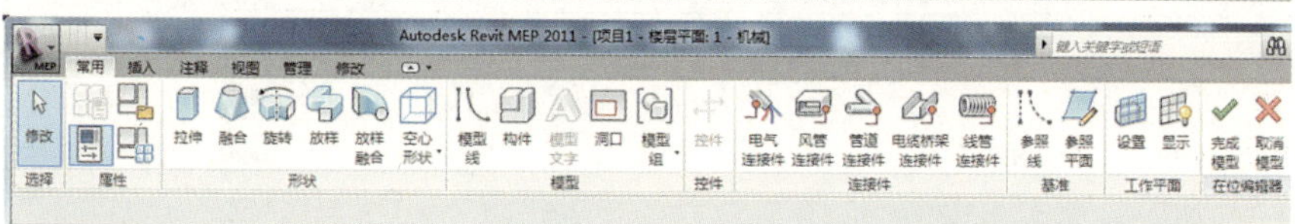

图 3–51

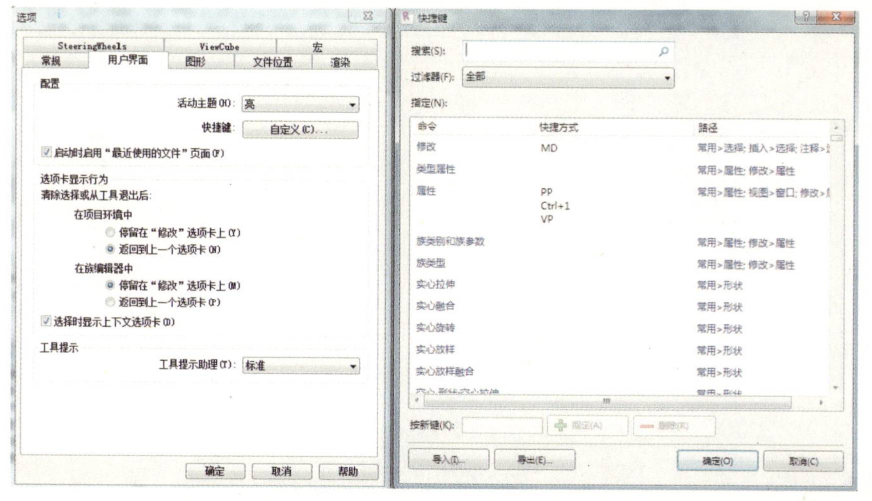

图 3–52

3.3.2 大型团队工作流程：链接模型

1）对工作共享文件中工作集可见性控制的增强

Autodesk Revit MEP 2011 软件中“可见性 / 图元替换”对话框相比 Autodesk Revit MEP 2010 软件添加了工作集的可见性设置。可以自定义设置工作集的可见性，也可以按照主体模型控制链接模型的可见性。

Autodesk Revit MEP 2010 软件界面，如图 3–53 所示。

Autodesk Revit MEP 2011 软件界面，如图 3–54 所示。

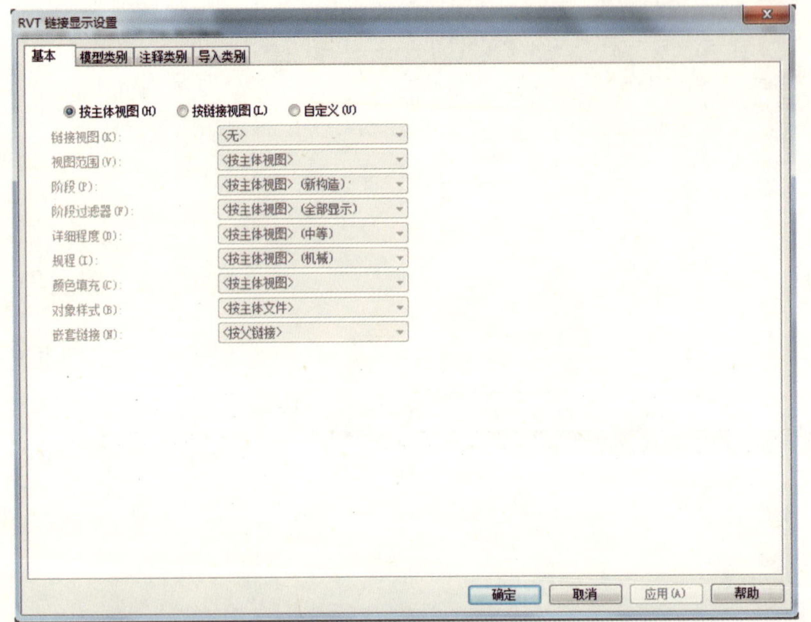

图 3–53

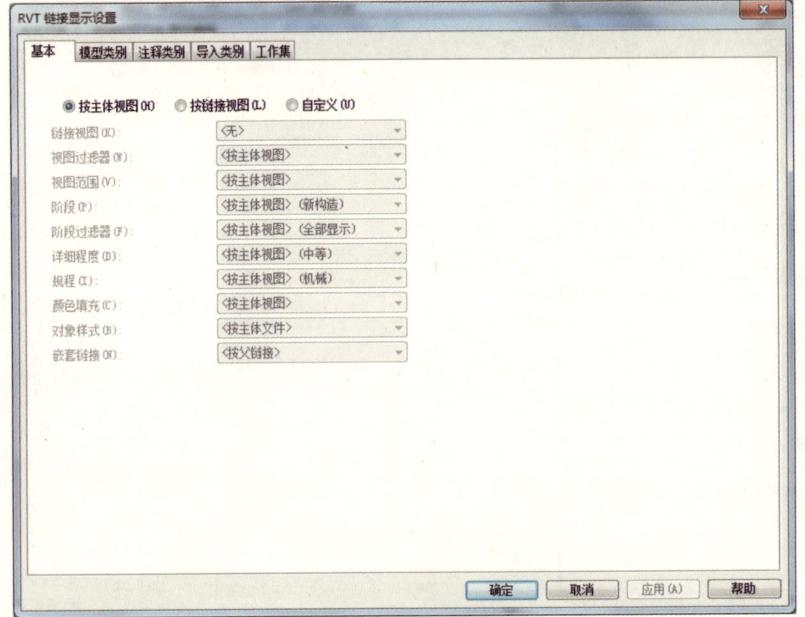

图 3–54

(1) 可以将视图过滤器应用于主体模型中的链接模型。

2010 版本的过滤器效果，如图 3-55 所示。

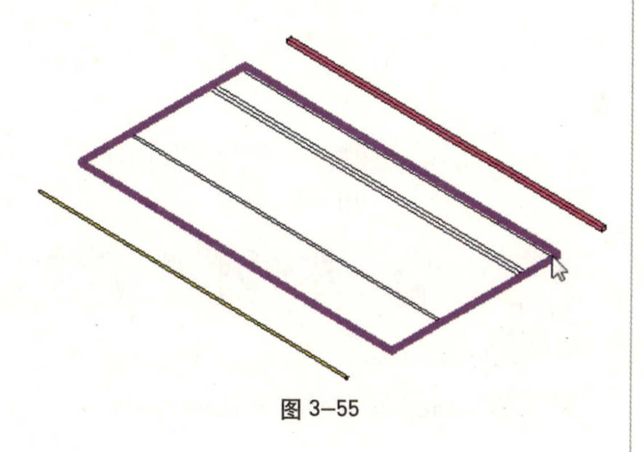

图 3-55

2011 版本的过滤器效果，如图 3-56 所示。

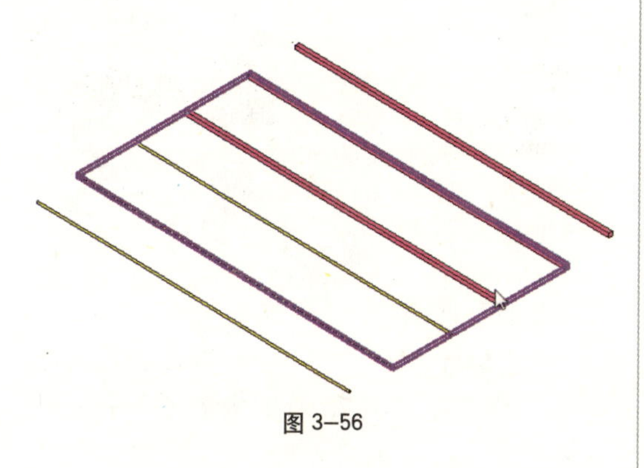

图 3-56

(2) 可以标记链接文件中的图元，但是房间、空间和面积除外。

Autodesk Revit MEP 2010 版本软件中的标注（图片中上为主体中的文件，下为连接文件），如图 3-57 所示。

300×300

图 3-57

Autodesk Revit MEP 2011 版本软件中的标注（图片中上为主体中的文件，下为连接文件），如图 3-58 所示。

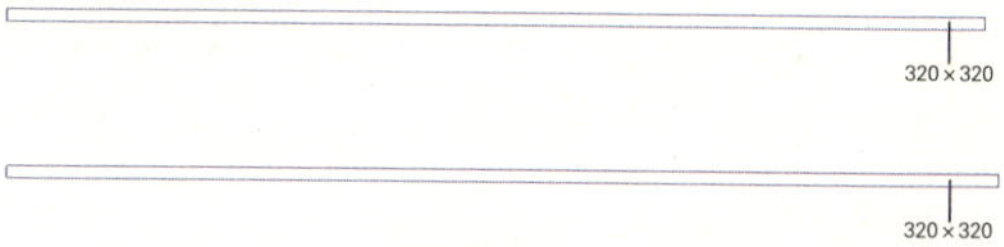

320×320

320×320

图 3-58

2）MEP 图元交互

2011 软件相对于在以下方面有所改进：

(1) 协调装置浏览器、对装置已被移动、修改或删除的情况进行协调。

线框
隐藏线
着色
带边框着色
一致的颜色
真实

图 3-59

(2) 可编辑视图中可用的真实材质，如图 3-59 所示。

(3) 硬件加速（DX9）默认处于启动状态

(4) 详细程度（使用于缩放）

(5) 环境光阻挡

(6) 显示性能改进 30%

(7) 机械与电气图纸显示性能获得改进，最高达 200%

3.3.3 INVENTOR 互操作性

1）添加电缆桥架、线管连接件工具

(1) 电缆桥架，如图 3-60 所示。

图 3-60

(2) 线管连接件

在族的绘制界面添加了线管连接件、电缆桥架连接件，如 3-61 所示。

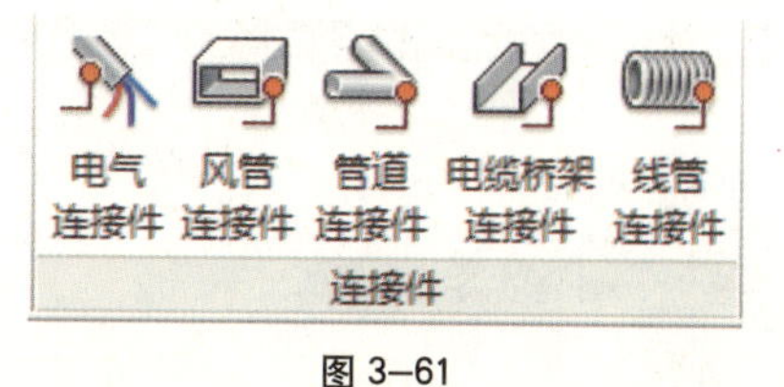

图 3-61

同时还提高了导入 ADSK 文件时的性能、提高了 AEC Exchange 功能、支持 Protein 材质。

2）性能提高

Autodesk Revit MEP 2011 在图形显示、MultiCore 操作、与中心文件同步、模型打开、用户界面反应时间、链接模型、电路等方面都有很大的提高。

3）DWG 导出

提高了将 Revit 文件导出为 DWG 时的视觉逼真度，添加了“真彩色”、“文字”处理的导出选项，如图 3-62 所示。

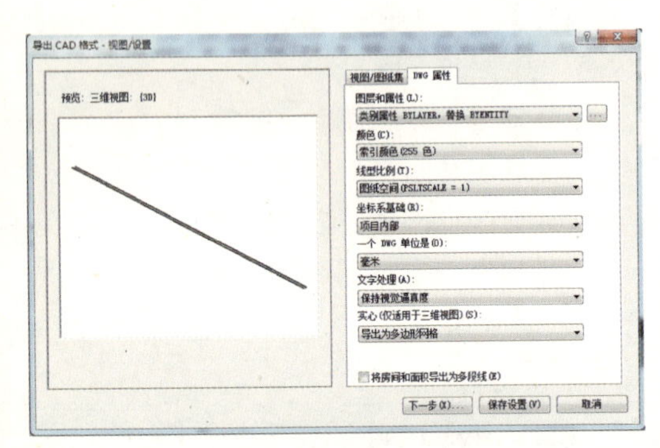

图 3-62

4）族编辑器增强器

(1) 可交互浏览 Revit 族中的参数值。

(2) 可以锁定标记的尺寸标注。

打开“族类型”对话框，会发现相比 Autodesk Revit MEP2010 软件增加了锁定的标签。如图 3-63 所示。

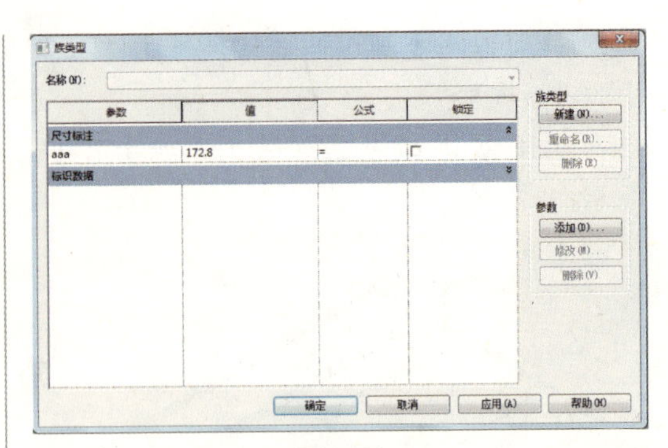

图 3-63

(3) 报告参数

当选择实例参数的时候，会出现报告参数的选择框，报告参数可用于从几何图形条件中提取值，然后在公式中报告此值或用作明细表参数。如图 3-64 所示。

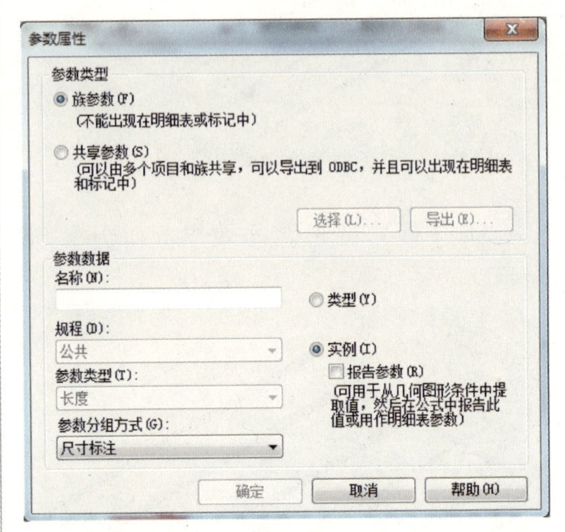

图 3-64

(4) 尺寸关联

在 Revit MEP 2011 中族编辑的时候当点击尺寸会发现比 2010 版本多了个相关尺寸的选项，当点击相关尺寸时会出现与该尺寸相关联的尺寸。

Autodesk Revit MEP 2010 软件界面，如图 3-65 所示。

Autodesk Revit MEP 2011 软件界面，如图 3-66 所示。

5）参数增强

(1) 默认参数类型（长度与文字）;

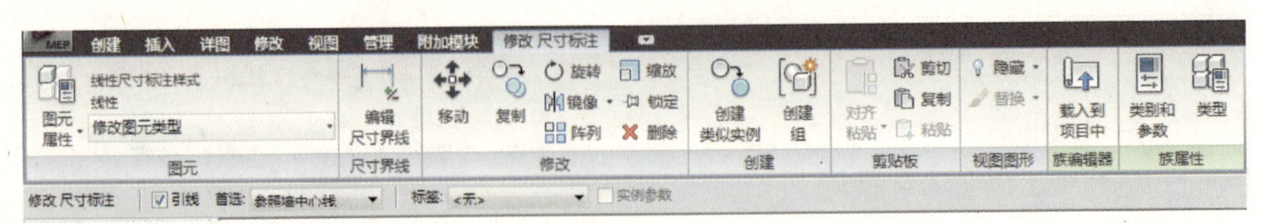

图 3-65

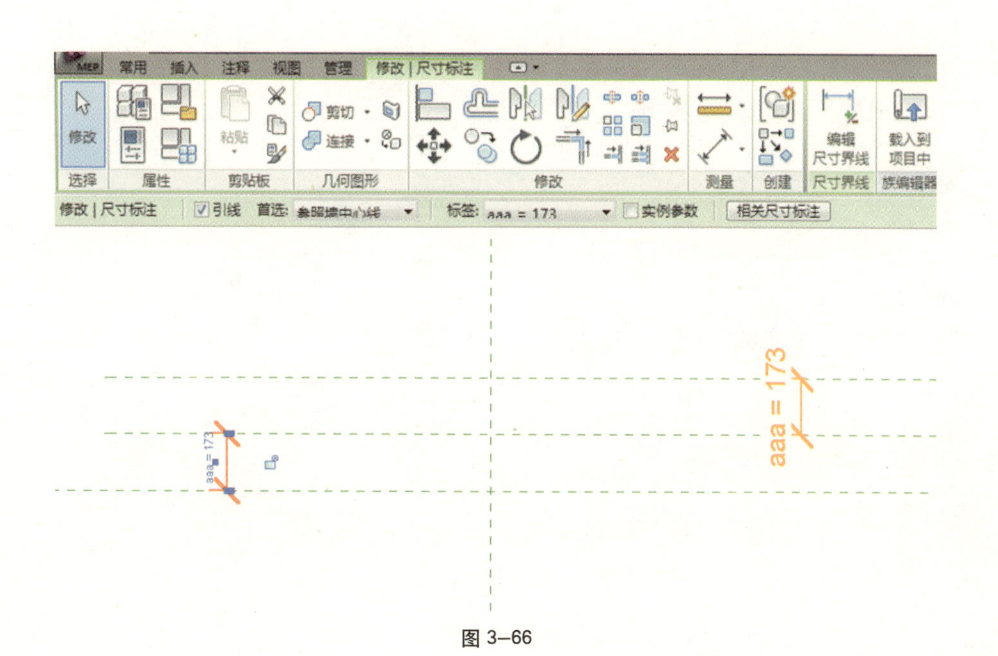

图 3–66

(2) 自动设置的参数组。

6) 尺寸标注增强

(1) 族编辑器

在永久尺寸标注上单击鼠标右键，可选择标签，方便添加参数，如图 3–67 所示。

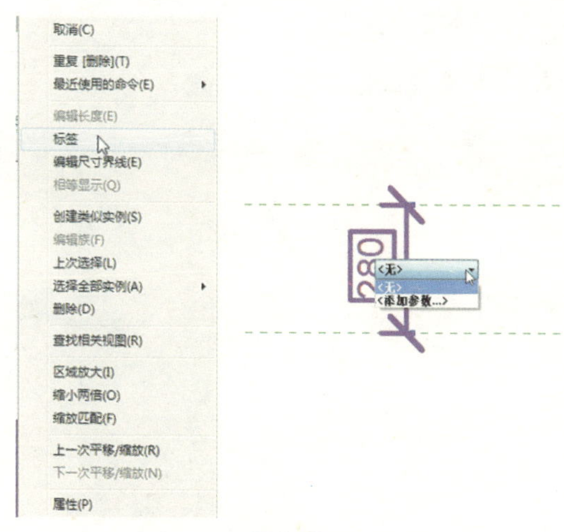

图 3–67

(2) 可以控制临时尺寸标注字体大小和背景（透明或不透明），如图 3–68 所示。

7) 对齐增强

对齐工具现在可以在图元的节点、顶点、边缘、表面形状或标高上使用。

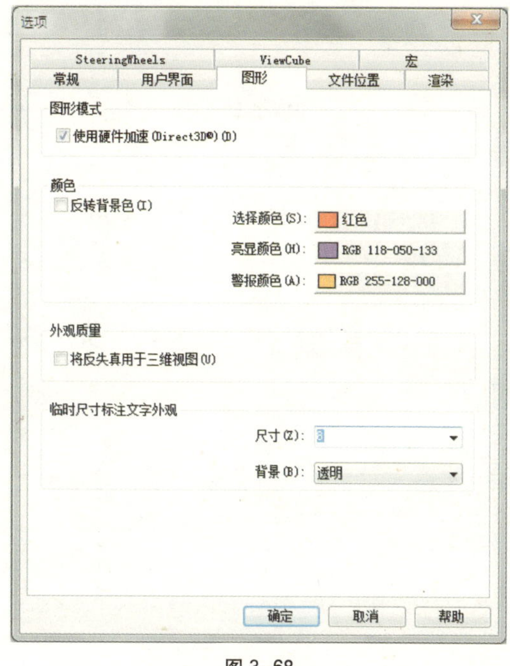

图 3–68

8）具备几何图形精度的扩展区域

Revit 2010 版本无法在距离项目远点 1 英里以外的位置保持预期的几何图形精度级别。Revit 2011 版能保持位于项目远点 20 英里以内图元的几何图形高精度级别。

(1) 选择增强

"选择全部实力"可以选择应用到当前视图或整个项目，如图 3–69 所示。

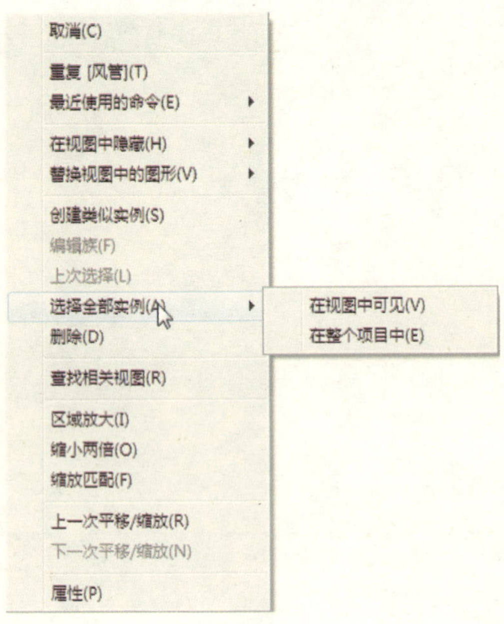

图 3–69

(2) 文字注释增强

其他引线附着点：左上(TL)、左中(ML)、左下(BL)、右上(TR)、右中(MR)以及右下(BR)

可以调整引线端点距离，如图 3–70 所示。

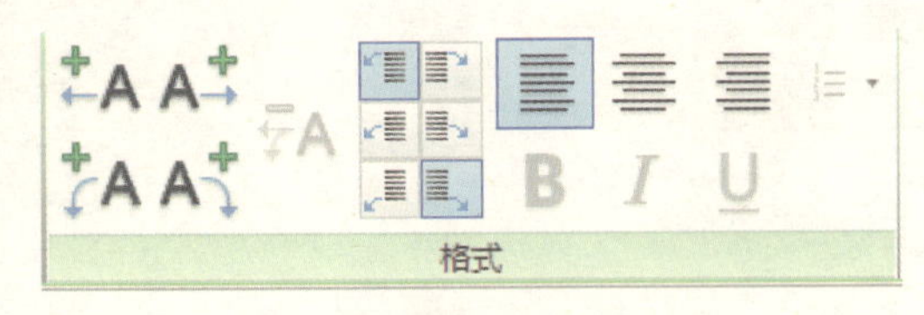

图 3–70

可以在文字周围显示框，如图 3–71 所示。

(3) 可以创建项目符号和标号。

9) 图纸增强

(1) 创建新的图纸列表行，以创建占位符图纸。

(2) 将占位符图纸转换为项目图纸。

(3) 图纸的轴向导向，可用于创建一致

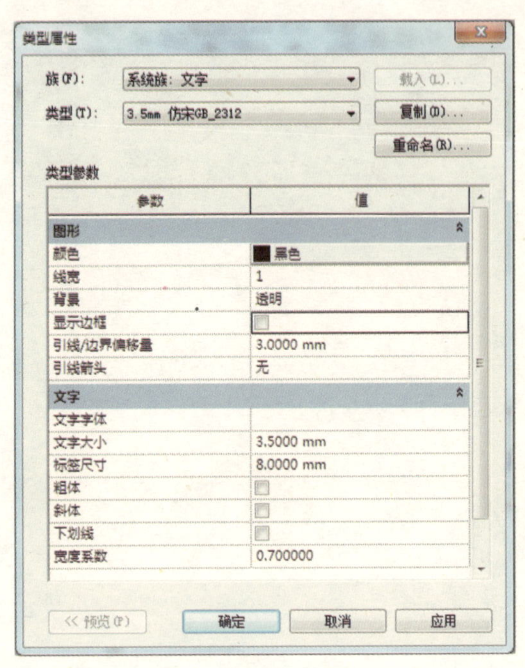

图 3–71

的图纸。

在图纸属性中，可以设置图纸的轴向导向。如图 3–72 所示。

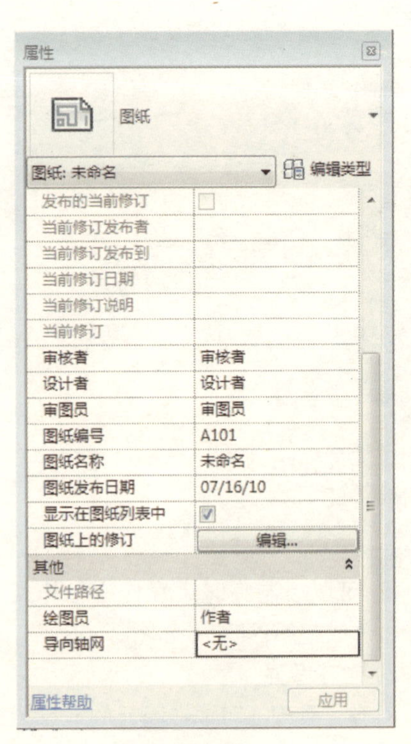

图 3–72

10）楼板增强

楼板工具中新增跨方向工具。单击楼板绘制模式下，“绘制”面板中的“跨方向”工具。可以设置金属压型板楼板的跨方向，如图3–73所示。

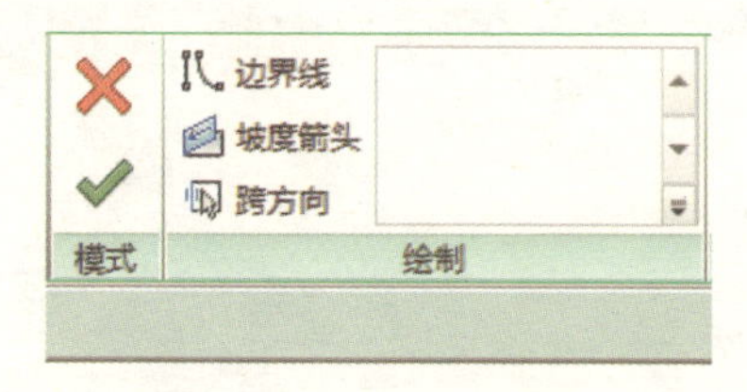

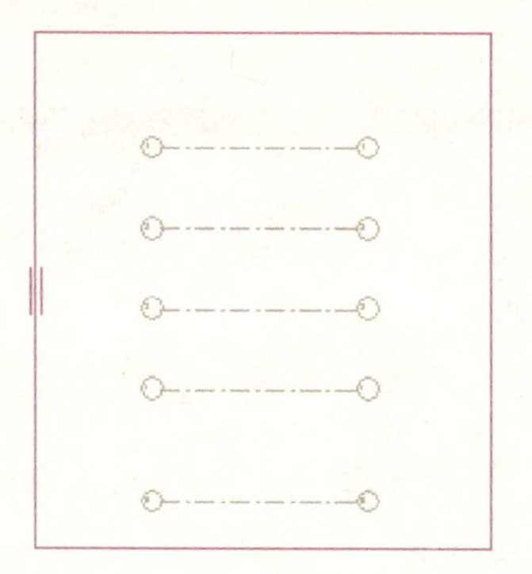

图 3–73

11）分析

日光路径：

用于显示自然光和阴影对建筑和场地产生的影响的交互式工具。

单击状态栏中的太阳符号，选择“打开日光路径”，选择“打开阴影”，在单击太阳符号，单击“日光设置”按钮，设置建筑的位置、日期、日光研究的类别（静止、一天、多天、照明），单击确定，如图3–74所示。

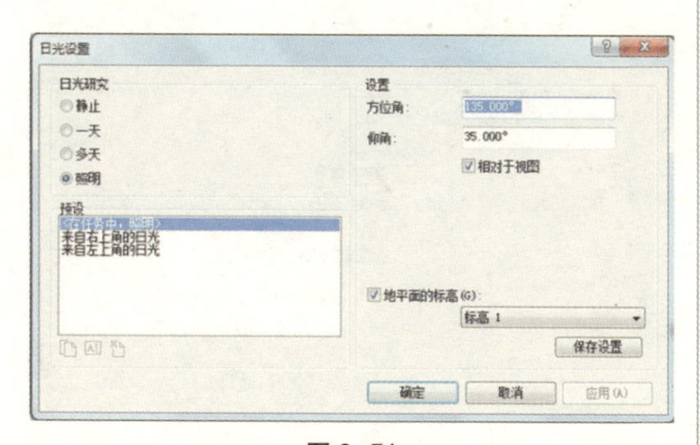

图 3–74

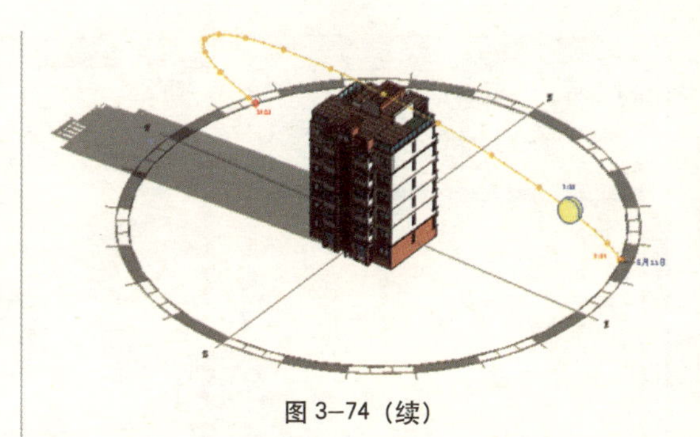

图 3–74（续）

3.3.4 配电盘明细表

1）分支配电盘、开关装置和数据配电盘的样板

新增分支配电盘、开关装置和数据配电盘的样板。单击“管理”选项卡下“设置”面板中“配电盘明细表样板”工具中的“管理样板”工具，如图3–75所示。

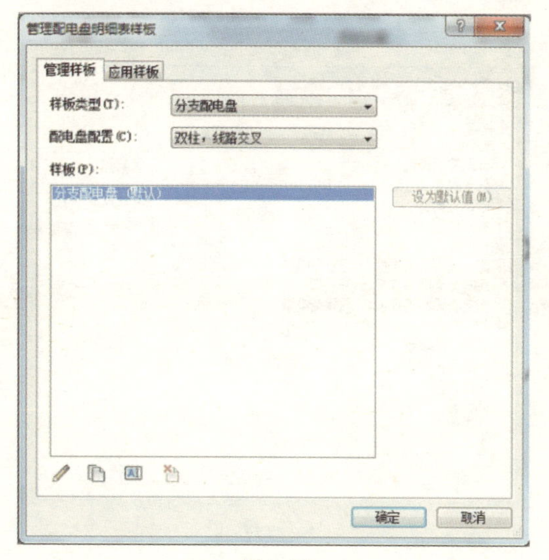

图 3–75

设置默认样板：

单击“管理”选项卡下“设置”面板中“配电盘明细表样板”工具中的“编辑样板”工具。在打开的“编辑样板”对话框中选择一样板，单击打开，进入样板的编辑界面。通过自定义样板，用于控制配电盘明细表的内容和外观，如图3–76所示。

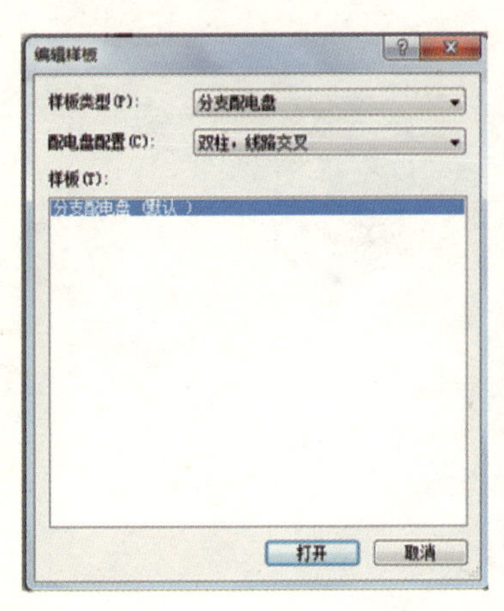

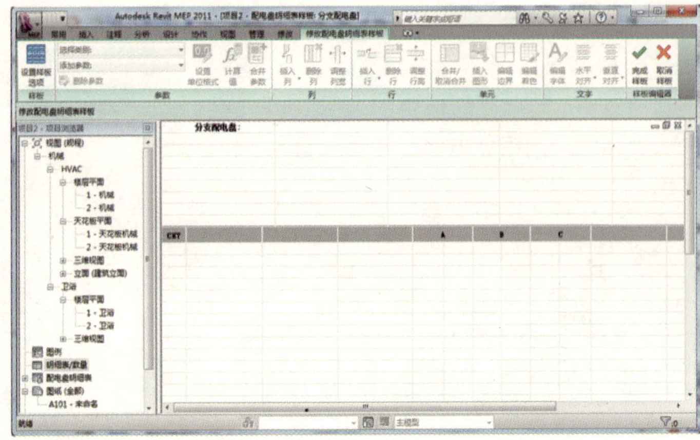

图 3–76

2）使用传递项目标准复制样式

单击“管理”选项卡下“设置”面板中的“传递项目标准”工具，可复制配电盘明细表样板 – 分支配电盘、配电盘明细表样板 – 开关板、配电盘明细表样板 – 数据配电盘，如图 3–77 所示。

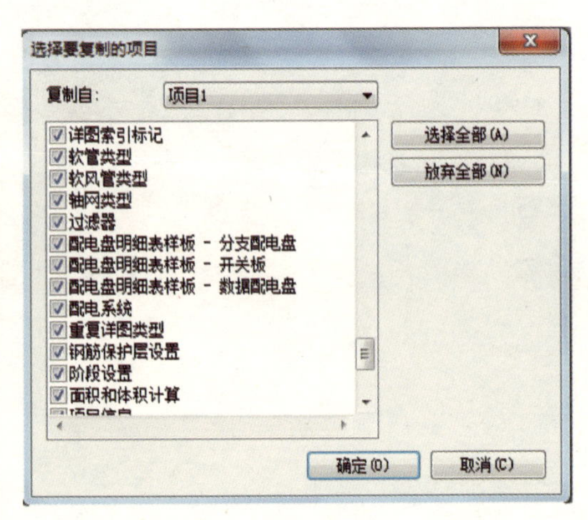

图 3–77

3）其他

(1) 对国际线路命名约定的支持。

(2) 基于样板的样式。

(3) 锁定线路：将线路、备件、空间锁定在制定配电盘位置。

4）对线路分担

指定备件和空间，将制定的空配电盘指定为备件，将指定的空配电盘指定为空间，

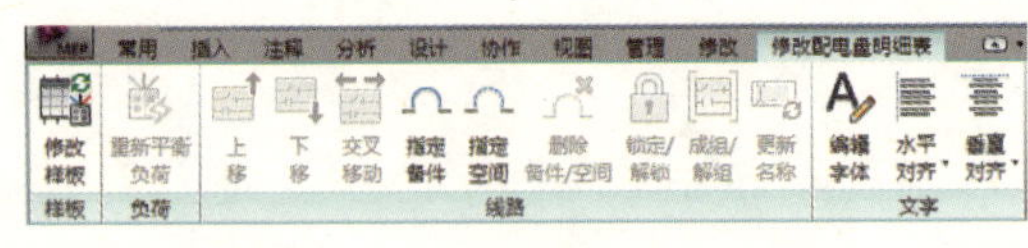

图 3–78

如图 3–78 所示。

(1) 重新平衡负荷：重新平衡负荷配电盘明细表的负荷。

(2) 移动线路。

3.3.5 需求系数

1）支持行业标准需求系数类型

单击“管理”选项卡下“设置；”面板中的“MEP 设置”工具中的“需求系数”按钮设定需求系数，如图 3–79 所示。

2）用户可定义的负荷分类

(1) 新增负荷分类工具。可以通过“管

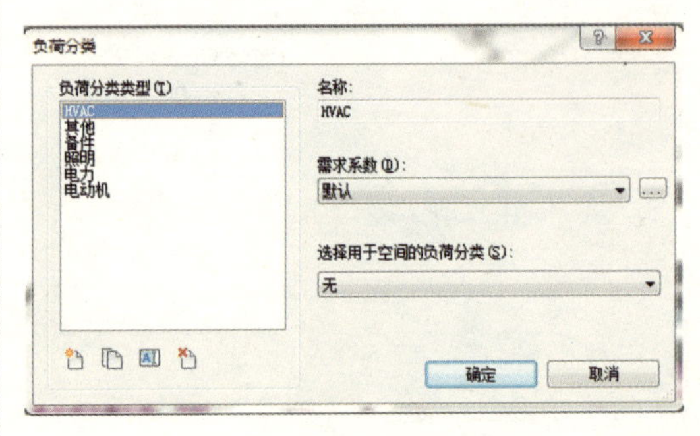

图 3–79

理”选项卡下“设置；”面板中的“MEP 设置”工具中的“负荷分类”按钮设定系统的负荷分类，如图 3–80 所示。

(2) 需用负荷可显示在配电盘明细表中。

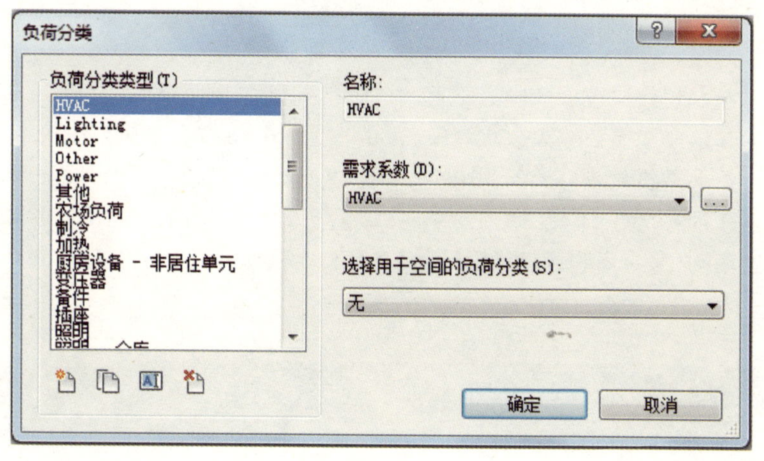

图 3–80

第 4 章　风系统的创建及相关族制作

中央空调系统是现代建筑设计中必不可少的一部分，尤其是一些面积较大、人流较多的公共场所，更是需要高效、节能的中央空调来实现对空气环境的调节。

本章将通过案例“某会所暖通空调设计”来介绍暖通专业识图和在 Revit MEP 中建模的方法，并讲解设置风系统的各种属性的方法，使读者了解暖通系统的概念和基础知识，掌握一定的暖通专业知识，并学会在 Revit MEP 中建模的方法。

4.1　风系统的创建

暖通风系统包括空调风系统和通风（排烟）系统，空调风系统分送风、回风和新风。本节中将讲解绘制风管、添加管件和创建风系统的方法。

4.1.1　案例简介

本章选用的案例是“某会所空调风系统设计”。本书附带光盘中附带有全套从负一层到二层的空调风系统施工图纸，使用 AutoCAD 图纸软件打开，可以看到如图所示施工图纸。

第一幅图纸为设备表，其内容是对该工程所需要的机械设备的介绍，如图 4-1 所示。

图 4-2 为空调风系统图。

图 4-3 ~ 图 4-9 为某会所空调风系统全套施工图纸。

一共 7 张，-1 层到 2 层每层两张，3 层一张。

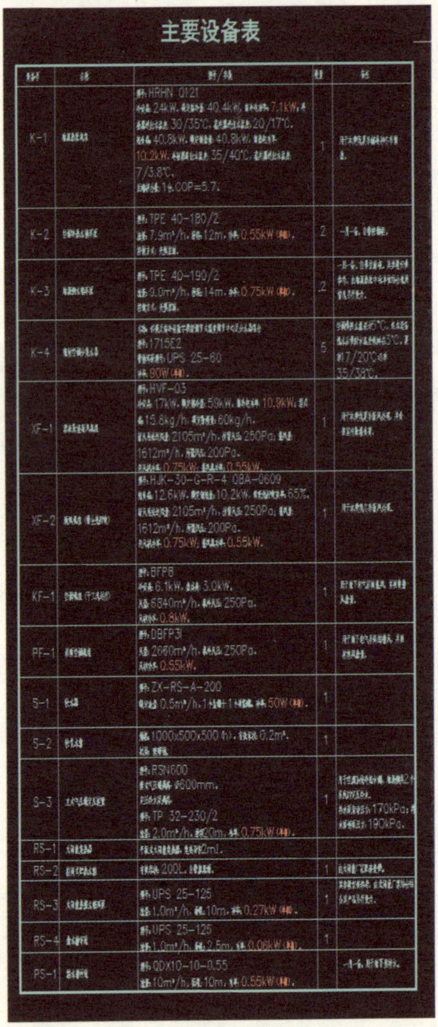

主要设备表

[illegible]	[illegible]	[illegible]	[illegible]	[illegible]
K-1	[illegible]	[illegible] HRHN 0121 [illegible] 24kW, [illegible] 40.4kW, [illegible] 7.1kW, [illegible] 30/35°C, [illegible] 20/17°C, [illegible] 40.8kW, [illegible] 40.8kW, [illegible] 10.2kW, [illegible] 35/40°C, [illegible] 7/3.8°C, [illegible] 1 [illegible] COP=5.7。	1	[illegible]
K-2	[illegible]	[illegible] TPE 40-180/2 [illegible] 7.9m³/h, [illegible] 12m, [illegible] 0.55kW [illegible]	2	[illegible]
K-3	[illegible]	[illegible] TPE 40-190/2 [illegible] 9.0m³/h, [illegible] 14m, [illegible] 0.75kW [illegible]	2	[illegible]
K-4	[illegible]	[illegible] 1715E2 [illegible] UPS 25-60 [illegible] 90W [illegible]	5	[illegible] 17/20°C [illegible] 35/38°C。
XF-1	[illegible]	[illegible] HVF-03 [illegible] 17kW, [illegible] 59kW, [illegible] 10.9kW, [illegible] 15.8kg/h, [illegible] 60kg/h, [illegible] 2105m³/h, [illegible] 250Pa, [illegible] 1612m³/h, [illegible] 200Pa, [illegible] 0.75kW, [illegible] 0.55kW。	1	[illegible]
XF-2	[illegible]	[illegible] HJK-30-G-R-4 08A-0609 [illegible] 12.6kW, [illegible] 10.2kW, [illegible] 65%, [illegible] 2105m³/h, [illegible] 250Pa, [illegible] 1612m³/h, [illegible] 200Pa, [illegible] 0.75kW, [illegible] 0.55kW。	1	[illegible]
KF-1	[illegible]	[illegible] BFP8 [illegible] 6.1kW, [illegible] 3.0kW, [illegible] 6840m³/h, [illegible] 250Pa, [illegible] 0.8kW。	1	[illegible]
PF-1	[illegible]	[illegible] DBFP3I [illegible] 2660m³/h, [illegible] 250Pa, [illegible] 0.55kW。	1	[illegible]
S-1	[illegible]	[illegible] ZX-RS-A-200 [illegible] 0.5m³/h, [illegible] 50W [illegible]	1	
S-2	[illegible]	[illegible] 1000x500x500 [illegible] 0.2m³, [illegible]	1	
S-3	[illegible]	[illegible] RSN600 [illegible] φ600mm, [illegible] TP 32-230/2 [illegible] 2.0m³/h, [illegible] 20m, [illegible] 0.75kW [illegible]	1	[illegible] 170kPa, [illegible] 190kPa。
RS-1	[illegible]	[illegible] 2ml。		
RS-2	[illegible]	[illegible] 200L, [illegible]	1	[illegible]
RS-3	[illegible]	[illegible] UPS 25-125 [illegible] 1.0m³/h, [illegible] 10m, [illegible] 0.27kW [illegible]	1	[illegible]
RS-4	[illegible]	[illegible] UPS 25-125 [illegible] 1.0m³/h, [illegible] 2.5m, [illegible] 0.06kW [illegible]	1	
PS-1	[illegible]	[illegible] QDX10-10-0.55 [illegible] 10m³/h, [illegible] 10m, [illegible] 0.55kW [illegible]		[illegible]

图 4-1

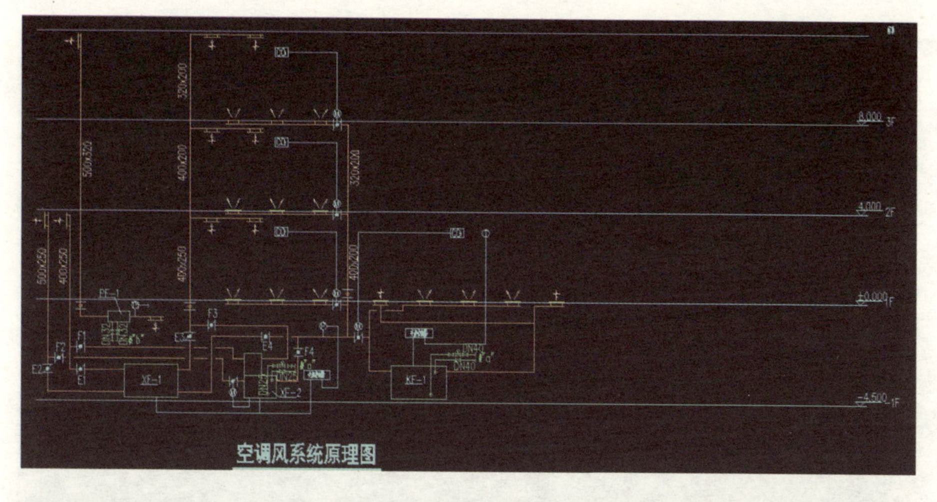

图 4-2

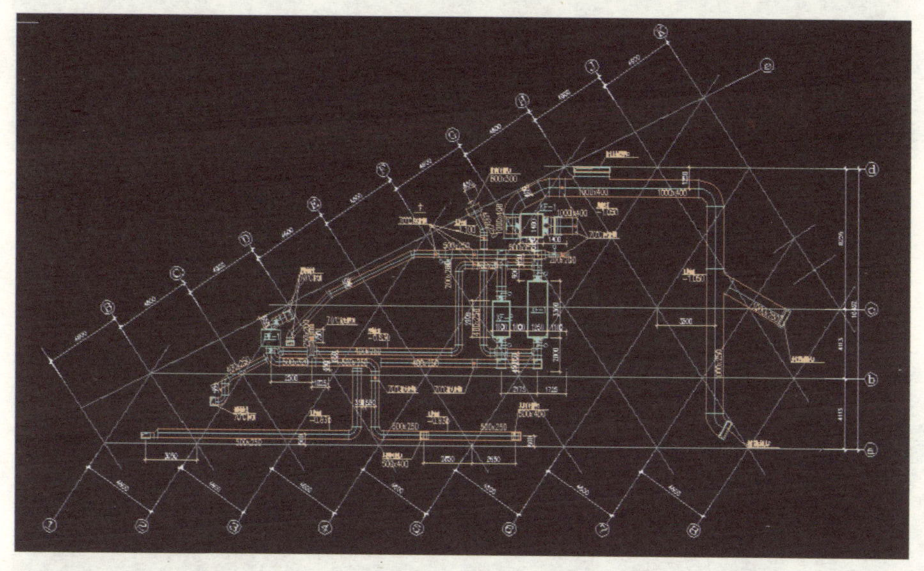
图 4-3

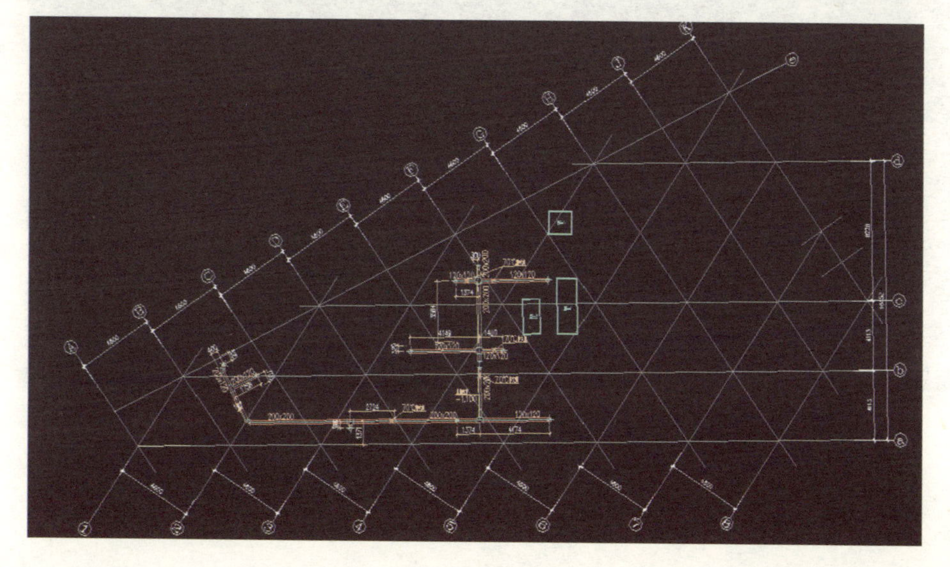
图 4-4

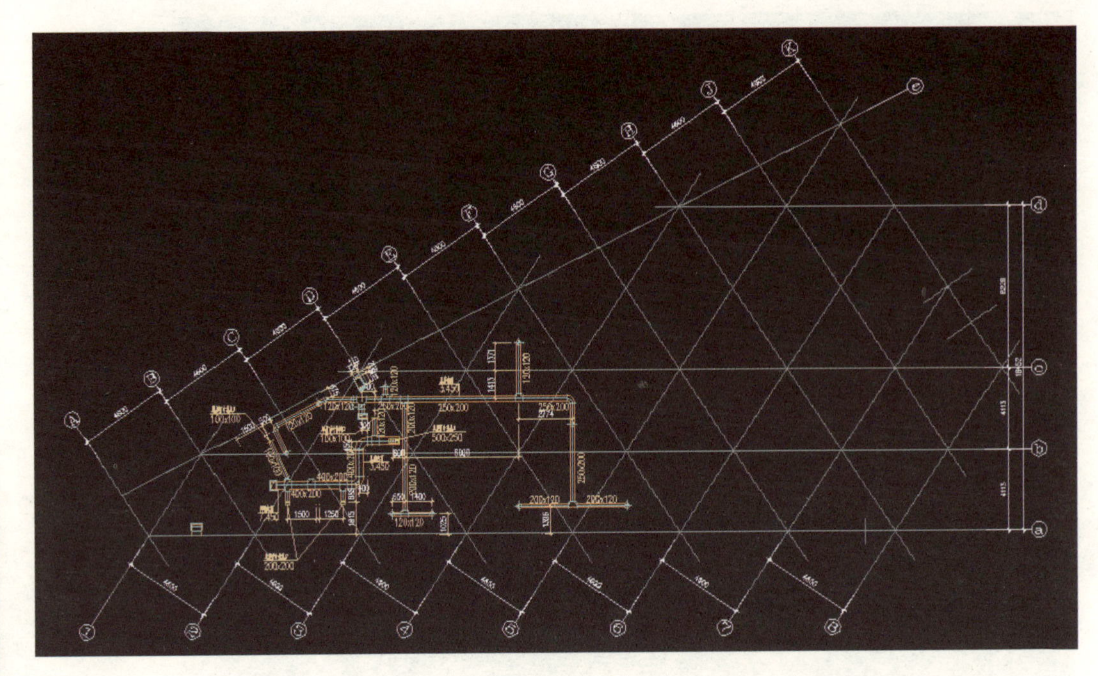

图 4–5

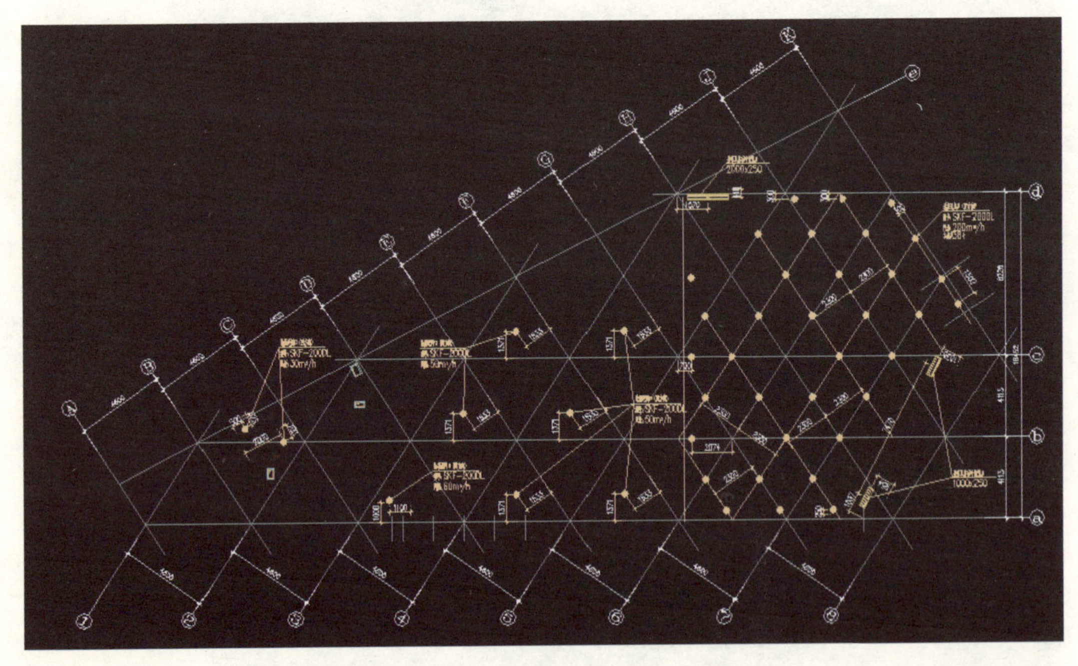

图 4–6

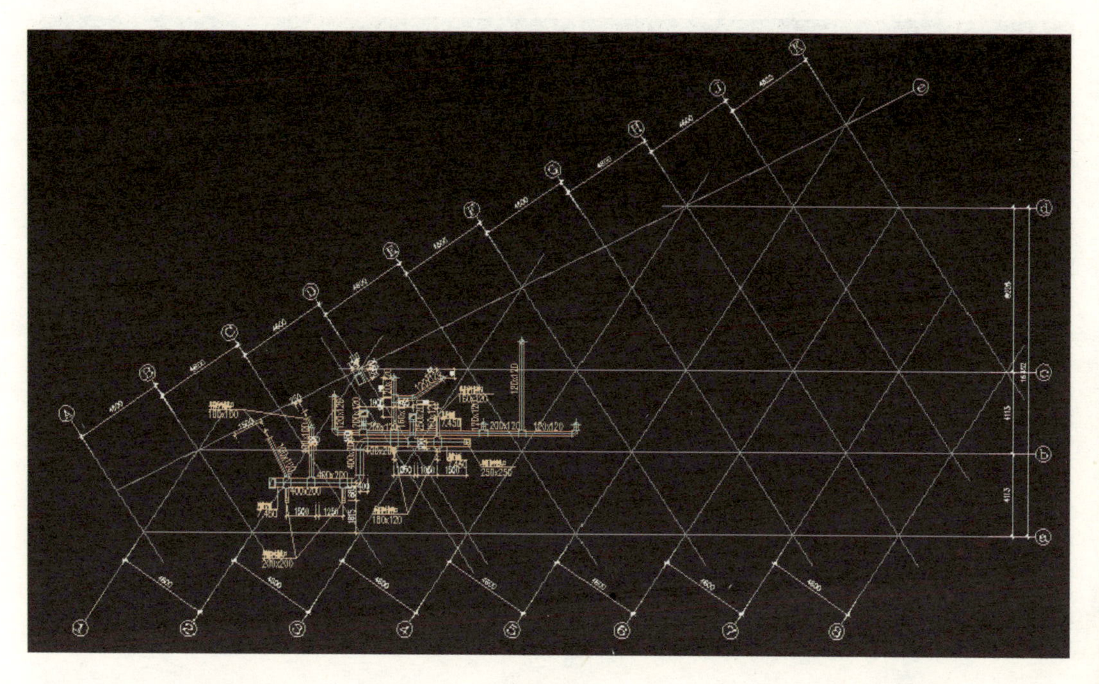

图 4–7

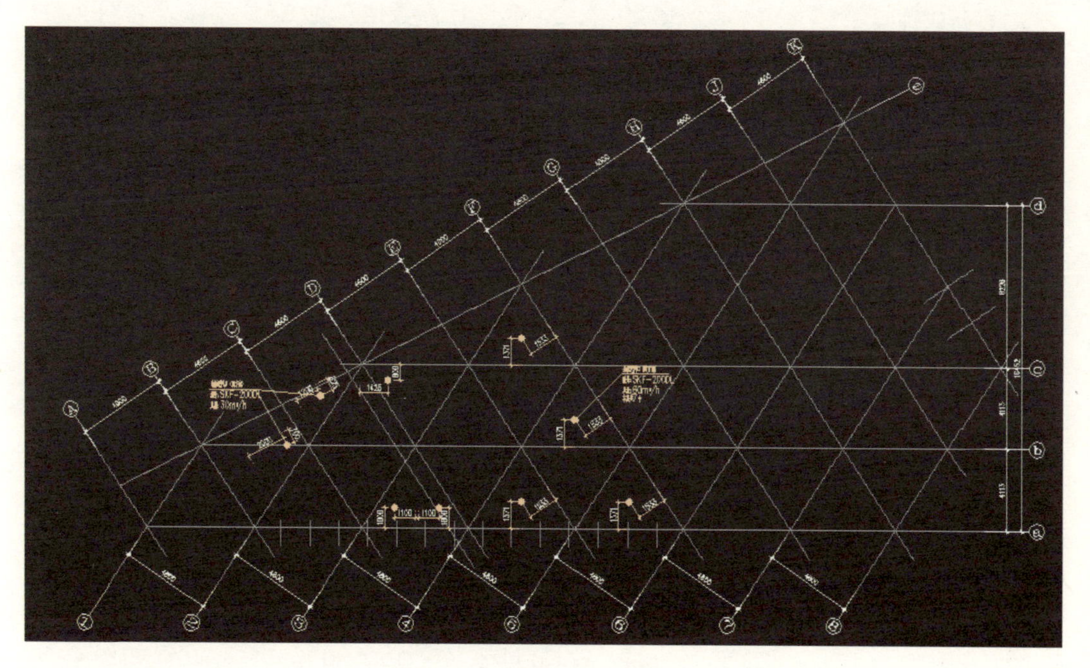

图 4–8

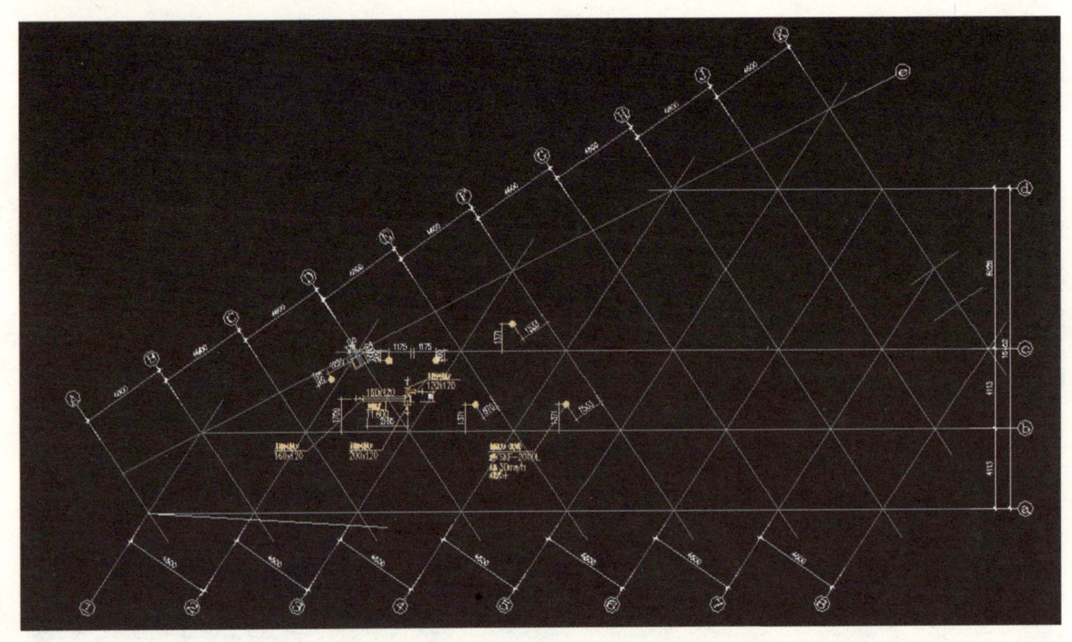

图 4–9

4.1.2 标高和轴网的绘制

1）新建轴网

为了准确确定风管、设备的位置，需要在绘制风管前绘制标高和轴网。

步骤 1：新建项目

打开 Revit MEP 2011 软件，单击应用程序下拉按钮，选择“新建 – 项目”，在弹出的“新建项目”对话框中单击“确定”，使用的是软件自带的样板文件。如图 4–10 所示。

步骤 2：绘制标高

在项目浏览器中选择东立面，单击“设计”选项卡下“标高和轴网”面板上的“标高”命令，在绘图区域绘制案例中所需要的标高。标高数值可见 CAD 图纸。如图 4–11 所示。

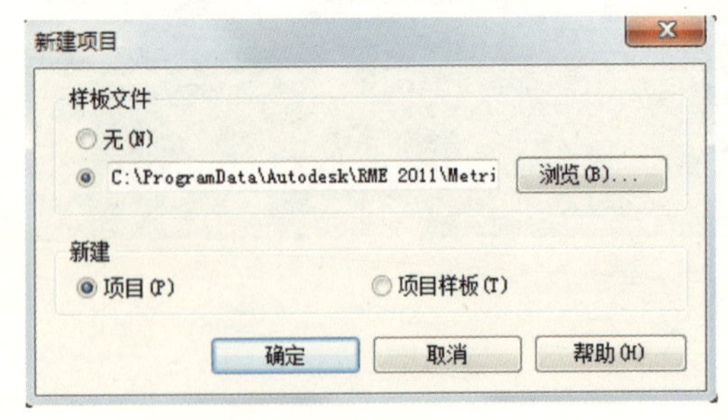

图 4–10

图 4–11

步骤 3：绘制轴网

在 Revit MEP 软件中，单击“插入 – 导入 CAD”命令，在对话框中选择“空调风系统 –f1a.dwg”文件，设置如图 4–12 所示。

确定后，完成导入 CAD 图纸，如图 4–13 所示。

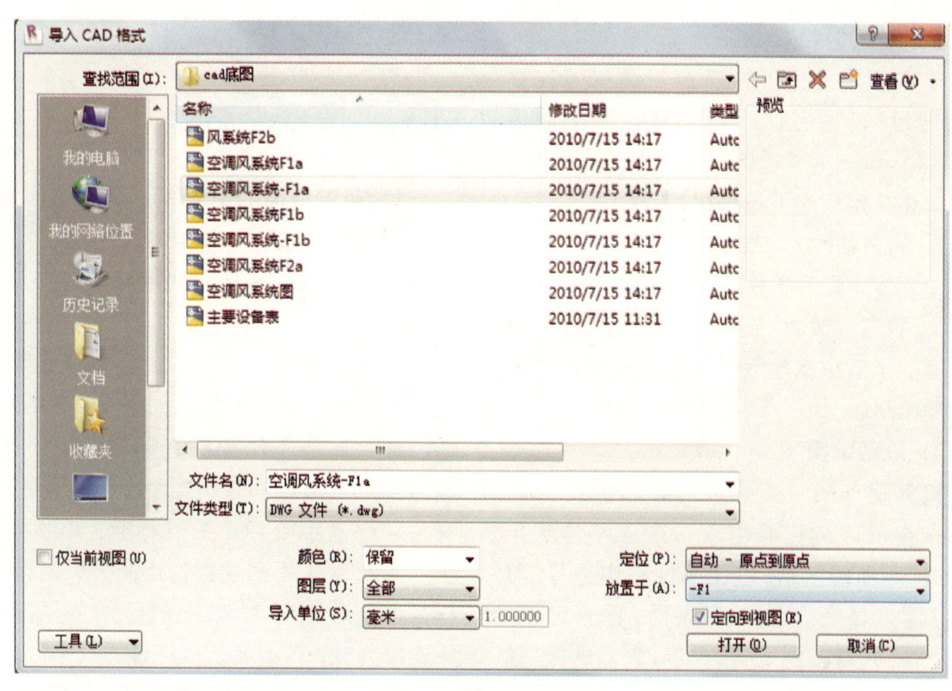

图 4-12

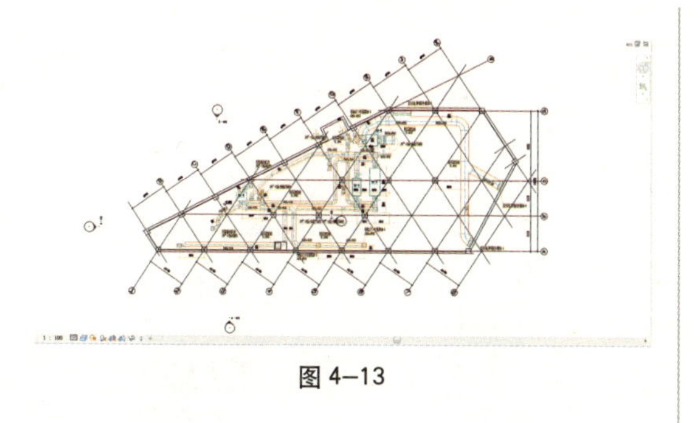

图 4-13

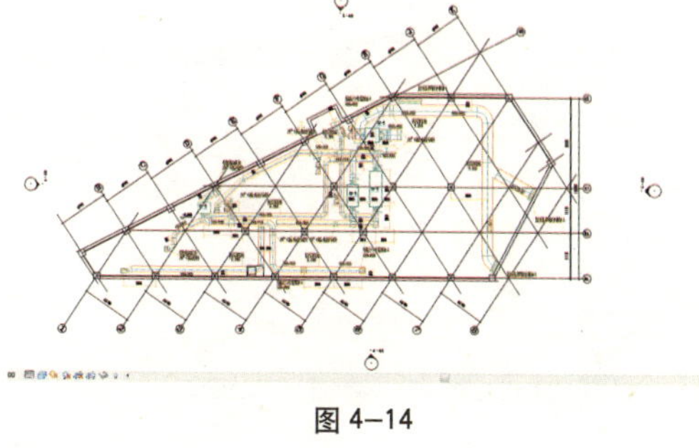

图 4-14

此时发现 CAD 图纸不是在视图可视部分中心，需要移动四个立面符号到合适位置，让 CAD 图纸处在四个立面符号所包围的范围之内。如图 4-14 所示。

在项目浏览器中选择“楼层平面 -F1”，单击“设计”选项卡下“标高和轴网”面板上的“轴网”命令，在绘图区域绘制案例中所需要的轴网。具体位置和标号与 CAD 图纸上的轴网一一对应。

绘制完轴网之后，调整标头到合适位置，选择所有轴网（可使用过滤器工具），然后单击“修改 轴网”上下文选项卡下“修改”面板上的锁定 锁定命令，将轴网的位置锁定。如图 4-15 所示。

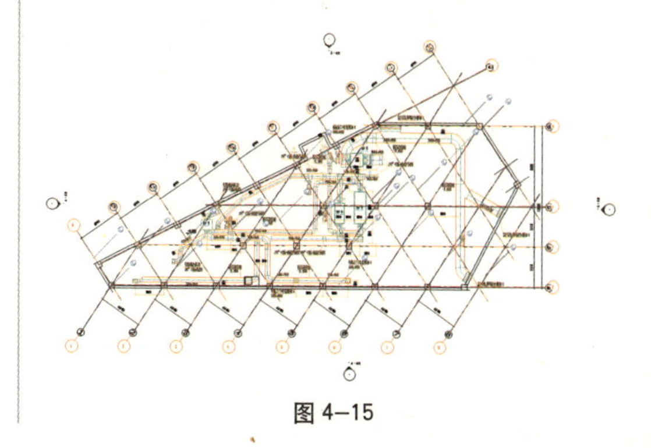

图 4-15

步骤 4：保存文件

单击应用程序下拉按钮，选择“另存为－项目”，将名称改为“某会所空调风系统”。

单击应用程序下拉按钮，选择“另存为－项目”，将名称改为“某会所水系统”

单击应用程序下拉按钮，选择“另存为－项目”，将名称改为“某会所电气系统”。以备后面的水系统及电气系统绘制时使用，以免重复绘制。

2）隐藏轴网

打开保存的“某会所空调风系统 .rvt”文件，在项目浏览器中双击进入“楼层平面－F1”平面视图，在右侧属性栏中选择“可见性 / 图形替换”，在“可见性 / 图形替换”对话框中“注释类别”选项卡下，去掉选择“轴网”，然后单击确定。如图 4–16 所示。

隐藏轴网的目的在于使绘图区域更加清晰，便于绘图。

4.1.3 风管绘制方法

1）风管属性的设置

单击“常用”选项卡下，“HVAC”面板中“风管”工具，或使用快捷键 DT，打开“绘制风管”上下文选项卡。

单击右侧属性栏“编辑类型”工具，打开“类型属性”对话框，如图 4–17 所示。

在“弯头”的类型选择器下拉列表中，有两种可供选择的管道类型，分别为：矩形弯头－平滑半径－法兰－标准、矩形弯头－法兰－标准（不同项目样板的分类名称不一样，但原理相同）。它们的区别主要在于弯头连接方式，其命名是以连接方式来区分的，矩形弯头－平滑半径－法兰－标准、矩形弯头－法兰－标准。（如图 4–18 所示。）

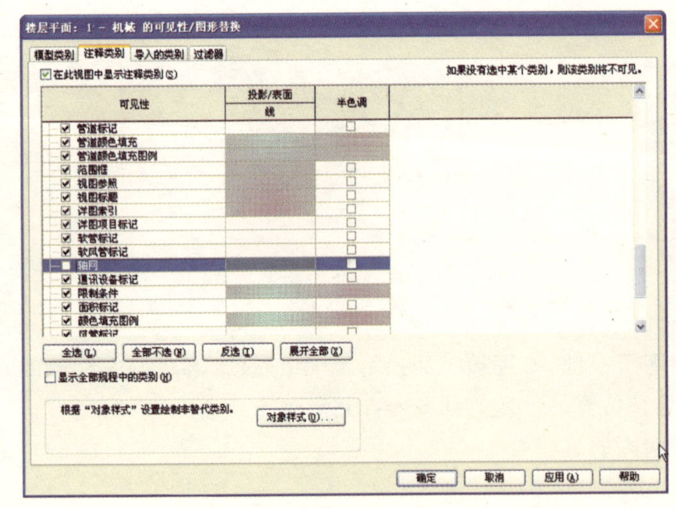

图 4–16

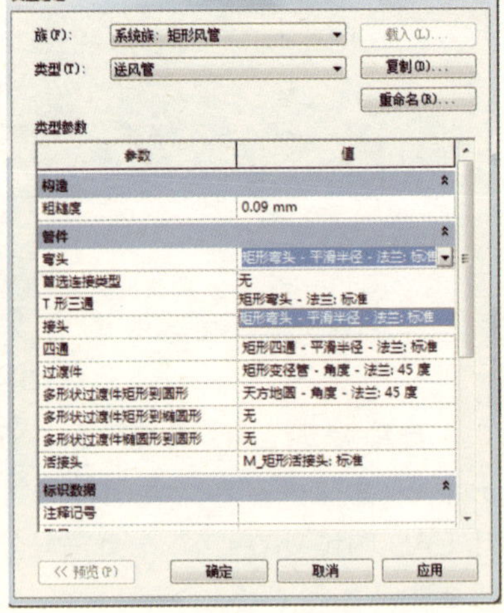

图 4–17

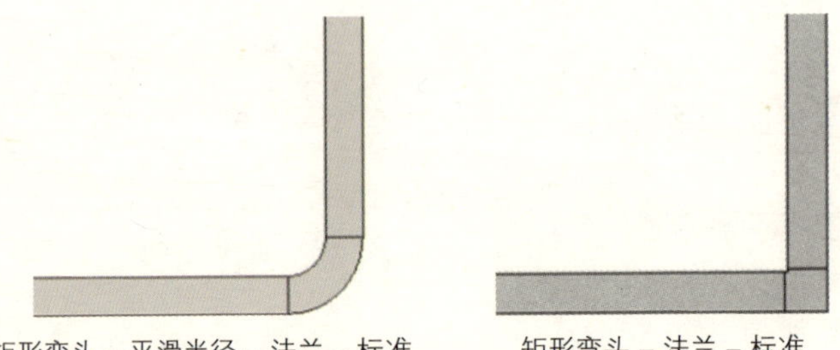

矩形弯头－平滑半径－法兰－标准　　矩形弯头－法兰－标准　　图 4–18

单击“编辑类型”工具，打开“类型属性”对话框，如图 4–19 所示。

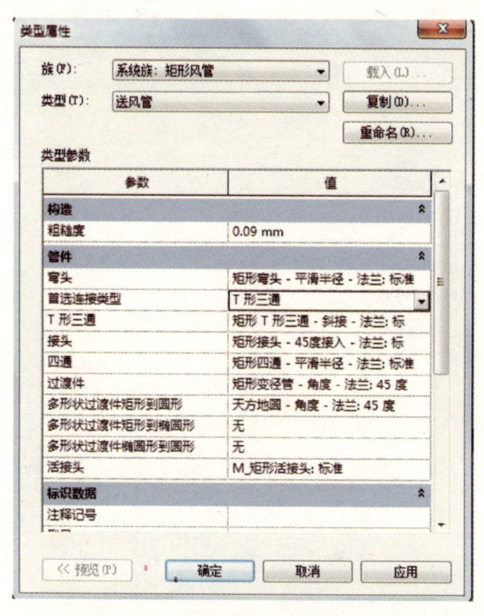

图 4–19

在“管件”选项卡下，可以看到弯头、首选连接类型等构件的默认设置，管道类型名称与弯头、首选连接类型的名称之间是有联系的。各个选项的设置功能如下：

(1) 弯头：设置风管方向改变时所用弯头的默认类型；

(2) 首选连接类型：设置风管支管连接的默认方式；

(3) T 形三通：设置 T 形三通的默认类型；

(4) 接头：设置风管接头的类型；

(5) 四通：设置风管四通的默认类型；

(6) 过渡件：设置风管变径的默认类型；

(7) 多形状过渡件：设置不同轮廓风管间（如圆形和矩形）的默认连接方式；

(8) 活接头：设置风管活接头的默认连接方式，它和 T 形三通是首选连接方式的下级选项。

这些选项设置了管道的连接方式，绘制管道过程中不需要不断改变风管的设置，只需改变风管的类型就可以，减少了绘制的麻烦。

单击“风管”工具，或输入快捷键 DT，修改风管的尺寸值、标高值，绘制一段风管，然后输入变高程后的标高值；继续绘制风管，在变高程的地方就会自动生成一段风管的立管。

立管的连接形式因弯头的不同而不同，图 4–20 所示是立管的两种形式。

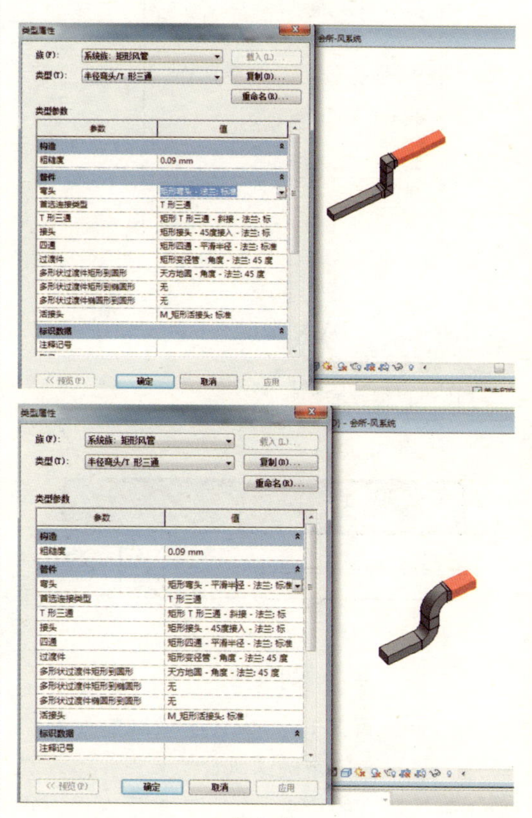

图 4–20

读者可自行调整不同选项绘制并查看各个选项更换后所绘制的风管样式。

2）绘制风管

(1) 首先来绘制系统的主风管，单击“常用”选项卡下“HVAC”；

(2) 面板上的“风管”命令，在选项栏中设置风管的尺寸和高度，如图 4–21 所示。

绘制如图 4–22 所示的一段风管，图中，500 × 250 为风管的尺寸，500 表示风管的宽度，250 表示风管垂直于纸面的高度，单位为毫米。偏移量表示风管中心线距离相对标高的高度偏移量，参照标高可根据需要变

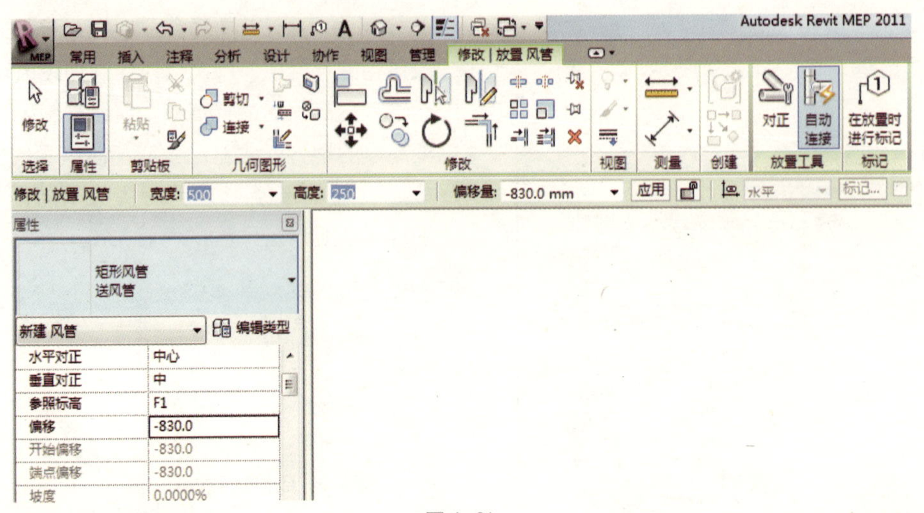

图 4—21

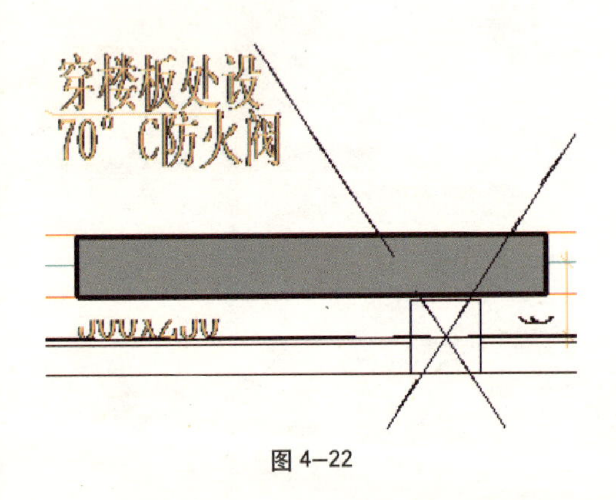

图 4—22

更，这里设置为 F1。风管的绘制需要两次单击，第一次单击确认风管的起点，第二次单击确认风管的终点。绘制完毕后选择“修改”选项卡下“编辑”面板上的“对齐”命令，将绘制的风管与底图中心位置对齐并锁定。

(3) 绘制转弯处风管连接

选择该风管，在左侧小方块上单击鼠标右键，选择“绘制风管”，设置风管尺寸，然后绘制下一段风管。在风管转弯处，风管会自动生成转接头。如图 4–23、图 4–24 所示。

对于两管位置不是垂直的转接关系，绘制时只需按照两管中心线交线的路径绘制，系统会根据情况自动生成相应弧度的风管连接，如图 4–25 所示。

绘制出的风管中心线不是完全和底图吻

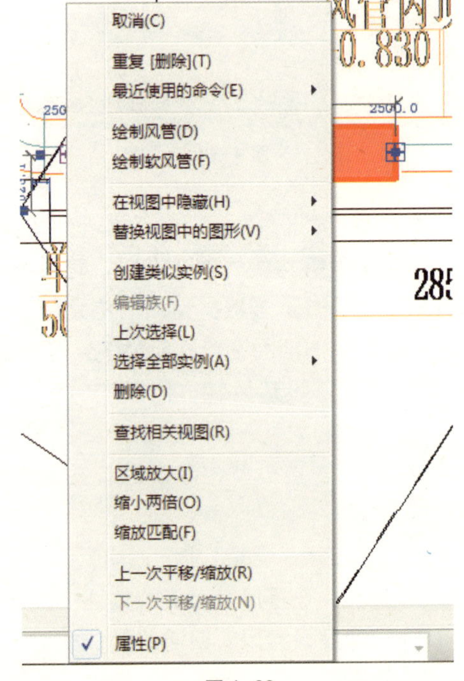

图 4—23

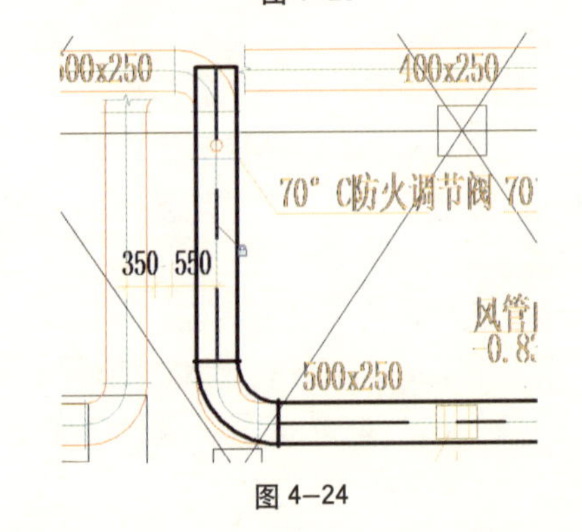

图 4—24

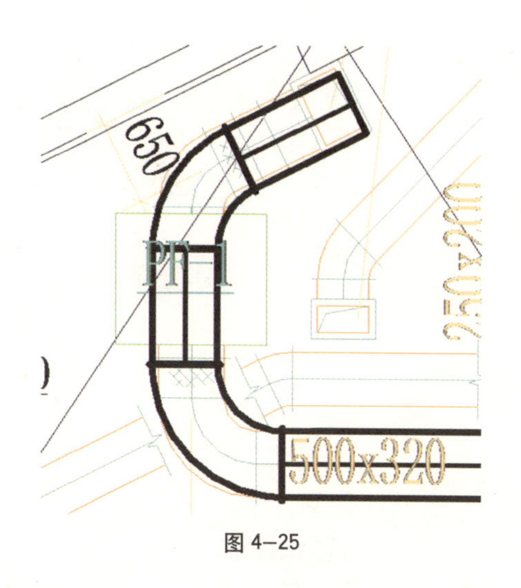

图 4–25

合的，可用“对齐”（快捷键 AL）命令将其与底图对齐。

⑷ 绘制如图 4–26 所示位置的支风管

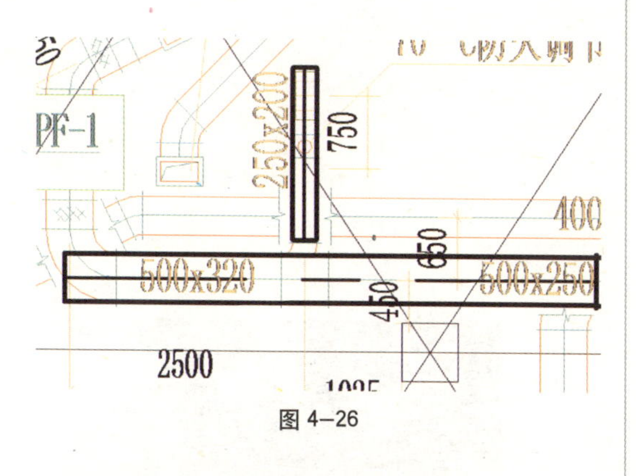

图 4–26

⑸ 绘制三通、四通

风管三通、四通在 Revit MEP 中的绘制方法是先绘制一段风管，然后绘制与之相垂直的另一段风管，使这两段风管的中心线相交，则自动生成三通或四通。

选择上图所示的支风管，将其向下拖拽，直到支风管的中心线高亮显示时停止拖拽，并放开鼠标，则风管将自动生成三通将两段风管连接起来。如图 4–27 所示。

⑹ 绘制风管上翻避让

绘制标高相同的两风管相交时，其中一个风管上翻避让。如图 4–28 所示。

绘制方法是先绘制一段风管，然后输入

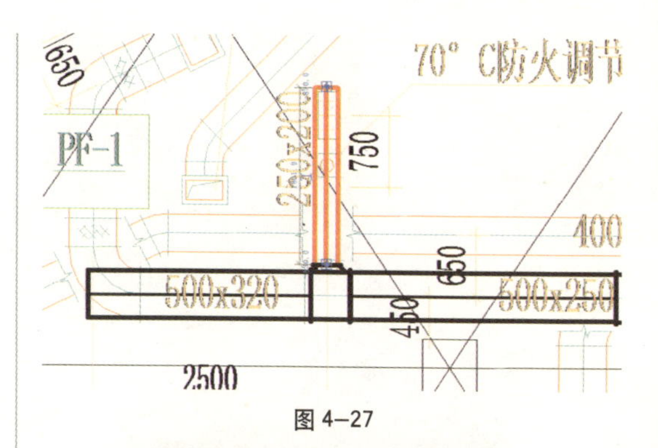

图 4–27

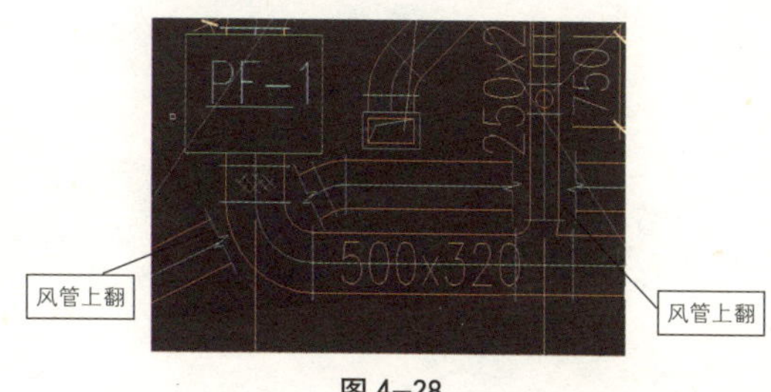

图 4–28

变高程后的标高值。继续绘制风管。在变高程的地方就会自动生成一段风管的立管。如图 4–29 所示。

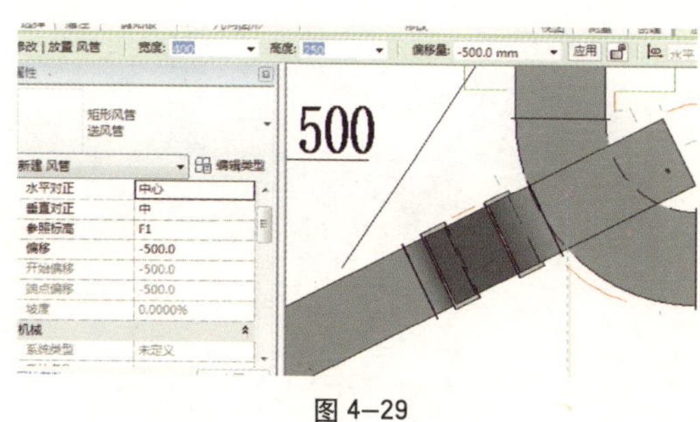

图 4–29

• 原风管相对于 1F 的标高是 –830，其中一个风管上翻避让，选择上翻部分标高为 –500（上翻部分标高视情况而定）。选择风管命令，输入变高程后标高 –500，点击“应用”。以前段风管断点为起点绘制风管，系统自动在变程处生成风管弯头。

• 避让过竖向风管后还原高程为 –830 继续绘制风管，同样在变高程处自动生成风管弯头。如图 4–30 所示。

• 下图为三维视图，如图 4–31 所示。

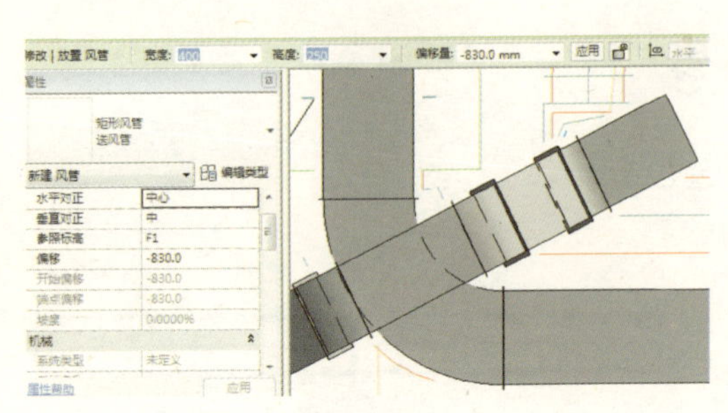

图 4-30

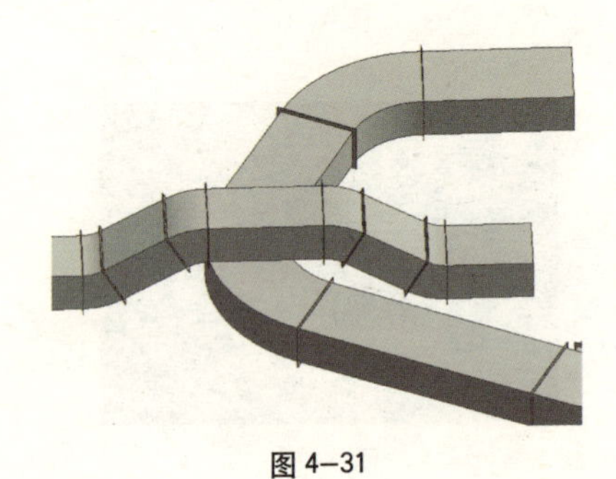

图 4-31

绘制时尽量让绘制空间适度大一点，以便系统有空间生成转接弯头。如果空间不够会出现如图 4-32 所示情况：

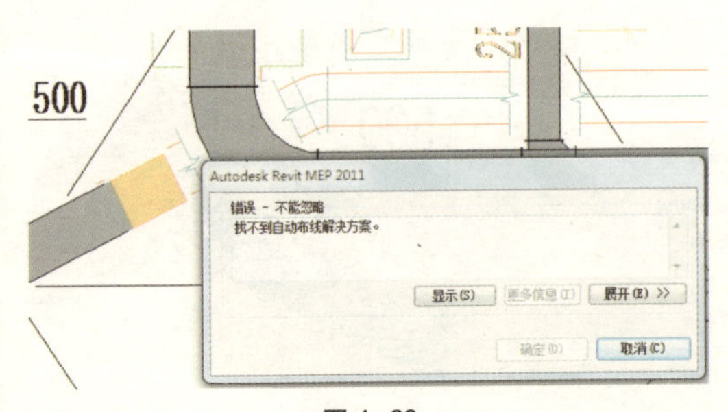

图 4-32

解决方法是绘制时尽量让风管绘制范围大一点，如果觉得过大可在弯头生成后拖动需要调节位置的部分到合适位置，如图 4-33 所示。

类似的方法绘制如图 4-34 所示的风管上翻。

先绘制好需要上翻的风管标高正常的两部分。绘制时尽量留足够的空间绘制风管转接弯头，弯头的位置可待生成后拖动调节，如图 4-35 所示。

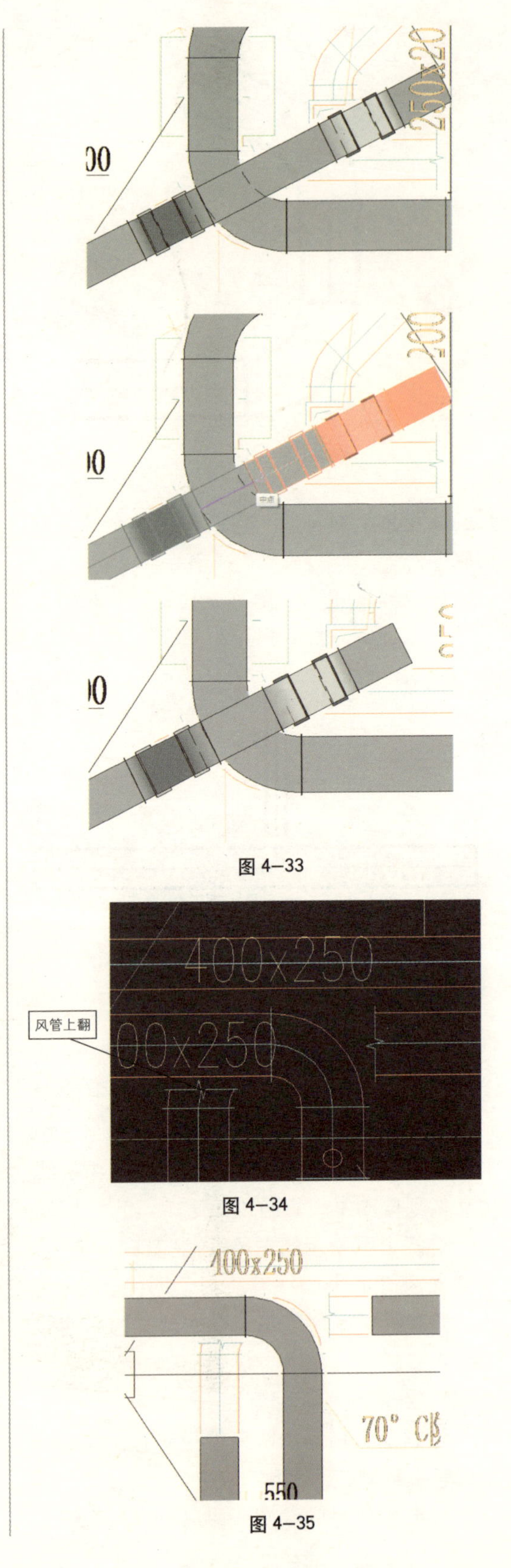

图 4-33

图 4-34

图 4-35

上翻部分标高为 -500（上翻部分标高视情况而定）。选择风管命令，输入变高程后标高 -500，点击“应用”。以前段风管断点为起点按底图路径绘制风管，系统自动在变程处及转弯处生成风管弯头，如图 4-36 所示。

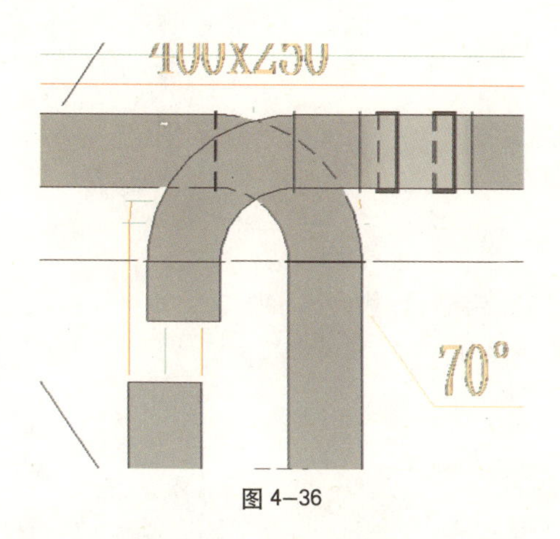

图 4-36

由于转弯后的风管没有跟下部分的风管中心对齐，需用对齐命令调整对齐后才能连接。使用对齐命令时需将视图样式调节为“线框”模式，如图 4-37 所示。

图 4-37

使用对齐命令对齐两风管中心线，如图 4-38 所示。

选中下部分风管，点击高亮显示的原点，拖动连接至上部分，捕捉到上部分风管的原点后松开左键，完成连接，并在标高变化处生成转接弯头，如图 4-39 所示。

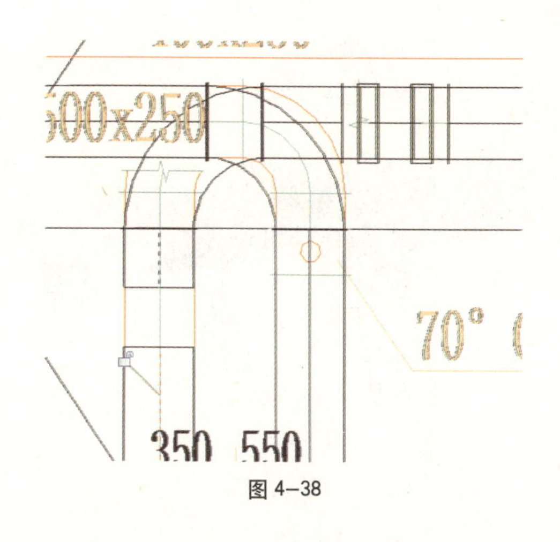

图 4-38

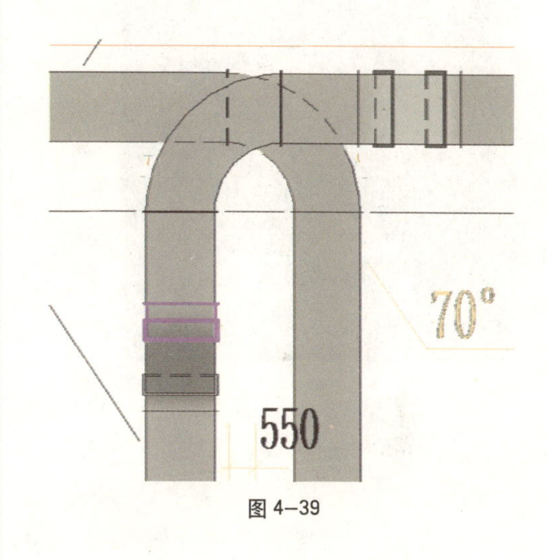

图 4-39

标高变更处生成的弯头可以移动以改变位置，选择两变程风管之间的管件，沿中心线往上拖动即可，如图 4-40 所示。

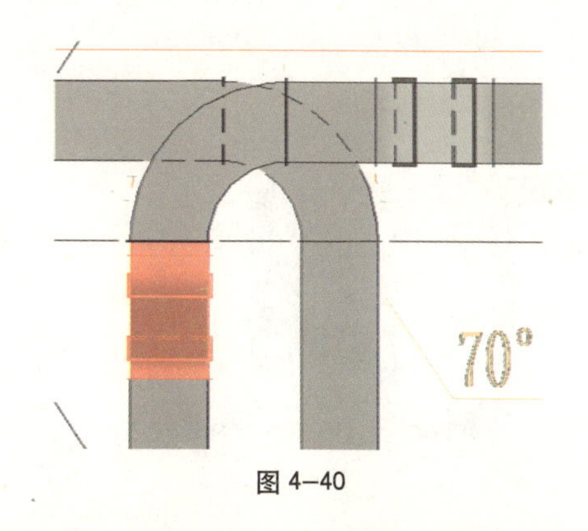

图 4-40

三维视图，如图 4–41 所示。

(7) 绘制立管，如图 4–42 所示。

图 4–41

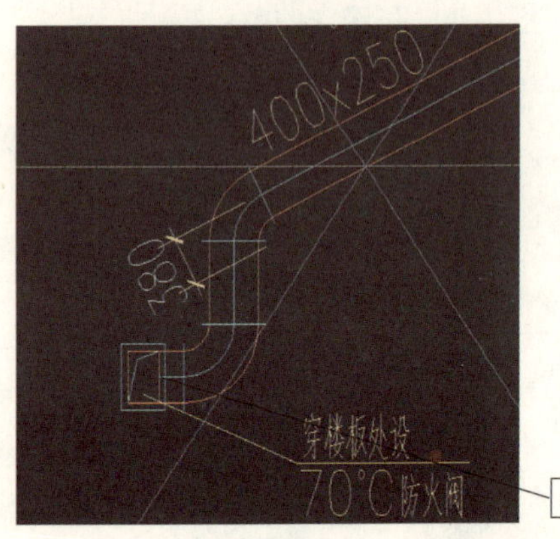

图 4–42

绘制方法有两种：

方法一：与绘制风管上翻避让相同，先绘制一段风管，然后输入变高程后的标高值。继续绘制风管。在变高程的地方就会自动生成一段风管的立管，完成后将绘制出的多余部分删除即可。如图 4–43 所示。

方法二：选择“绘制风管”，点击确定风管起点，然后修改标高，点击“应用”，则系统在风管起点处生成立管，如图 4–44 所示。

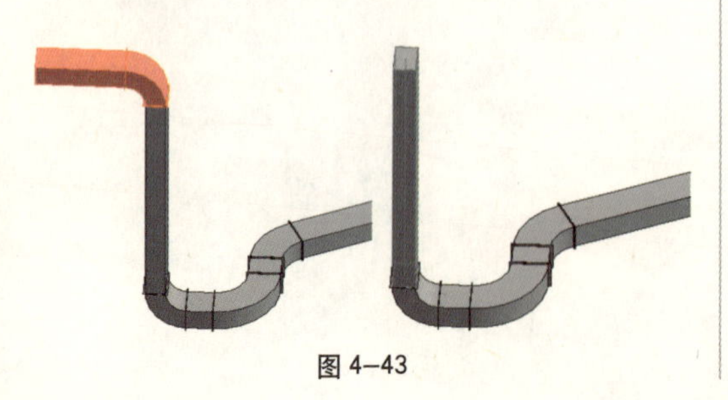

图 4–43

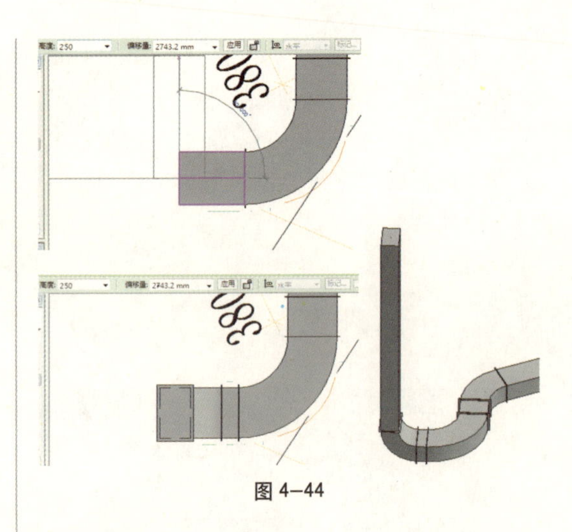

图 4–44

绘制时可能会出现警告：找不到布线方案，如图 4–45 所示。

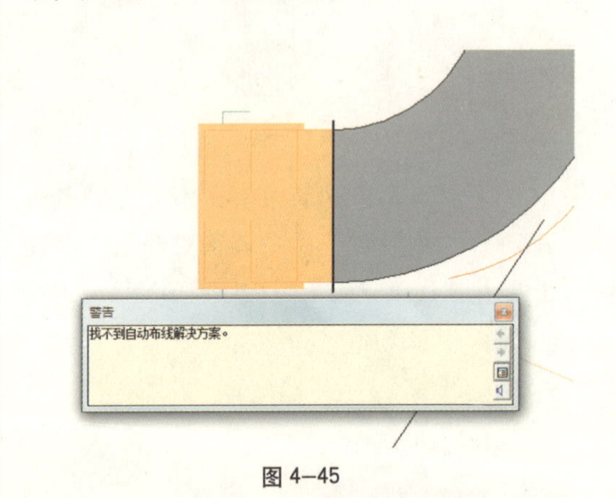

图 4–45

原因是立管起始端的风管太短，在原基础上没有足够的空间生成转接处的弯头，方法是将起始端的风管拉长即可。不用担心拉得过长，待立管生成后此连接处风管的长度可以拖动修改，如图 4–46 所示。

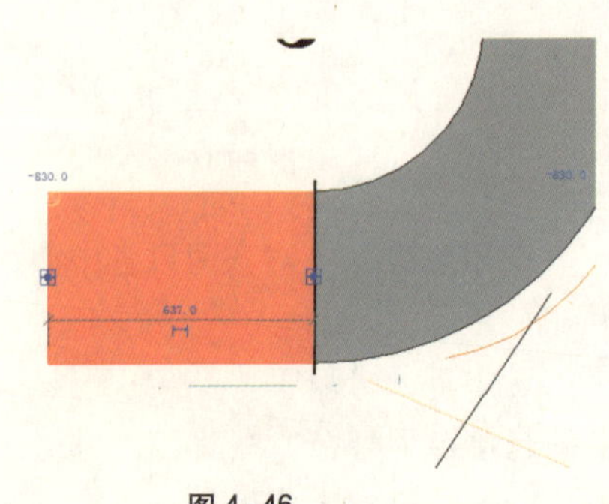

图 4–46

4.1.4 新建风管类型

暖通风系统中含有送风，回风，新风和排风系统，因此可在系统绘制前新建好所需风管类型。

步骤如下：

选择选项栏中风管选项，在左侧出现的属性栏中点击"编辑类型"，弹出如图所示对话框，复制新建一个类型，命名为"送风管"，如图 4-47 所示。

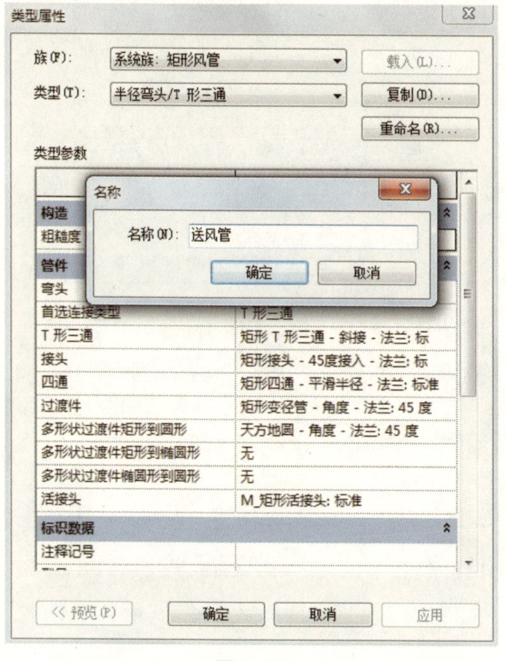

图 4–47

此时系统就有了一种名称为"送风管"的风管类型，其属性与原来的风管一模一样，但是是一个独立的类型，可独立地改变属性而不影响原来的风管。

点击"编辑类型"时会有"复制"和"重命名"，一定要是"复制"，如果是重命名则是将系统原来的风管改名了，而复制则是在不改变原有类型的情况下，新建一个此项目需要的类型。其他类似的操作如水管管道以及建筑中的墙体、窗、门等也要遵循此原则，即复制新建一个类型。

同样的方法新建一个"回风管"，"新风管"，"排风管"。

4.1.5 设置风管颜色

为了区分不同的系统，可以在 Revit MEP 样板文件中设置不同系统的风管颜色，使不同系统的风管在项目中显示不同的颜色，以便于系统的区分和风系统概念的理解。

风管颜色的设置是为了在视觉上区分系统风管和各种附件，因此应在每个需要区分系统的视图中分别设置。

(1) 进入楼层平面 –F1 视图，在左侧属性栏里选择 "可见性 / 图形替换" 命令，进入"可见性 / 图形替换" 对话框，或直接输入快捷键 VV 或 VG，进入"可见性 / 图形替换"对话框。确认选择"过滤器"选项卡，如图 4–48 所示。

系统默认有三个过滤器，分别为"机械 – 送风" 、"机械 – 回风"、"机械 – 排风"。为了让其不影响接下来的颜色设置，可以将系统默认的过滤器删去，或者将其可见性选项勾选去掉，让其不可见。

(2) 上文新建了四个类型的风管，在此新建四个对应的过滤器。

在左侧属性栏中选择"可见性 / 图形替换"命令，进入"可见性 / 图形替换"对话框，或直接输入快捷键 VV 或 VG，进入"可见性 / 图形替换"对话框。确认选择"过滤器"选项卡。

点击"添加"—"编辑 / 新建"—[图标]—输入名称"送风管"，确定，如图 4–49 所示。

(3) 确定后设置过滤条件为"类型名称"包含"送"(因为此时新建了风管类型，并附有名称，所以过滤条件设置为"类型名称")。并勾选所需着色的类别如风管，风管管件等，如图 4–50 所示。

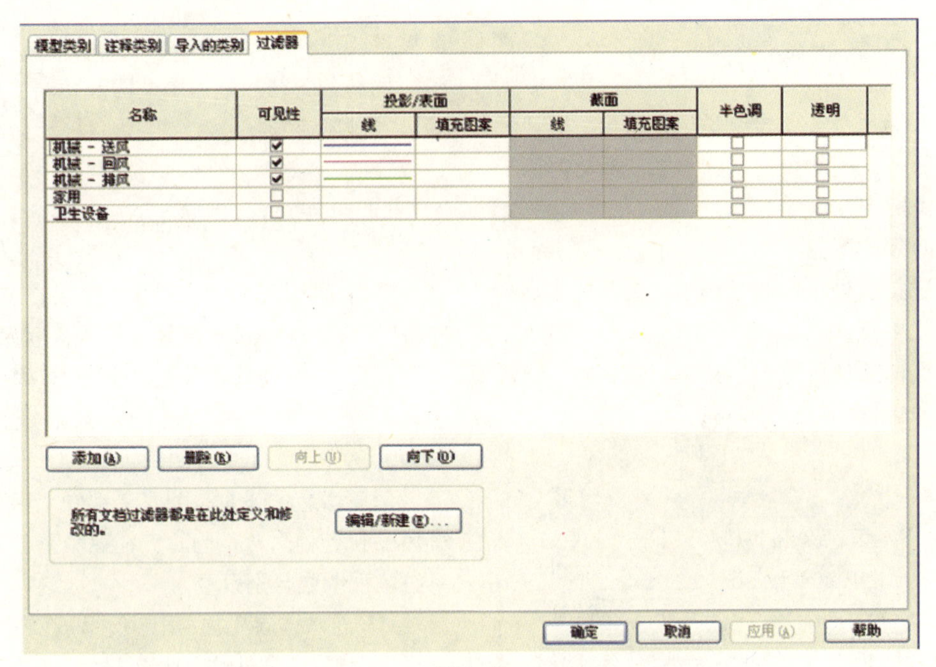

图 4—48

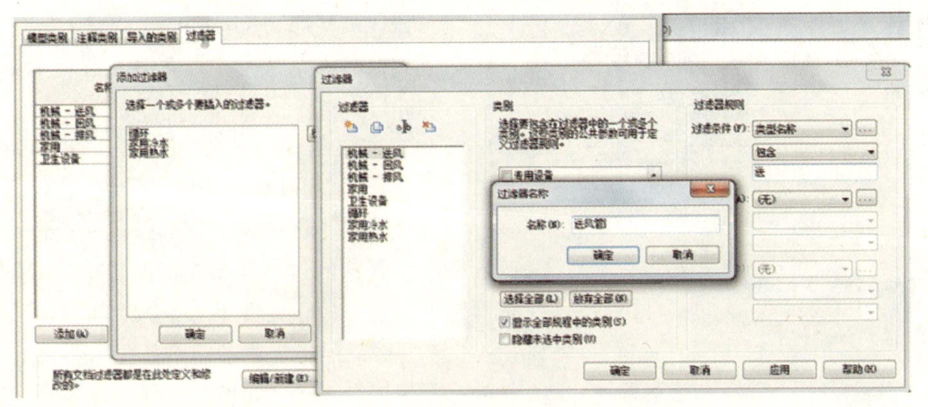

图 4—49

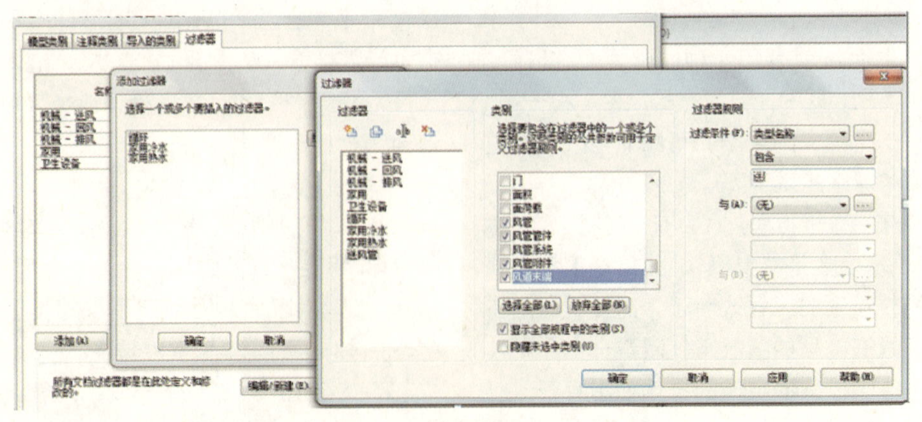

图 4—50

点击“确定”后，选择所新建的“送风管”，“确定”即添加了新建的过滤器，如图4-51所示。

此时过滤器中就有了新的过滤类型“送风管”，设置其“投影/表面”，将颜色设置为“绿色”，填充图案选择为“实体填充”，“确定”完成，如图4-52所示。

(4) 同样的方法添加“回风管”，“新风

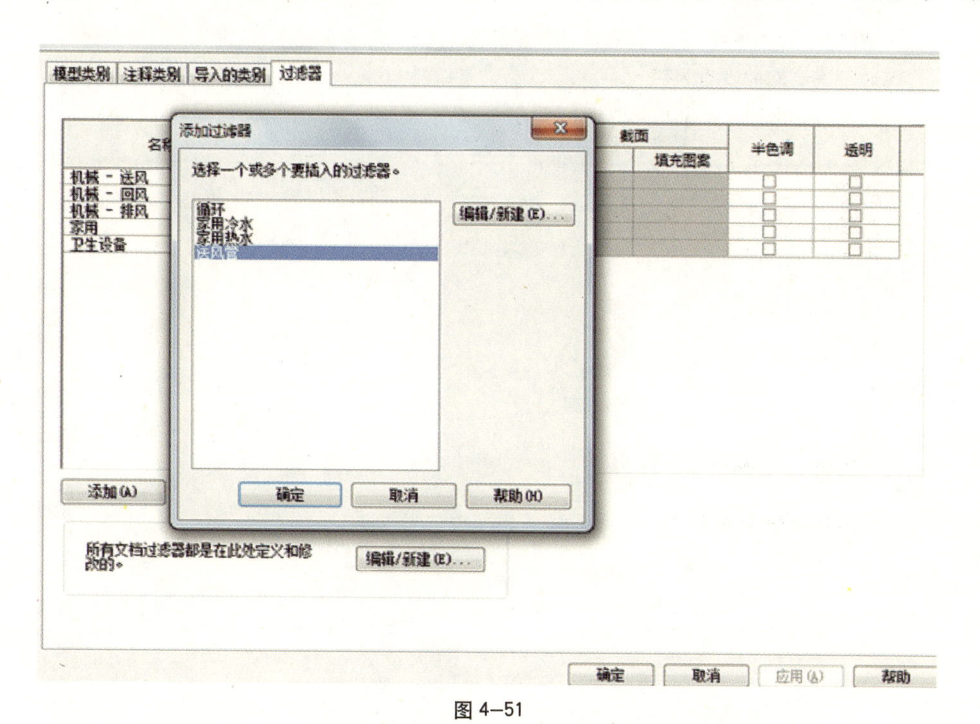

图 4-51

图 4-52

管"，"排风管"，完成后如图 4-53 所示。

(5) 此时点击常用选项卡中"风管"，并在类型下拉菜单中选择所需类型，如"送风管"即可绘制绿色的送风管，选择"回风管"即可绘制黄色的回风管，如图 4-54 所示。

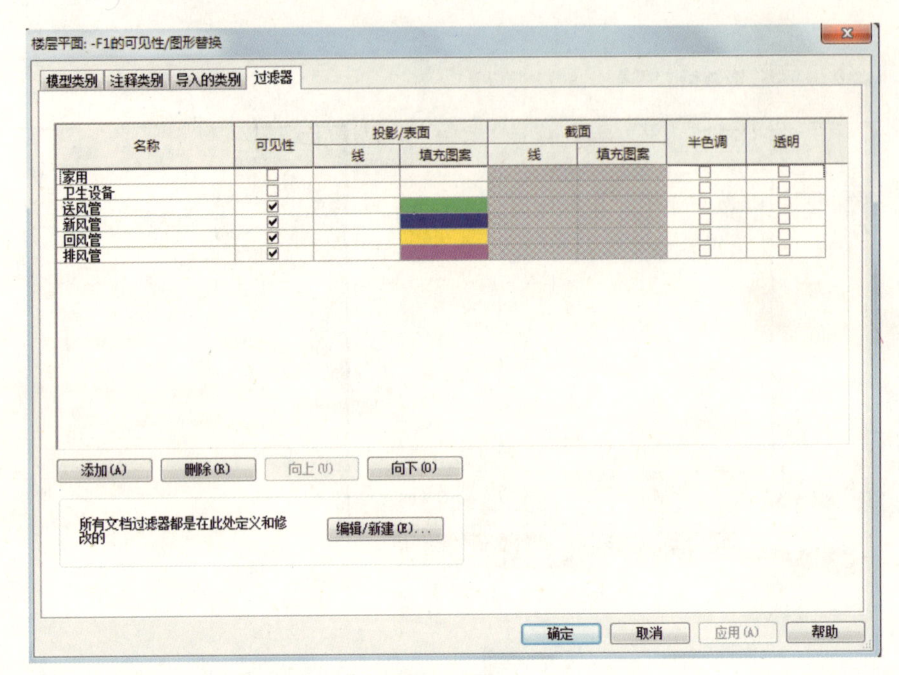

图 4-53

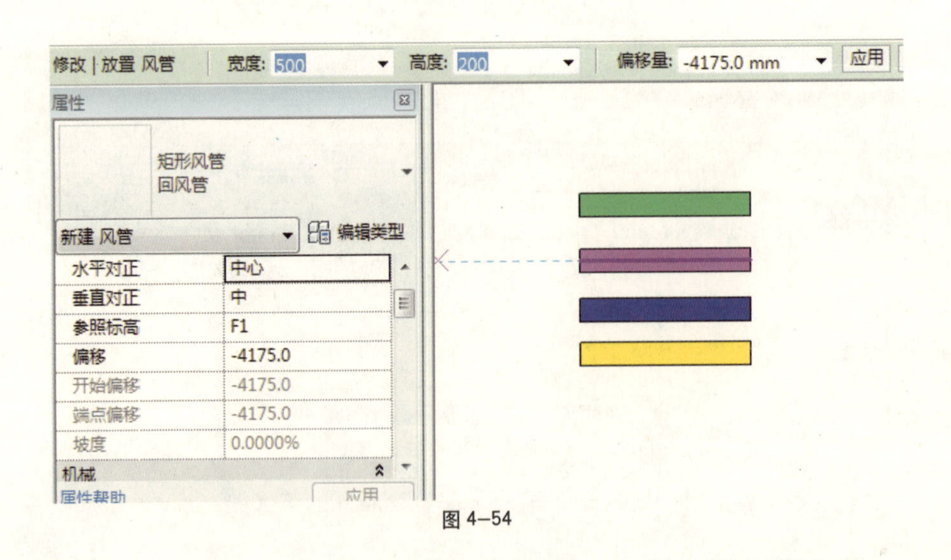

图 4-54

4.1.6 系统讲解

该案例是一个完整的三层会所空调风系统，包括新风系统，送风系统，回风系统以及排风系统。为了让读者明确各系统风管的线路，以便各系统风管的创建，现特意在 CAD 底图上用四种颜色的粗线分别代表四种风系统大致描绘出各系统管道的走线。其中

"绿色"代表"送风系统"，"黄色"代表"回风系统"，"蓝色"代表"新风系统"，"洋红色"代表"排风系统"，圆圈表示该处为立管，箭头表示空气流向，如图 4–55 所示。(带有注释的 CAD 底图已附在光盘上，以供了解)。

图 4–55 中，"蓝色"新风由一层新

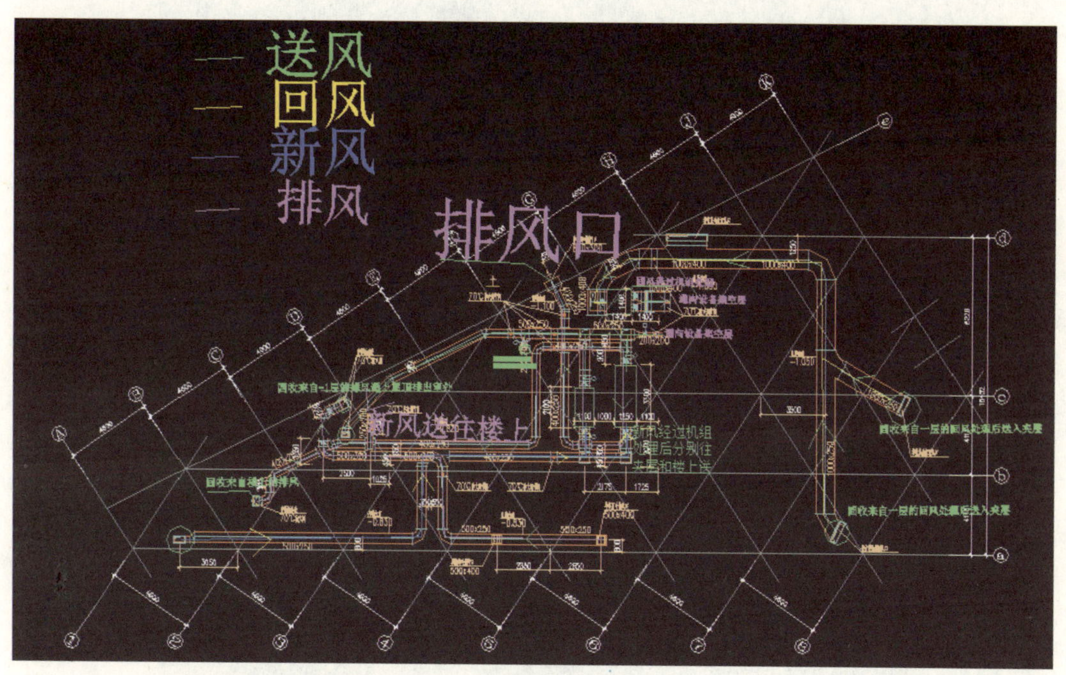

图 4–55

风口进入新风管道，由新风机组（XF–1，XF–2）处理后（变成绿色）分为两部分送向两个方向，一部分由右侧送风管道送入设备架空层，再由设备架空层上部的地板送风口送入架空层相应部分的一层室内。另外一部分由左侧送风管道由立管送入一层，二层及三层。其中送入一层的新风在该图中用云线表示出，由单独一张 CAD 底图表示，即图 –F1b。

"黄色"表示来自一层的回风，由回风

注意

该系统中有两个新风机组，一个冬天用取暖，一个夏天用制冷，两个机组并联。当一个机组工作时另外一个关闭，互相不干扰。

管道进入 KF–1 机组处理后送入设备架空层，与处理后的新风混合后由地板送风口送入一层室内。

"洋红色"表示排风系统风管路线，排风系统有两部分，一部分是来自负一层的单层百叶排风口，直接由坐标 D2 处的立管经屋顶排风口排出室外。另外一部分是来自各层的排风，经过负一层排风管经过机组 (XF–1，XF–2) 由排风口排出室外。

图 4–56 是送往一层的新风系统图，新风管连接其上部的地板送风口。

图 4–57 是一层的送风系统及排风系统，排风送往负一层排出，送风由二层地板送风口送往二层。

图 4–58 是分布在一层的地板送风口，左半部分是由负一层送风管送达，右半部分是由设备架空层吹出。

图 4–59 是分布在二层的送风系统和排风系统，排风系统通往负一层排出室外，送风系统由三层地板送风口送入三层室内。

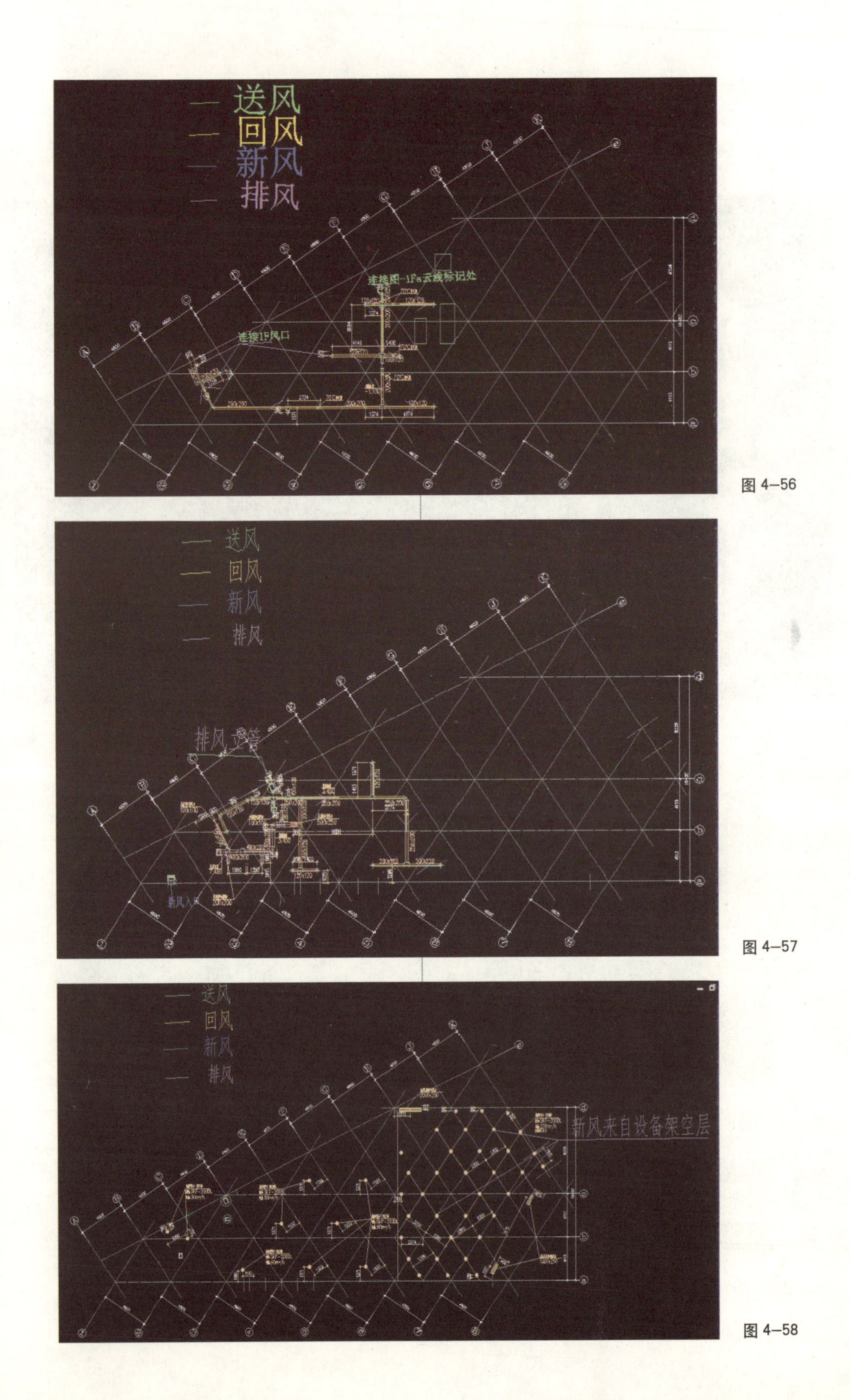

图 4-56

图 4-57

图 4-58

图 4-60 是分布在二层的地板送风口。图 4-61 是分布在三层的地板送风口及三层的排风系统，排风系统通往负一层排出室外。

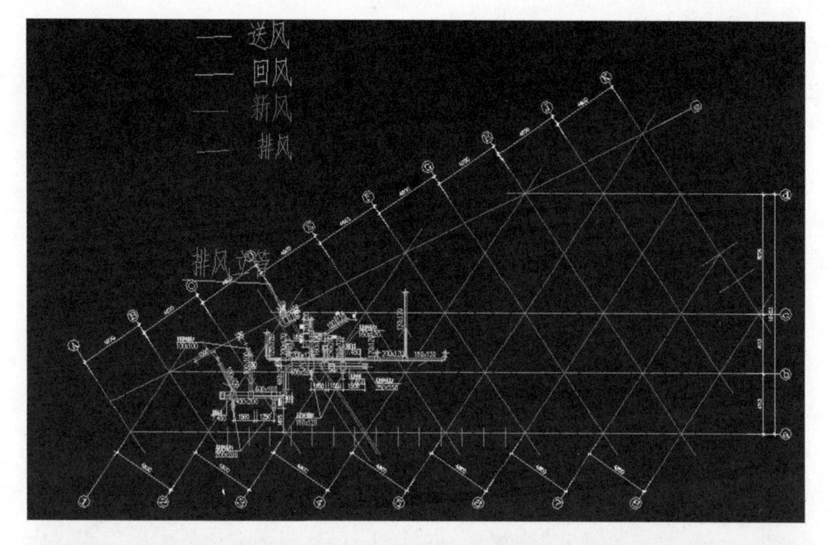

图 4-59

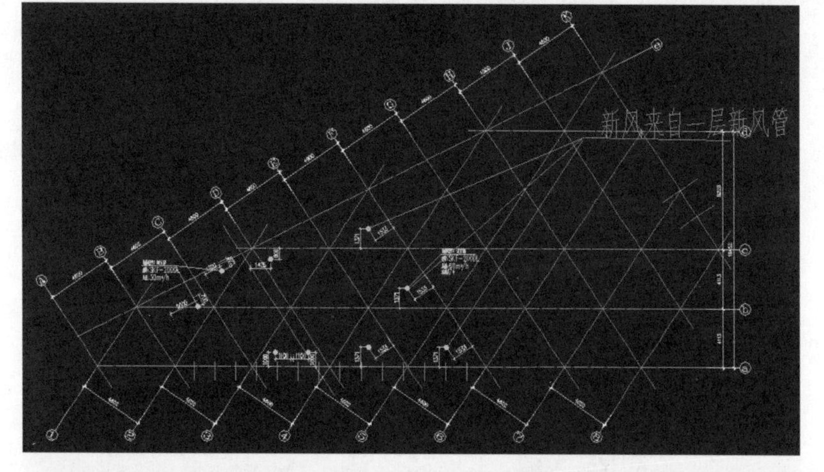

图 4-60

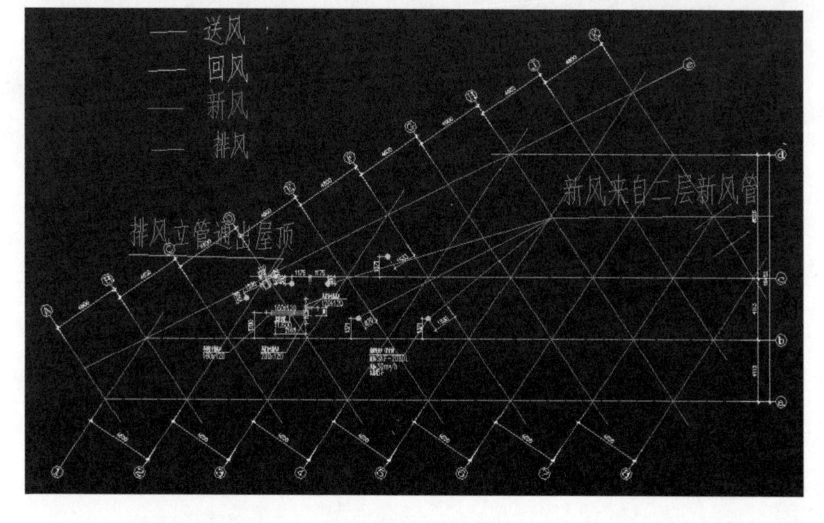

图 4-61

4.1.7 导入 CAD 底图

由于负一层有两张底图，所以需将两张底图都导入，绘制时可将其中一个隐藏，待绘制完一张后再关闭被隐藏的一个，继续绘制。

(1) 导入 CAD 图纸，选择“空调风系统 –F1b”，设置如下：导入单位“毫米”，定位“原点到原点”，放置于“–F1”，如图 4–62 所示。

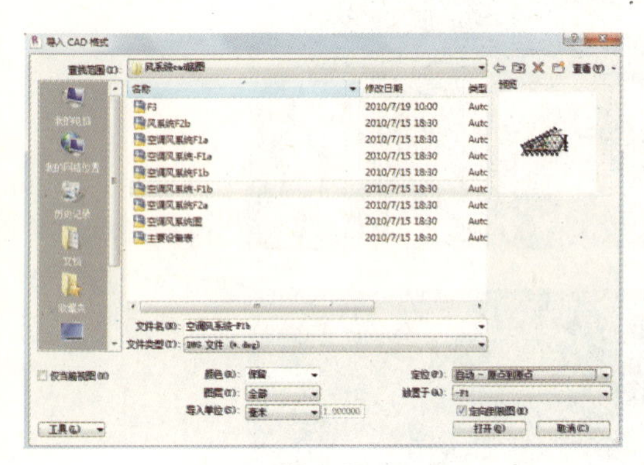

图 4–62

(2) 导入后两张 CAD 图纸图叠加在一起，如图 4–63 所示。

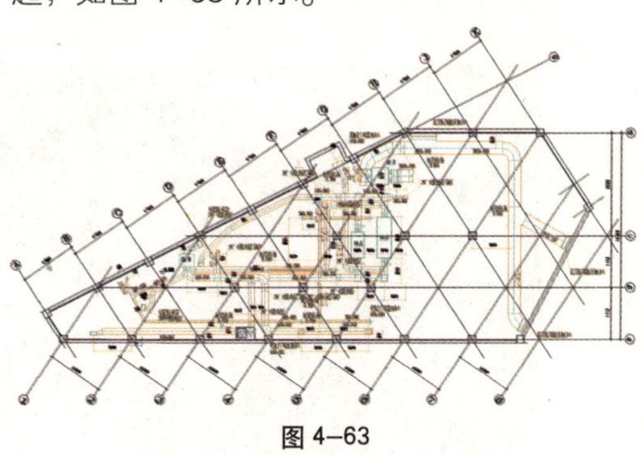

图 4–63

(3) 选择 –F1b 底图，右击选择“在视图中隐藏”“图元”，即可将其隐藏，方便绘制 –F1a。如果不能一次性选中 –F1b 底图，可框选视图中的所有部分，用过滤器过滤所需选择的 –F1b 底图。在选中多个图元后，视图框右上角会出现过滤器选项。单击它，出现以下过滤器对话框，勾选需要选择的图元 –F1b 底图，点击确定后即可选中。再右击选择“在视图中隐藏”“图元”，将其隐藏，如图 4–64 所示。

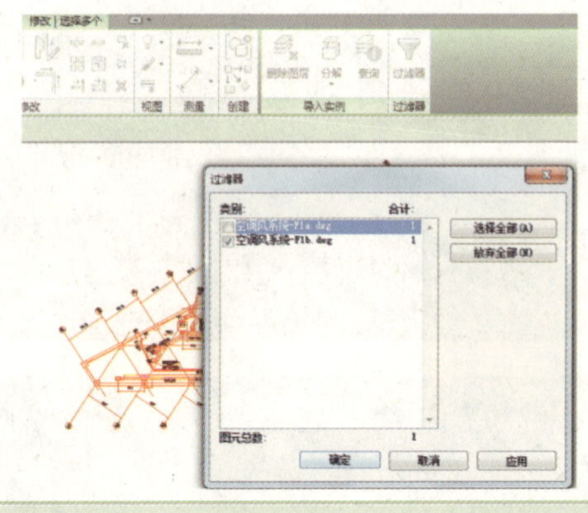

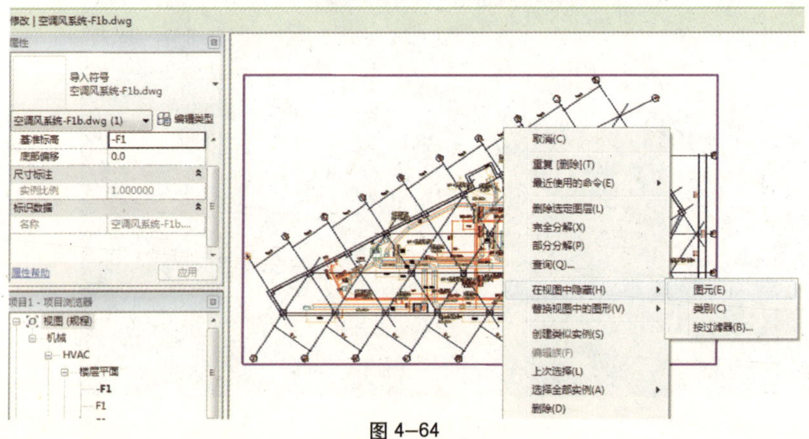

图 4–64

(4) 待 –F1a 绘制完成以后，关闭隐藏 –F1b 底图，显示 –F1b 底图，绘制 –F1b 底图路径的风管。

步骤 1：点击视图框左下角 1 : 100 中的最右边“小灯泡”选项，显示被隐藏的对象，包括轴网和导入的 –F1b 底图，如图 4–65 所示。

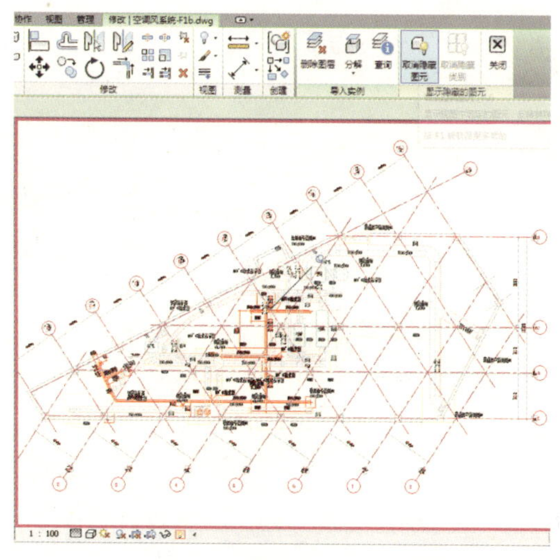

图 4–65

步骤 2：选择需要显示的 –F1b 底图，单击视图框右上角“取消隐藏图元”后，再单击“关闭”。此时被隐藏的 –F1b 就显示出来了，如图 4–66 所示。

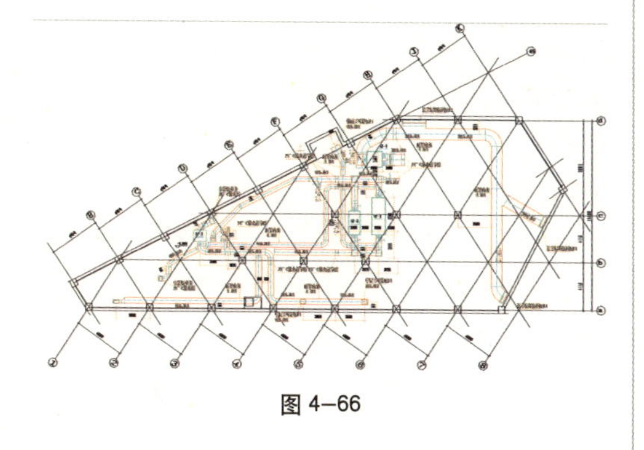

图 4–66

步骤 3：隐藏 –F1a，同样如果不能一次性成功选中，也可用过滤器的方法选择。隐藏后如图 4–67 所示。

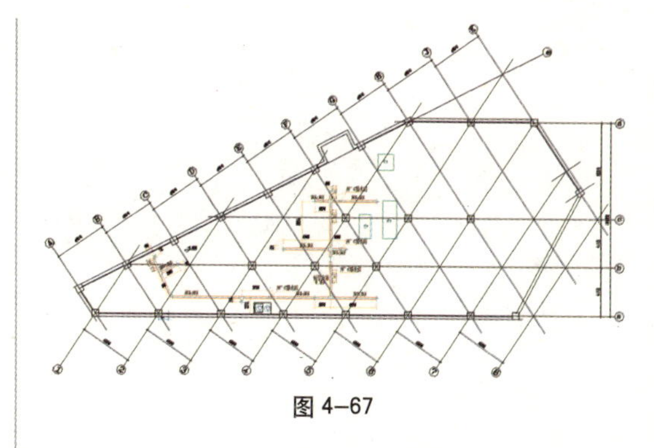

图 4–67

(5) 同样的方法，每层都导入对应的 CAD 底图。绘制时打开所需的图层，隐藏不需的图层。四层 CAD 底图都导入后，3D 模式下如图 4–68 所示。

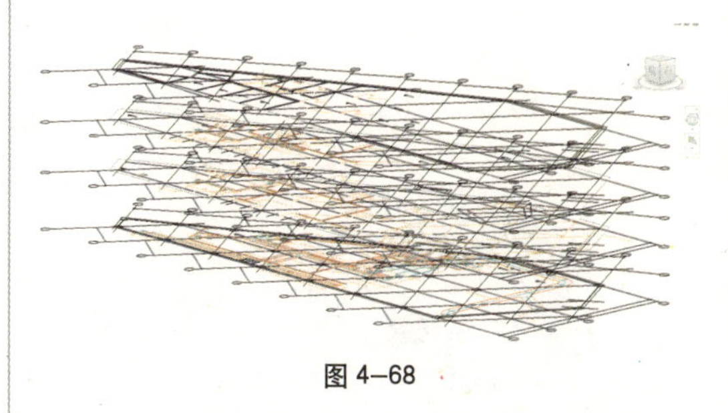

图 4–68

4.1.8 绘制地下一层风管之部分一

明确整个系统分布后，由前文所讲述的绘制风管方法（转弯，三通，风管上翻避让，立管等），按照底图路径，绘制出完整的风系统图。

1）绘制新风管

按 CAD 底图参数设置风管，相对 1F 标高“–830” 风管尺寸宽 500，高 250，左端立管向上通至 1F 顶部，将新风送入；右端连接两支立管向下到 –F1 层地面连接两机组，如图 4–69 所示。

2）绘制送风管

新风由机组处理过后由送风管送往右侧设备架空层和左侧送往各层的风管，其中送往左侧的风管分成两部分，一部分由立管连接分别送往楼上各层，另外一部分在负一层分出支管，连接该层的网管，即 –F1b 部分。

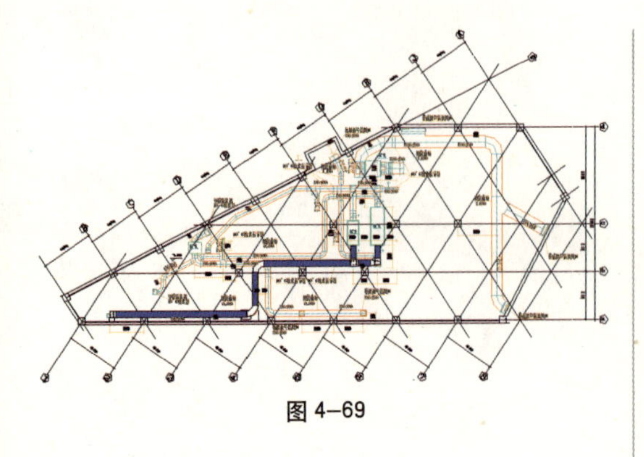

图 4-69

现在绘制的是 -F1a 部分的送风管。

单击“风管”，在下拉选项中选择“送风管”，根据 CAD 底图参数设置风管尺寸，标高等，沿路径绘制风管，如图 4-70 所示。

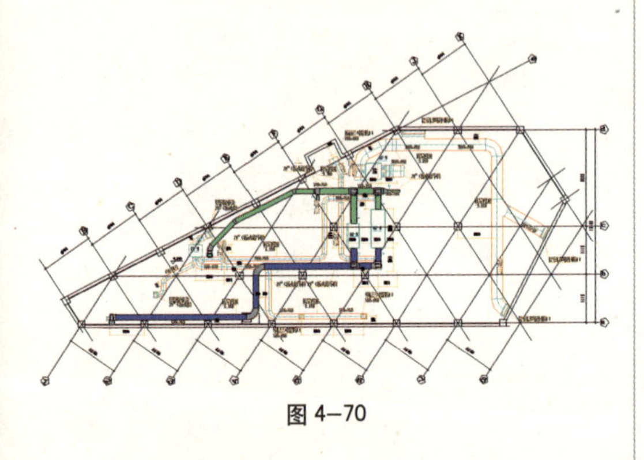

图 4-70

3）绘制回风管

由三支来自首层的地板回风管，回收来自首层的回风，经机组 KF-1 处理后，送入设备架空层，再由设备架空层上方的地板送风口送入首层室内。

根据 CAD 底图风管参数设置风管尺寸标高等，按路径绘制回风管，如图 4-71 所示。

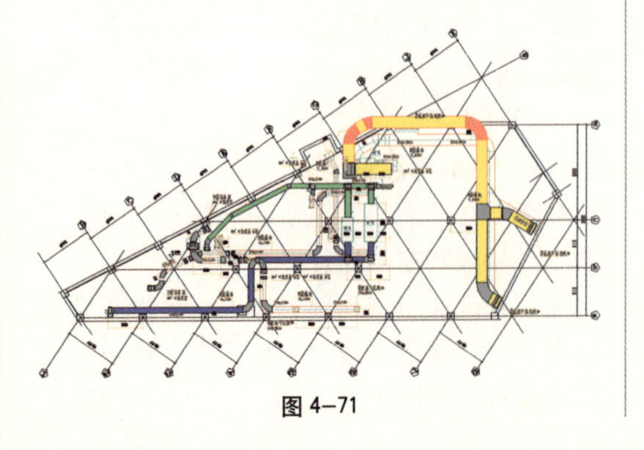

图 4-71

> **注意**
>
> 在绘制机组 KF-1 处的立管时，可能出现警告无法自动布线，其原因依旧是空间不足以生成转接，处理方法是将邻近的管件拖开一定空间，待转接处立管生成后再拖回合适位置。此方法在风管绘制中经常用到。

选中与路径不吻合部分，拖动到位置大致吻合的位置，如图 4-72 所示。

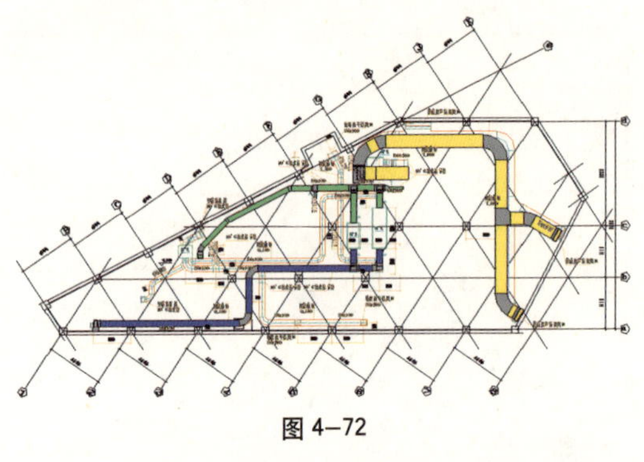

图 4-72

> **注意**
>
> 实际绘制的风管可能与 CAD 底图风管的路径不是完全吻合，在方案阶段此类情况是可以忽略的。

4）绘制排风管

该项目排风系统分两部分，一部分是排出来自负一层的排风，经过排风机 PF-1 由通出屋顶的立管排出室外，另外一部分是排出来自一二三层的排风，经过机组 XF-1 XF-2 在负一层排出室外。

单击“风管”，在下拉选项中选择“排风管”，根据 CAD 底图设置参数，按路径绘制风管，如图 4-73 所示。

5）查看三维

绘制过程中可即时进入三维视图，查看三维绘制情况，如图 4-74 所示。

为了更清楚的查看三维情况，可用隐藏图元命令将导入的 CAD 底图隐藏，如图

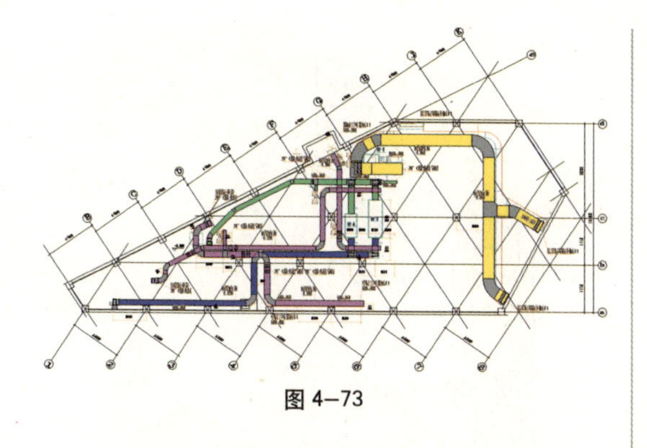
图 4-73

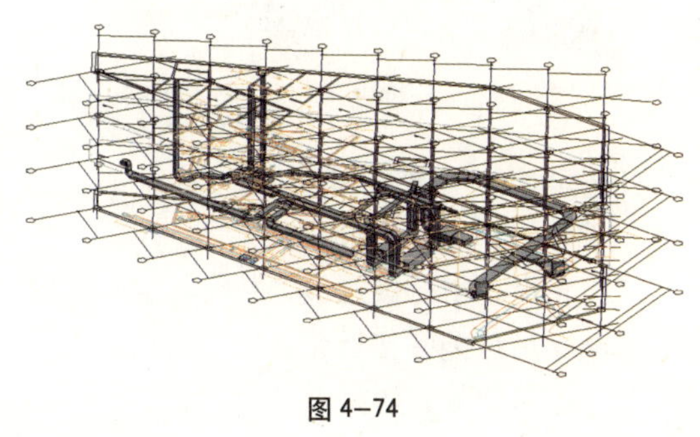
图 4-74

4-75 所示。

之前在平面视图中为风管添加的颜色过滤器，在三维中并不显示。如需要，可用相同的方法在三维里重新设置过滤器，效果如图 4-76 所示。

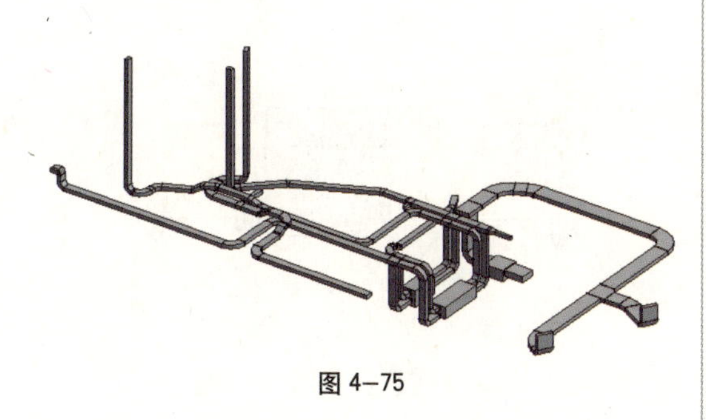
图 4-75

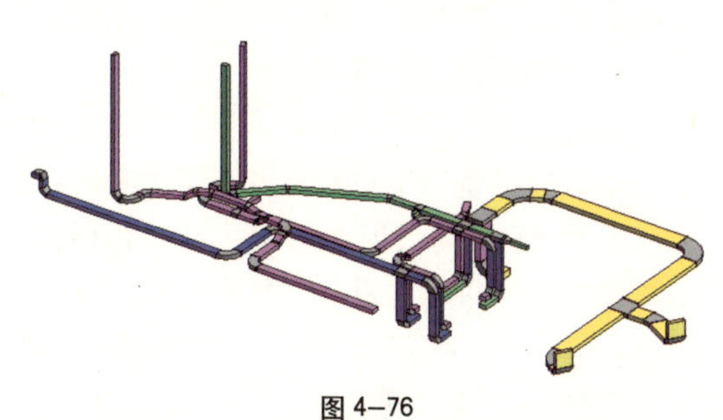
图 4-76

4.1.9 添加并连接主要设备

机组是完整的暖通空调系统不可或缺的机械设备，有了机组的连接，送风系统、回风系统和新风系统才能形成完整的中央空调系统，也有助于读者了解“系统”的含义。

1）载入机组族

单击“插入”选项卡下“从库中载入”面板上的“载入族”命令，选择光盘中的机组族文件，单击打开，将该族载入项目中。如载入机组 PF-1，选择 PF-1 机组，点击打开完成载入，如图 4-77 所示。

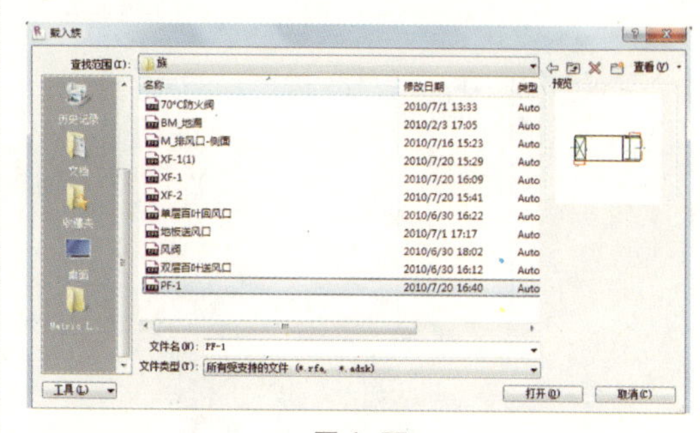

图 4-77

2）放置机组

单击“常用”选项卡下“机械”面板上的“机械设备”下拉菜单，类型选择器中选择机组 PF-1，然后在绘图区域机组所在合适位置单击鼠标左键，即将机组添加到项目中。

设置标高为和风管相同，即相对于 F1 为 -830。添加到底图所示位置。如图 4-78 所示。

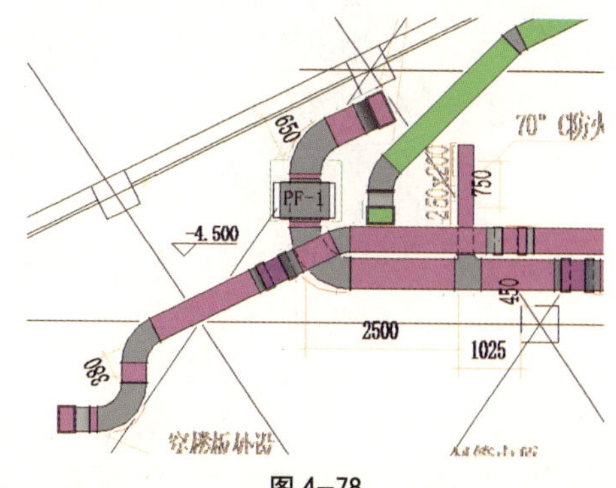

图 4-78

此时机组并不是和风管属于一个系统的，只是和重叠位置的风管重合（将光标移到机组上，按 TAB 键切换可看到哪些构件是一个系统的），需将此处风管删除后重新绘制风管，连接机组和弯头，方能融入一个系统，如图 4–79 和图 4–80 所示。

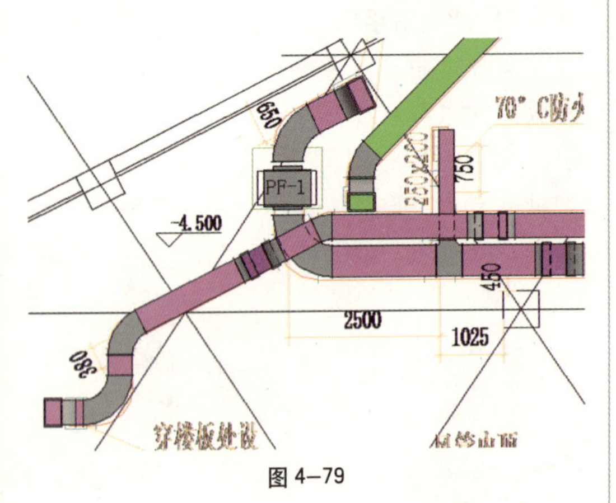

图 4–79

图 4–80

(1) 添加机组 KF–1

单击“常用”选项卡下“机械”面板上的“机械设备”下拉菜单，类型选择器中选择机组 KF–1，因为该机组是坐地的，所以设置标高为 –4500，然后在绘图区域机组所在合适位置单击鼠标左键，即将机组添加到项目中。如图 4–81 所示。

此时机组和风管仅仅是位置上的重叠，并非一个系统，需要做以下处理。

选中此段风管，修改其标高为“–4000”，此时刚好与机组的风管标高一致。（如果标高不一致则会在与机组连接处出现转接，需

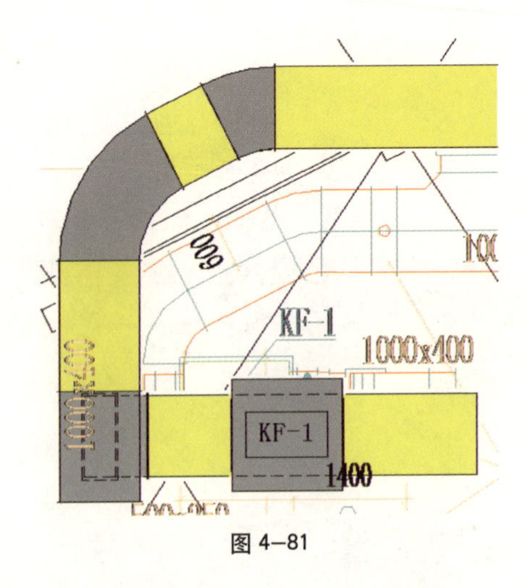

图 4–81

要预留足够的空间让系统生成转接）。

选中“修改”面板中的“拆分”在机组两端将风管拆分成三段，并将其中一段删去。删除后可能会在拆分的位置出现矩形活接头。将其删除。如图 4–82 所示。

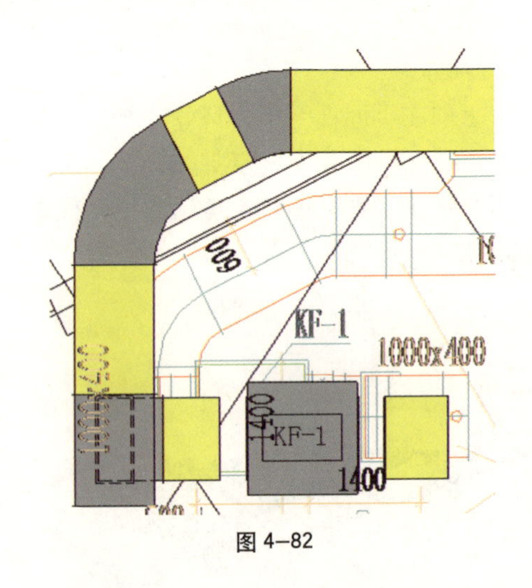

图 4–82

用风管命令将风管和机组连接。即可完成机组 KF–1 的添加。如图 4–83 所示。

(2) 添加机组 XF–1 和 XF–2

单击“常用”选项卡下“机械”面板上的“机械设备”下拉菜单，类型选择器中选择机组 XF–1，然后在绘图区域机组所在合适位置单击鼠标左键，即将机组添加到项目中。因为该机组是坐地的，所以设置标高为 –4500，如图 4–84 所示。

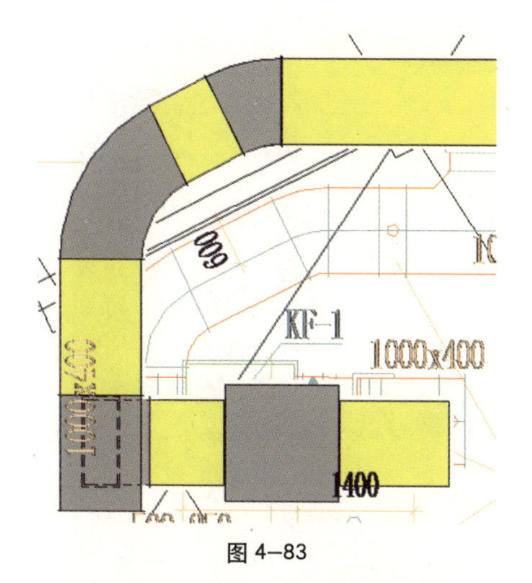

图 4–83

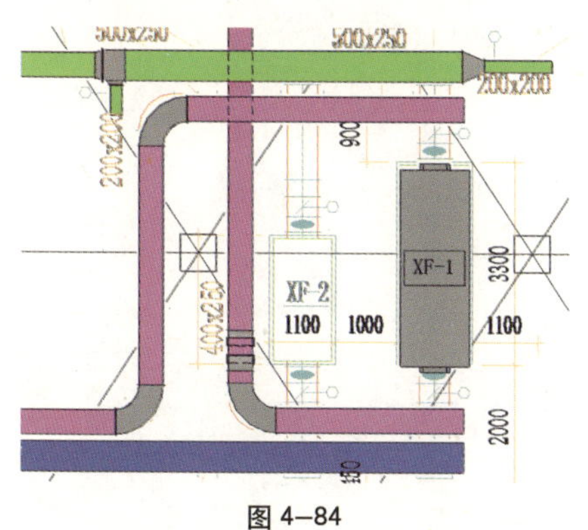

图 4–84

注意

连接机组前，将之前绘制的机组与需要连接的主风管之间的部分支管删除，方便重新绘制连接机组与主风管。

选中机组，在高亮显示的原点处右击选择“绘制风管”，如图 4–85 所示。

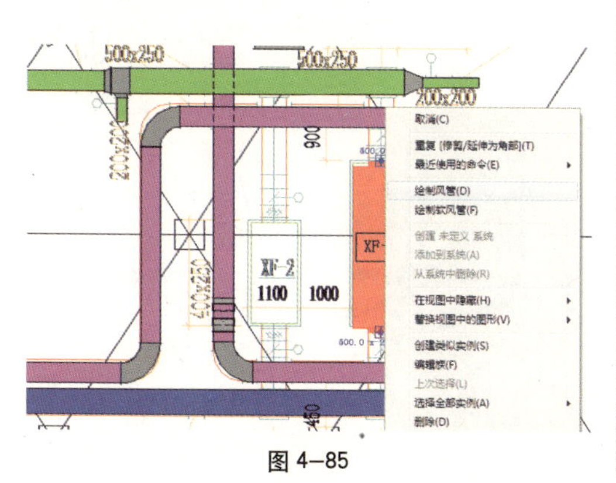

图 4–85

因为此处同一个位置有两个可连接风口，所以系统会弹出对话框提示选择其中一个风管进行绘制，并显示此风口的高度，如图 4–86 所示。

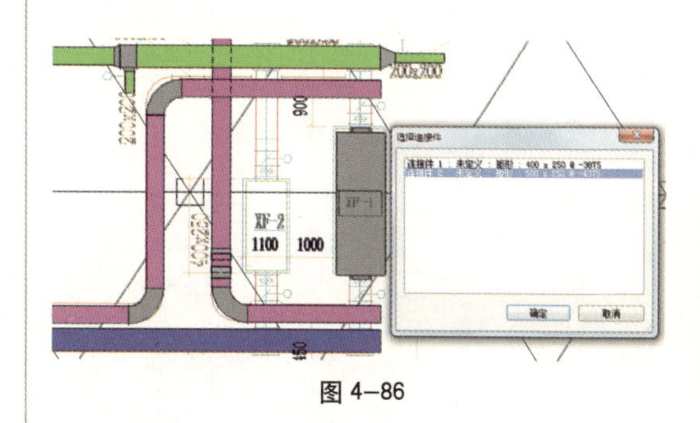

图 4–86

现在要连接的是新风管，新风管的尺寸是 500×250，选择尺寸符合的一项，单击确定。连接风管至新风管。如图 4–87 和图 4–88 所示。

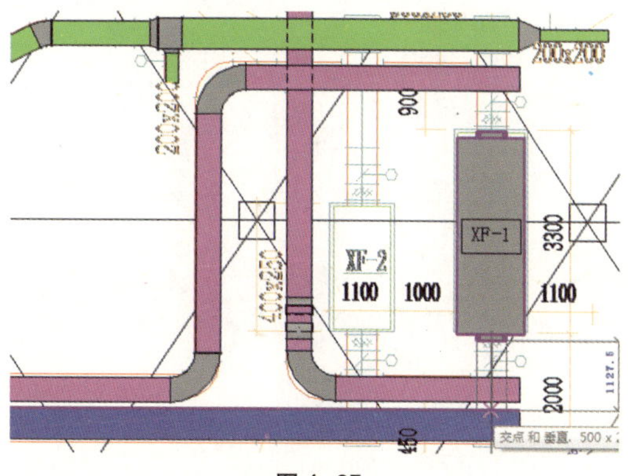

图 4–87

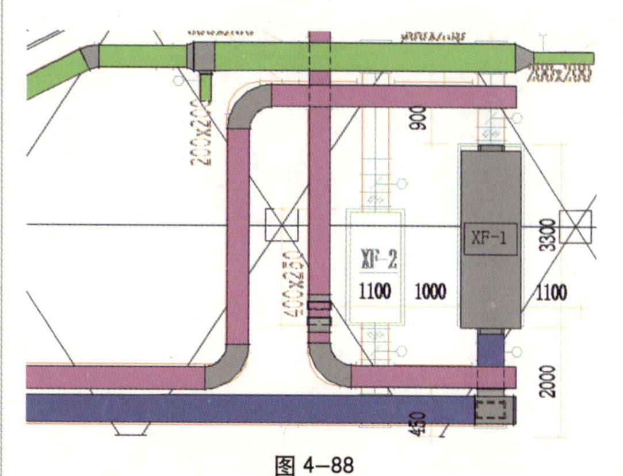

图 4–88

连接成功后，在形成的三通右侧有一段多余的风管，将其删除，选中该三通，单击高亮显示的“–”号，将此端的风口去除。如图 4–89 和图 4–90 所示。

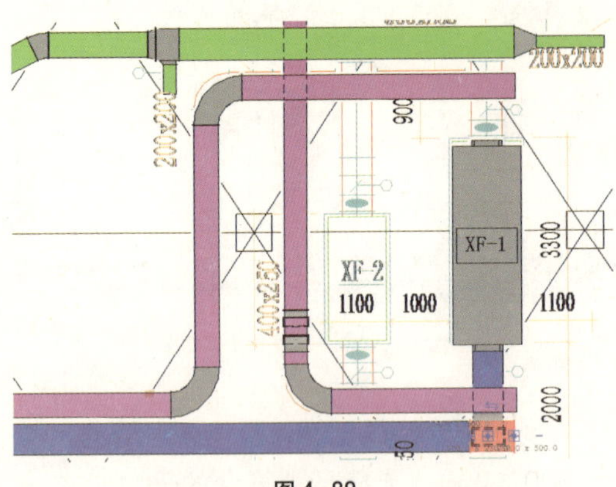

图 4–89

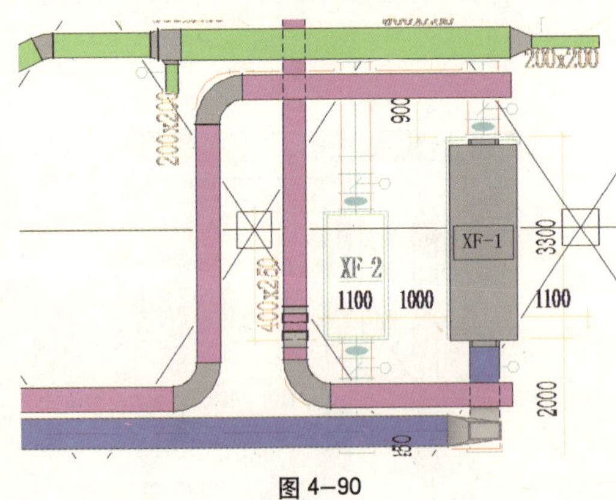

图 4–90

再连接排风管，选中机组，再高亮显示的原点处右击选择“绘制风管”，此时只剩一个风口可选，所以默认选该风口。由于此前绘制的风管类型是新风管，所以系统默认此时仍然是新风管，所以将风管类型更改为“排风管”，连接至排风管。处理方法同上，删去多余的一小段风管，去除三通多余的一个风口。完成后，如图 4–91 所示。

同样的方法，完成 XF–1 另外一段风管的连接以及 XF–2 机组与风管的连接。如图 4–92 所示。

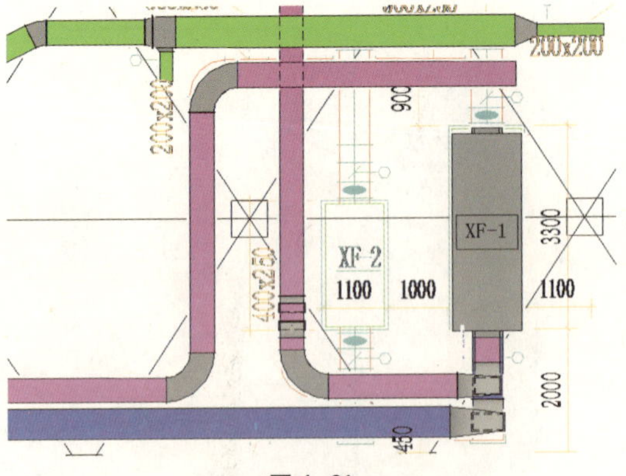

图 4–91

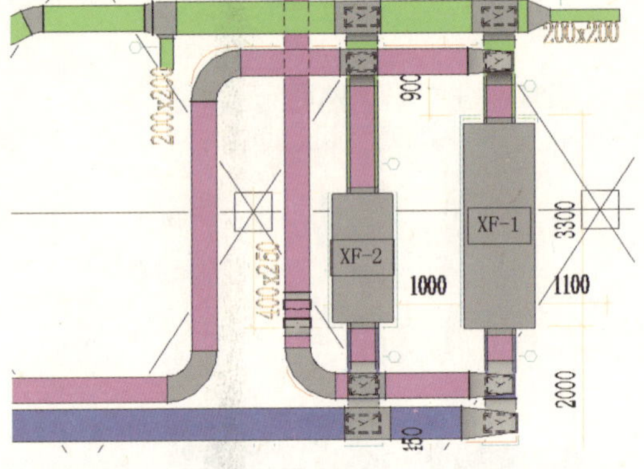

图 4–92

注意

选中机组，在高亮显示的原点处右击绘制风管，绘制出的风管类型会是默认上一次的风管类型，例如：此次要连接的是排风管，而绘制出的是上次绘制的新风管，此时需要选中该新风管，在左侧的属性栏中将其类型修改为排风管。

至此完成所有机组的添加。三维视图如图 4–93 所示。

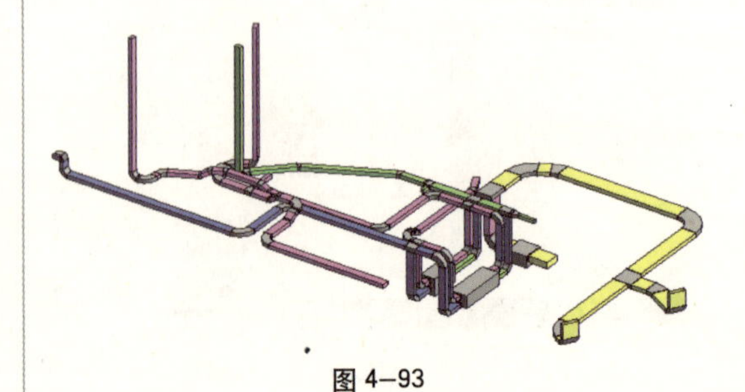

图 4–93

4.1.10 绘制地下一层风管之部分二

负一层风管部分一，即 -F1a 底图绘制完成以后，接着绘制部分二，即 -F1b 底图，即负一层送风管，以完成负一层全部风管。

(1) 隐藏底图 -F1a，取消隐藏 -F1b。

取消隐藏 -F1b，为了方便 -F1b 底图部分风管的绘制，隐藏底图 -F1a，将已绘制的遮盖住 -F1b 底图路径的部分排风风管选中后隐藏图元，此处部分排风管遮盖住了新风管的绘制路径，故将其隐藏，如图 4-94 所示。

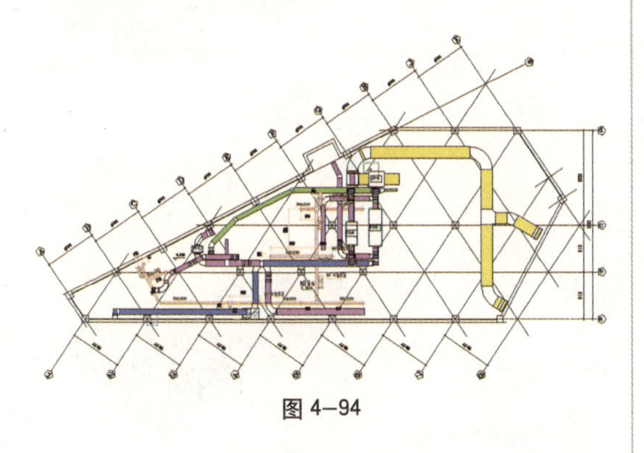

图 4-94

(2) 按 CAD 底图设置风管参数，按路径绘制风管。

标高 -1100，尺寸 200×200。遇到同标高的风管，上翻避让，如图 4-95 所示。

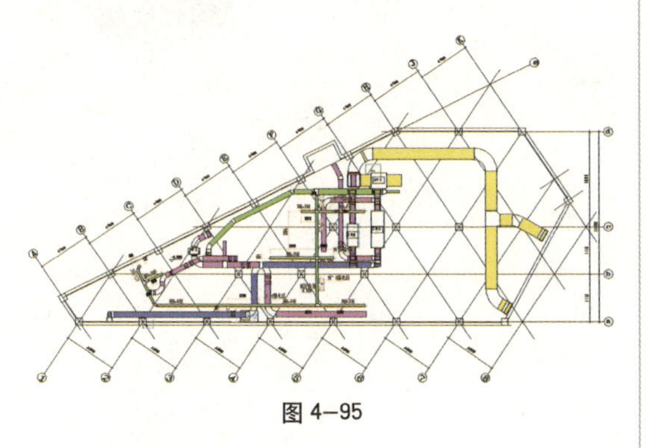

图 4-95

(3) 取消隐藏的风管。

点击视图左下角 1：100 中的小灯泡，显示被隐藏的图元，选择被隐藏的风管，单击视图框右上角后，再单击，如图 4-96 所示。

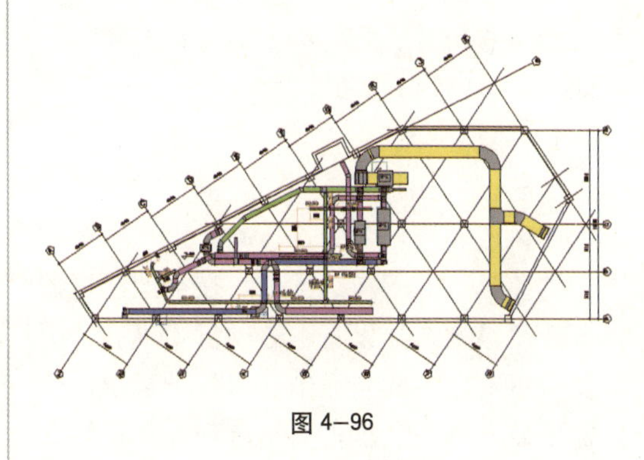

图 4-96

三维视图如图 4-97 所示。

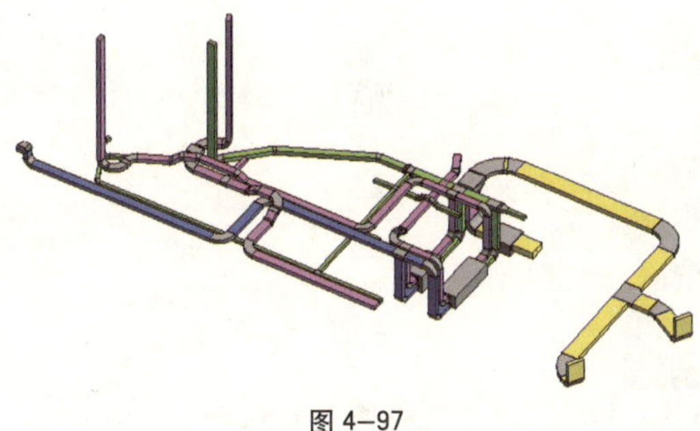

图 4-97

按住 shift 键的同时单击右键不放，移动鼠标可旋转模型观察各个角度视图，检查风管，发现连接不合适的地方可及时修改。如此处排风管与送风管碰撞，可在此处修改排风管，风管上翻避让，如图 4-98 所示。

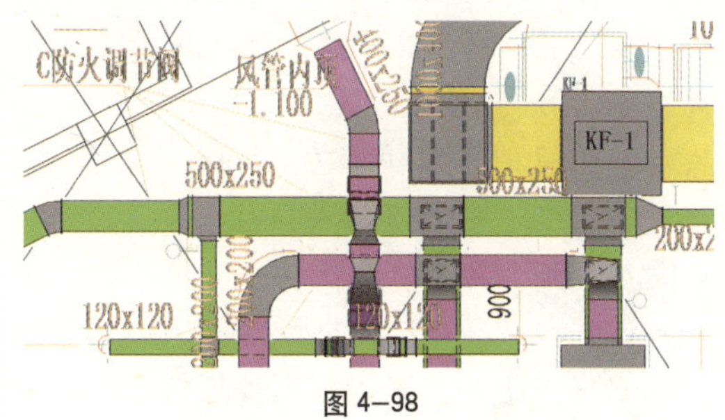

图 4-98

4.1.11 添加风口

不同的风系统使用不同的风口类型。例

如在本案例中，排风系统使用的风口为单层百叶送风口和防雨百叶排风口；回风口为“地板单层百叶回风口”；送风系统使用的风口为“地板送风口”。新风口接“外墙百叶”，在此无需再风管上添加。

1）添加排风口

单击“常用”选项卡下“HVAC”面板上的“风道末端”命令，自动弹出“放置风道末端装置”上下文选项卡。在类型选择器中选择所需的末端设备，若项目中没有，则需要从本书自带的光盘中载入到项目中，所以需要载入这两个族，点击选项卡上“载入族”选项，选择所需族，点击打开，载入成功，如图 4–99 所示。

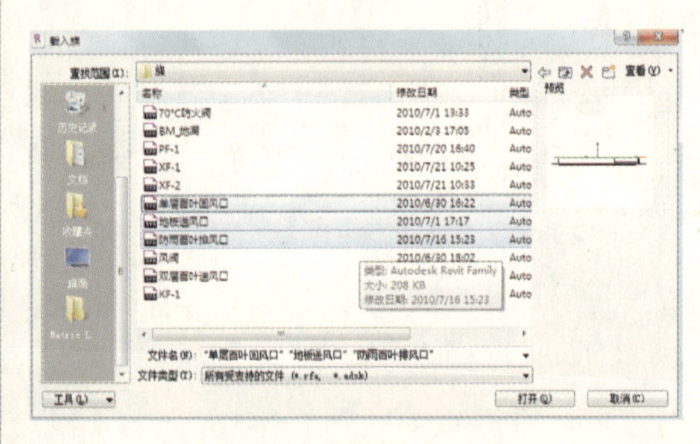

图 4–99

单击“风道末端”命令，在弹出“放置风道末端装置”上下文选项卡中选择“单层百叶回风口”。修改其标高为低于所需添加到的风管标高。如在此位置，由于风管标高为 –830。要预留一定的空间让其生成连接件，可修改风口偏移为 –1500 在相应位置左击添加，则风口与风管自动连接起来，如图 4–100 所示。

选择风口，在左侧的属性栏中会显示风口的偏移 –1500，可以根据需要修改此值。如图 4–101 所示。

2）添加防雨排风口

单击“风道末端”命令，在弹出的左侧属性栏中上下文选项卡中选择“防雨百叶排风口”。修改其标高为等于所需添加到的风管标高。在此位置，由于风管标高相对于 F1 为 –1100，设置风口偏移为相对于 F1 为 –1100。要预留一定的空间让其生成连接件，放置时移动风口与风管中心线重合（系统会自动捕捉），选中风管，拖动风管原点连接至风口，如图 4–102 所示。

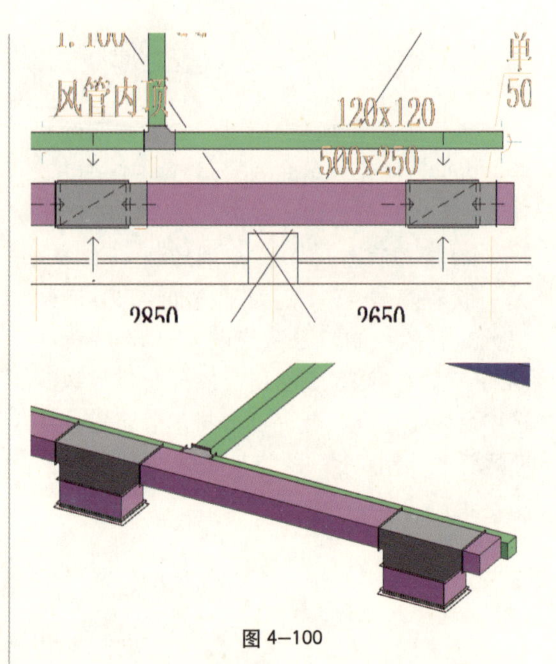

图 4–100

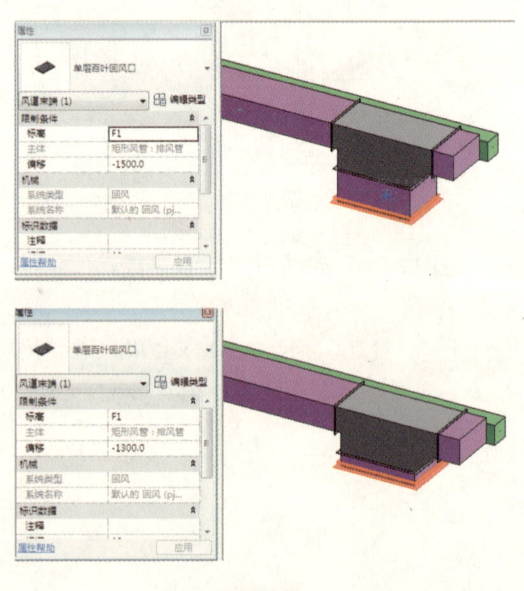

图 4–101

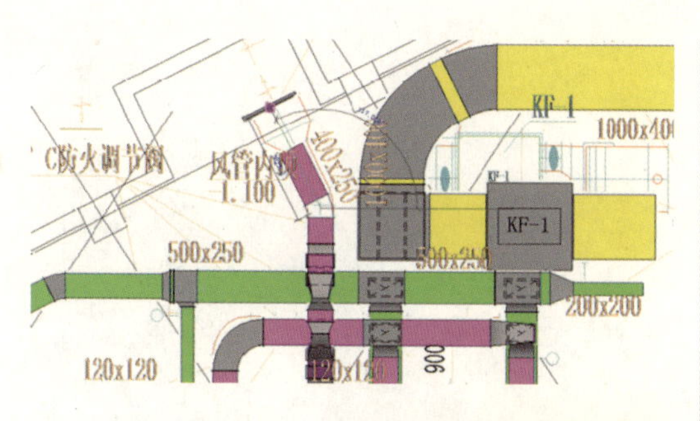

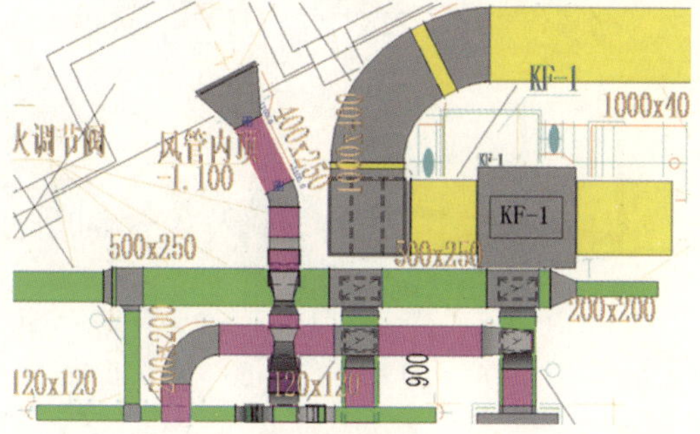

图 4–102

4.1.12　添加风管管件

风管管件包括风阀、防火阀、软连接等。

单击“常用”选项卡下“HVAC”面板上的“风管附件”命令，自动弹出“放置风管附件”上下文选项卡。在类型选择器中选择“70℃防火阀”，如果没有则需要重新载入族，方法同前。在绘图区域中需要添加防火阀的风管合适的位置的中心线上单击鼠标左键，即可将防火阀添加到风管上，如图4–103所示。

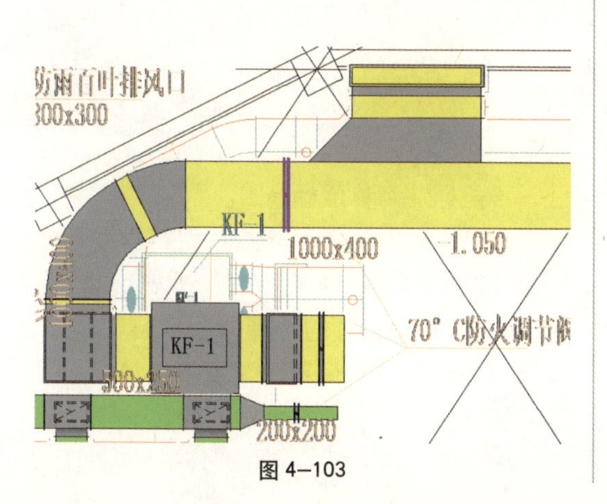

图 4–103

在 CAD 底图上标识有防火阀的位置添加所有防火阀。

> **注意**
>
> 立管防火阀的添加方法与水平风管添加防火阀方法一致，进入立面视图，选中防火阀移动到需要添加的风管位置，放置后防火阀会自动匹配尺寸。

4.1.13　完成项目全部风管创建

用上述绘制风管的方法完成整个项目的风管绘制，添加风口。

1）添加首层地板送风口

进入 1F 视图，按照 CAD 底图位置添加地板送风口，此层的风口分成两部分，左半部分是连接负一层的送风管，添加地板送风口时进入 –F1 层视图添加比较合适，方便连接 –F1 层的送风管。右半部分没有送风管连接，此部分的送风来自负一层的设备架空层，进入 1F 层按 CAD 底图所示添加风口。

(1) 先添加左侧部分地板送风口

由于此层的视图范围不包括负一层的顶部即相对于 1F 标高为 0 部分。所以添加的地板送风口在此范围不可见。需要设置视图范围。在左侧属性栏中选择“视图范围”，设置其顶部限制为“2F”，确定完成设置，如图 4–104 所示。

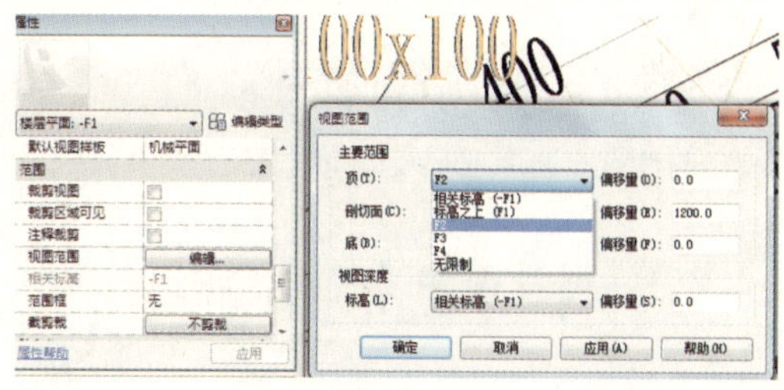

图 4–104

单击“风道末端”命令，在弹出的左侧属性栏中上下文选项卡中选择“地板送风口”。修改其标高为相对于 1F 为 0。在底图所示风管上添加地板送风口。风口自动捕捉风管，左击添加后风口自动连接风管。（为了方便风口的添加可将遮挡的部分风管隐藏）。如图 4–105 和图 4–106 所示。

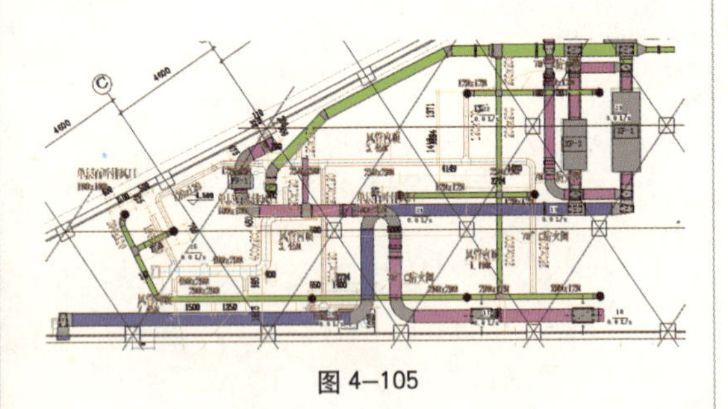

图 4–105

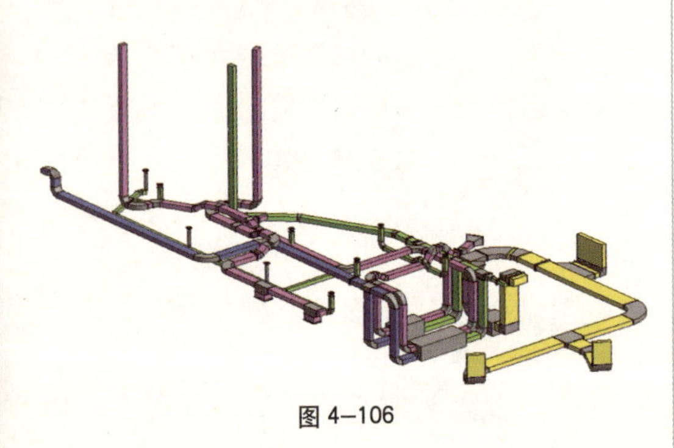

图 4–106

(2) 添加右侧部分地板送风口

此部分可进入 1F 层视图按视图位置添加，如图 4–107 和图 4–108 所示。

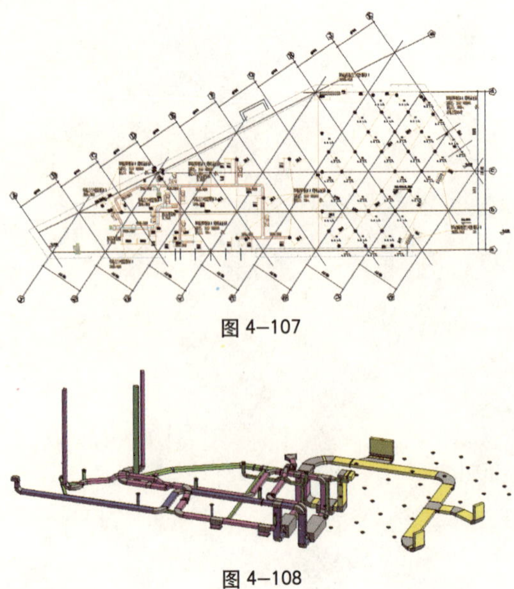

图 4–107

图 4–108

2）完成其他楼层风管及风口的添加

按上文的绘制方法及原则，分别完成一层二层三层的风管绘制。并添加各层的风管附件。完成后如图 4–109 所示。

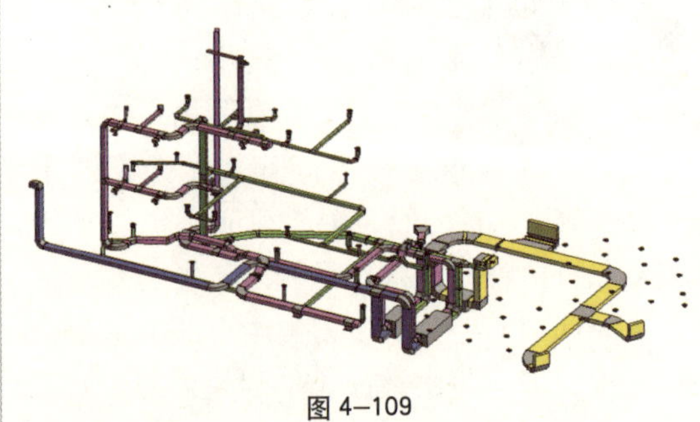

图 4–109

4.2 管件族的制作

4.2.1 风管管件（三通、四通）

本节重点：

• 参照平面间的关系：每个平面只需要绘制一个参照平面，与要关联的轮廓锁定。

• 参照平面与参照标高的关系：尺寸标注的时候注意要在参照平面与参照平面上标注，不能标注到参照标高上。

• 矩形三通的平面表达：用符号线画外轮廓，并与用实心拉伸绘制的外轮廓锁定。

1）族样板文件的选择

单击“应用程序菜单”下拉箭头，打开“新建”中的“族”命令，弹出一个“选择样板文件”对话框，选取“公制常规模型”

作为族样板文件，如图 4–110 所示。

2）族轮廓的绘制及参数的设置

在“视图”选项卡下选择“可见性和外观”命令，进入到“注释类别”选项卡中，把标高前的勾选去掉，此时，族样板文件中的参照标高隐藏，目的是方便做族，如图 4–111 所示。

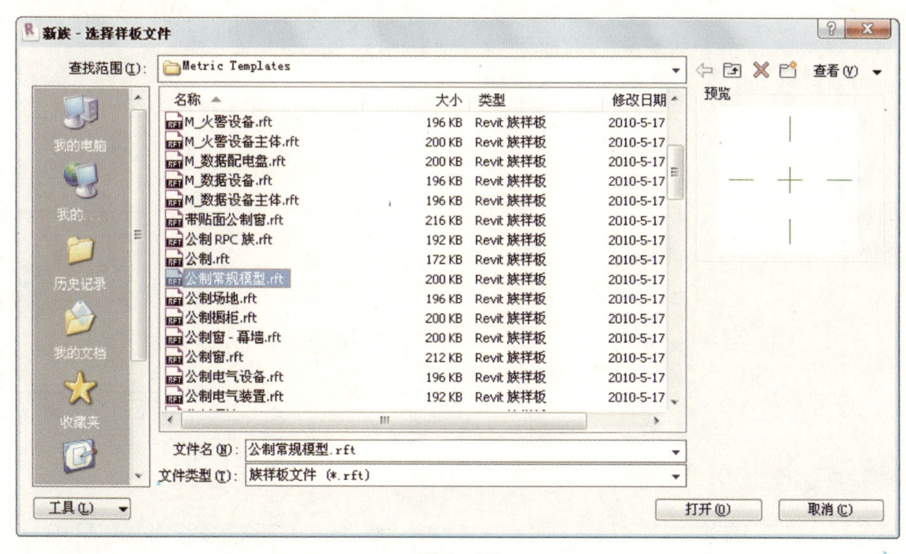

图 4–110

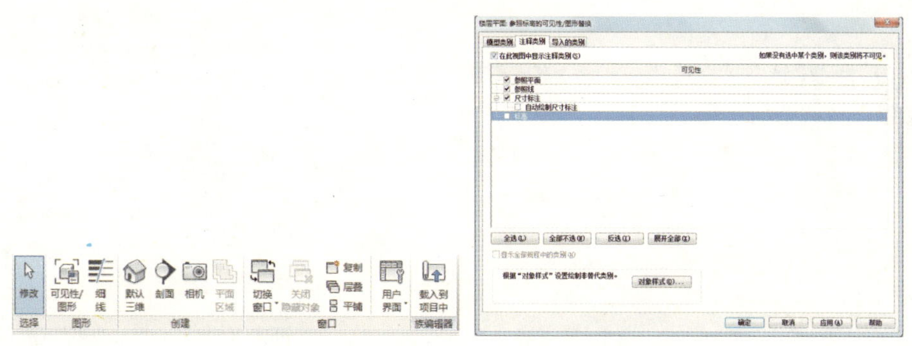

图 4–111

从“项目浏览器”中进入到立面的前视图，选择参照平面，使用“修改标高”选项卡下的“锁定”命令将参照平面锁定。可防止参照平面出现意外移动，如图 4–112 所示。

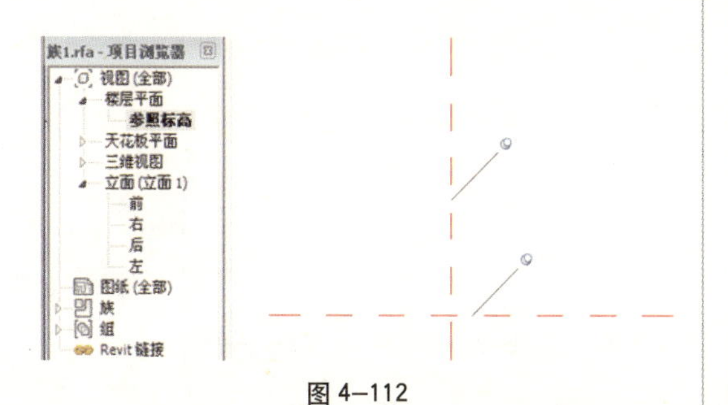

图 4–112

在项目浏览器中，展开“视图（全部）”–“楼层平面”，然后双击“参照标高”使其成为活动视图。最大化“参照标高”楼层平面窗口，点击“视图”选项卡窗口面板下的“关闭隐藏对象”，“关闭隐藏对象”将关闭项目的所有隐藏窗口，但是，如果在某个任务过程中打开了其他项目，则每个打开的项目都有一个窗口保持打开状态。

点击“常用”选项卡“形状”面板下的“拉伸”。绘制一个矩形线框，深度为“400”，将矩形右边框跟参照平面锁定，单击“完成拉伸”，如图 4–113 所示。

图 4–113

单击“常用”选项卡“基准”面板下的“参照平面”命令，绘制如图的几个参照平面，再单击“注释”选项卡“尺寸标注”面板下的“对齐”命令如图进行尺寸标注，选择左侧的标注，会出现 EQ 平分参数，点一下 EQ 参数尺寸就会平分。如图 4–114 所示。

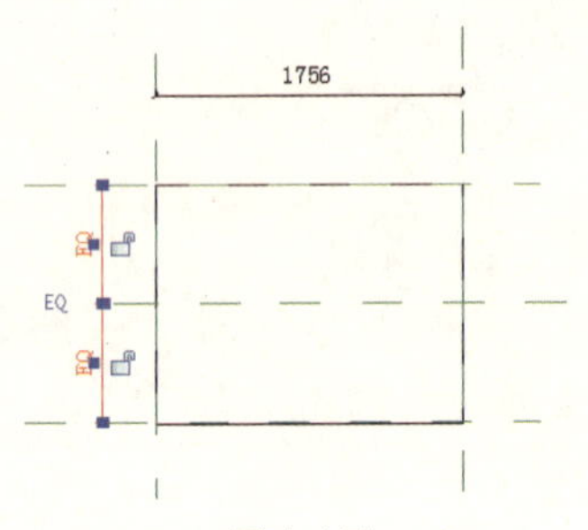

图 4–114

点击“修改”选项卡“编辑”面板下的“对齐”命令，将线框与参照平面对齐，会出现一个锁的图标，点击后会将参照平面跟拉伸轮廓锁定。选择标注，单击选项栏中的“标签”下拉箭头的“添加参数”，如图 4–115 所示。

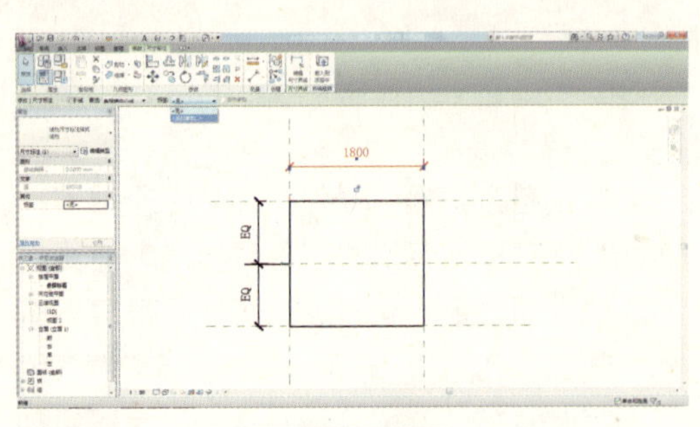

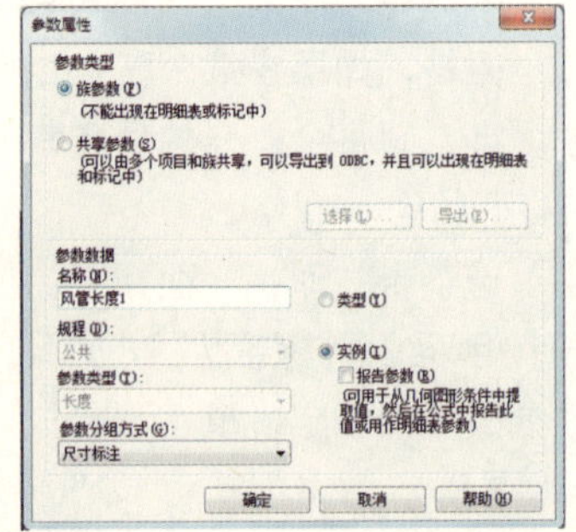

图 4–115

在“参数属性”对话框中的的名称下输入“风管长度 1”,“参数分组方式”选择“尺寸标注”，选择“实例”，点确定。设置参数“风管宽度 1”，方法同“风管长度 1”，如图 4–116 所示。

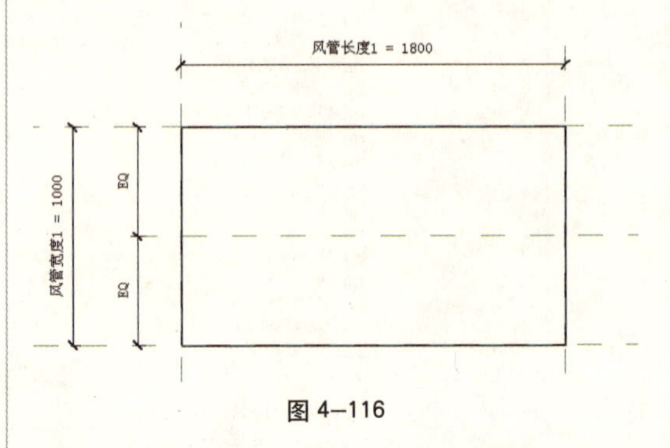

图 4–116

注意

类型参数与实例参数的区别，修改类型参数则同一个族的不同的实例都会修改，修改实例参数则只有被修改的实例的参数发生修改，不会影响同一族的不同实例。本例中每一个管件都需要不同的参数控制，所以参数类别均选择实例参数。

进入立面前视图，将拉伸轮廓拖拽至图示位置，添加两个参照平面，用上述讲的方法进行尺寸标注，用 EQ 参数平分，添加参数“风管厚度 1”，然后用“对齐”命令，将参照平面与轮廓边锁定。如图 4–117 所示。

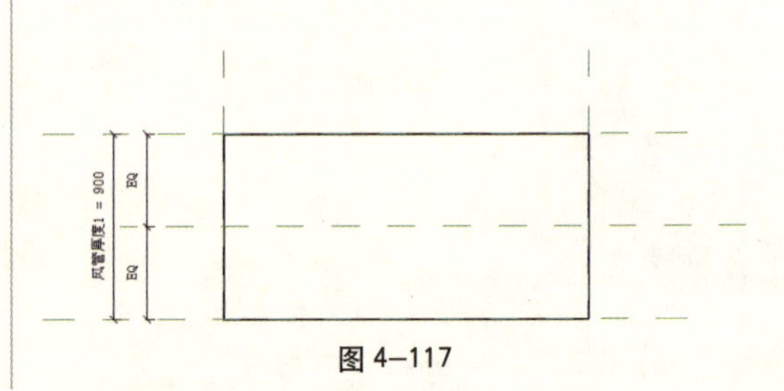

图 4–117

在项目浏览器中，展开“视图（全部）”－“楼层平面”，然后双击“参照标高”。单击“常用”选项卡“形状”面板下的“放样”，再单击“绘制路径”，选择“中心－端点”弧线样式绘制路径，以线框外为起点，以轮廓中间的参照平面为终点绘制弧，如图4–118所示。

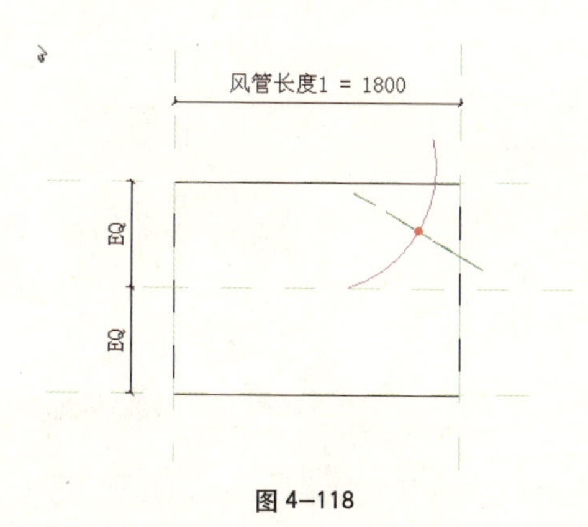

图 4–118

选择路径，在“实例属性”对话框，勾选“使中心标记可见”，点应用。可以看到之前绘制的弧形路径的圆心显示出来，从圆心画两个参照平面，再用“对齐”命令分别将两个参照平面跟圆心锁定，如图4–119所示。

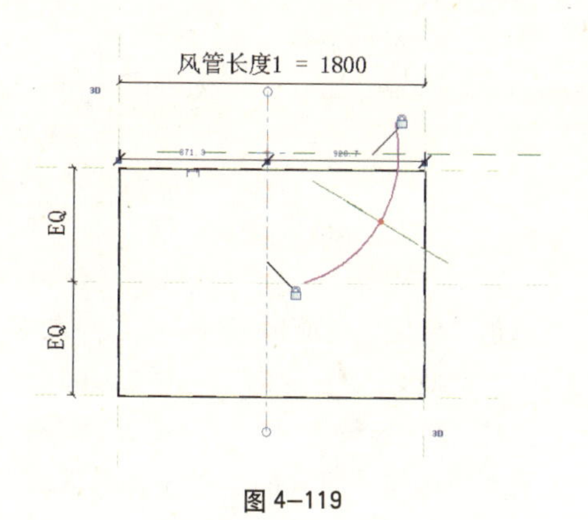

图 4–119

将弧形路径的两端分别与两参照平面锁定，单击“尺寸标注”命令，进行尺寸标注，并添加参数“L”。如图4–120所示。

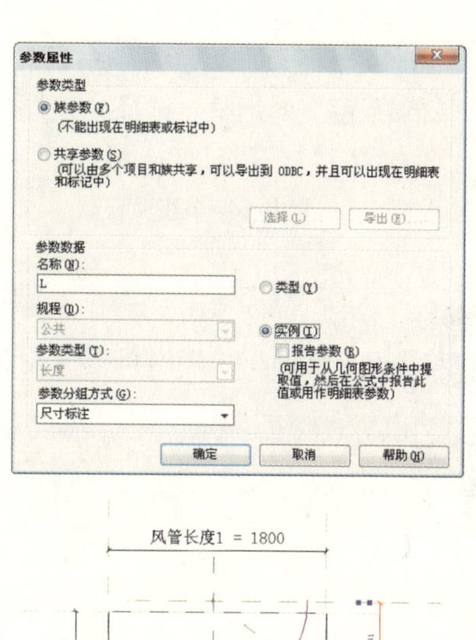

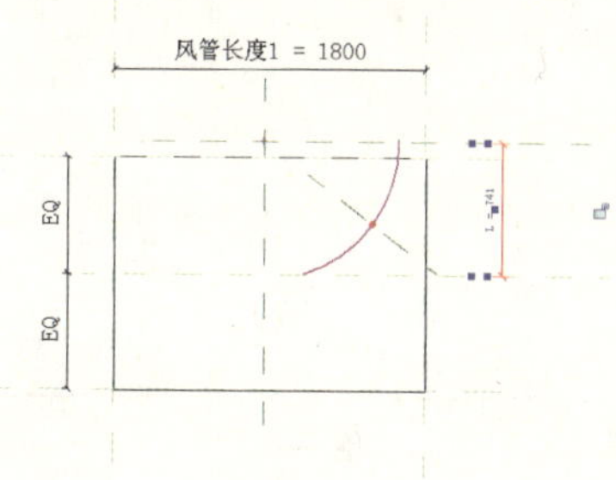

图 4–120

再单击“尺寸标注”的下拉箭头选择“径向尺寸标注”，对圆弧进行尺寸标注并添加参数“R”，单击“完成路径”，如图4–121所示。

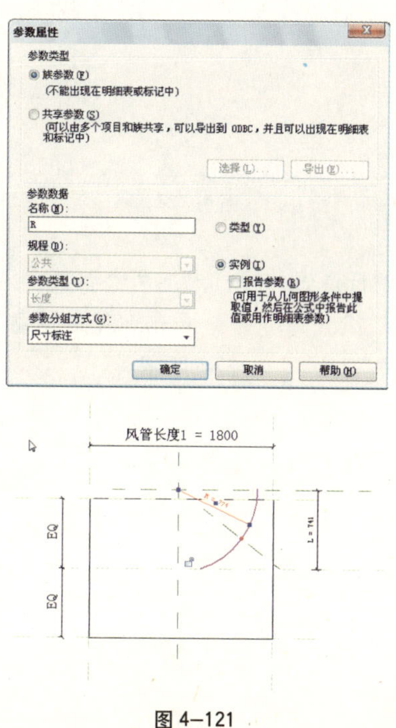

图 4–121

单击“放样”面板下的“编辑轮廓”，弹出“转到视图”对话框。选择“三维视图：视图 1”，单击“打开视图”，跳转到“三维视图：视图 1”，如图 4–122 所示。

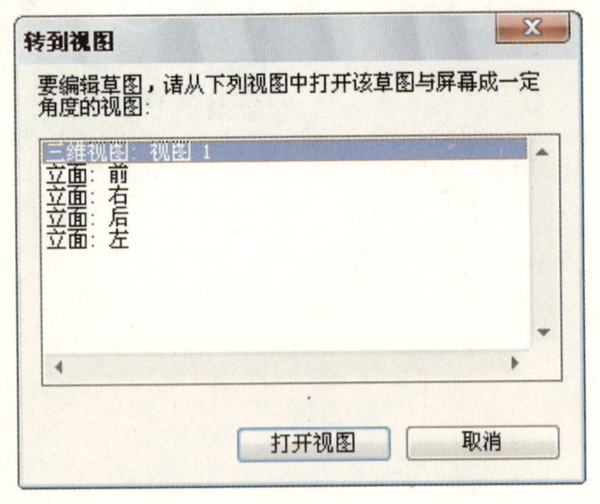

图 4–122

选择矩形线型绘制如图的矩形轮廓，使用尺寸标注及 EQ 命令对图中矩形轮廓标注，如图 4–123 所示。

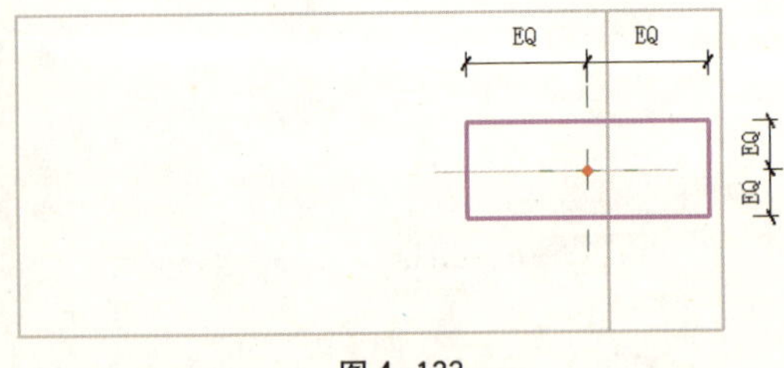

图 4–123

对标注过的尺寸添加两个参数“风管宽度 2”“风管厚度 2”。单击“完成轮廓”“完成放样”，如图 4–124 所示。

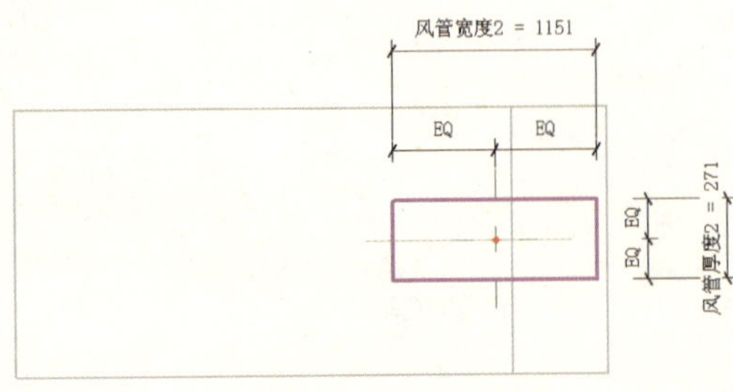

图 4–124

选择弧形风管，在“修改 / 放样”选项卡，单击“模式”面板下的“编辑放样”，选择路径，单击选项栏下“编辑”，对图中两个参照平面添加尺寸标注并添加参数“肩部长度”，如图 4–125 所示。

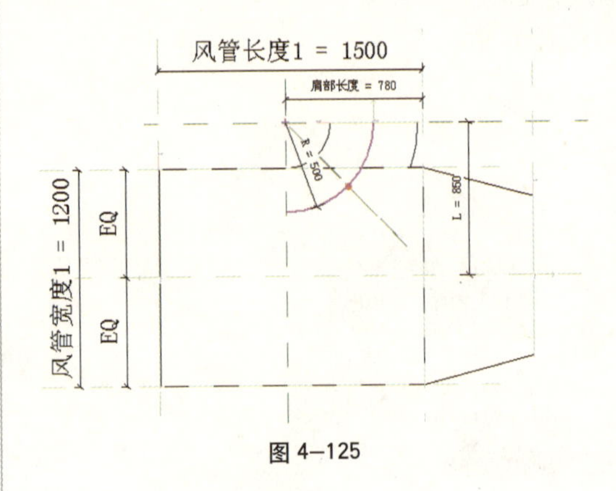

图 4–125

单击“族属性”面板下的“类型”命令，弹出“族类型”对话框，对参数“肩部长度”添加公式“R+ 风管宽度 2/2+30mm”，单击“确定”，完成“编辑路径”，完成“编辑放样”，如图 4–126 所示。

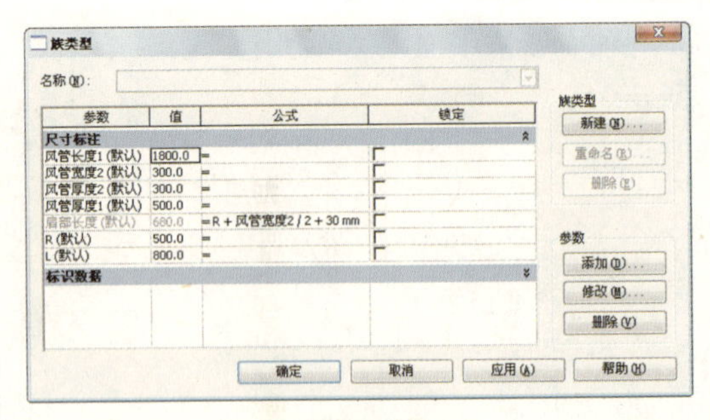

图 4–126

单击“族属性”面板下的“类型”命令，弹出“族类型对话框”，对之前添加的参数 L 定义公式“R– 风管宽度 2/+ 风管宽度 1/2”，使侧风管的边与主风管的边对齐并关联。设置完之后点“确定”，如图 4–127 所示。

进入立面的右视图中，单击“常用”选项卡，“形状”面板下的“融合”命令，绘制一个与主风管轮廓大小一样的轮廓形状，

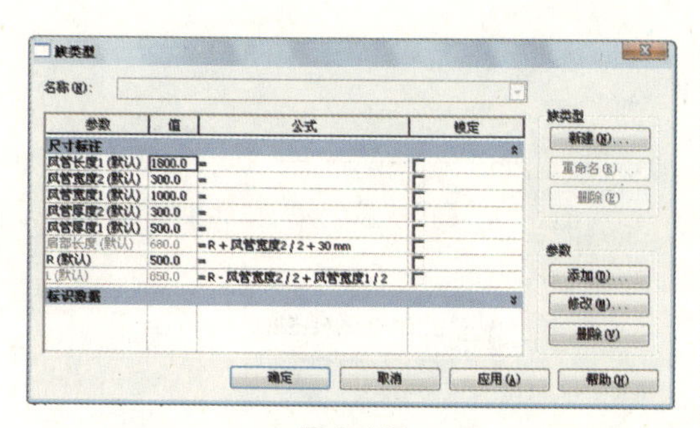

图 4–127

并与主管轮廓的四个边锁定，使之关联，如图 4–128 所示。

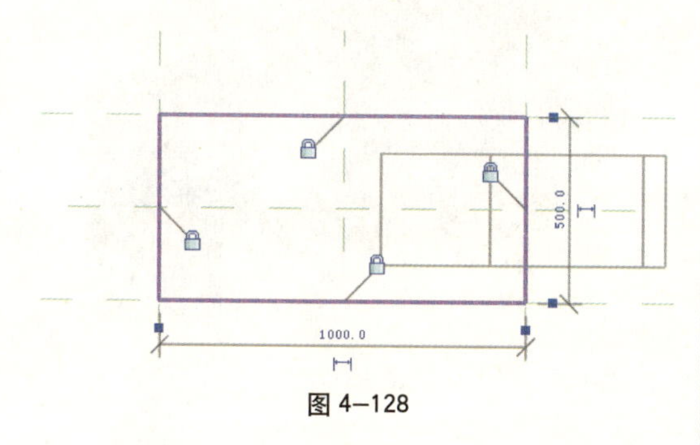

图 4–128

单击“模式”面板下的“编辑顶部”，绘制顶部轮廓，同样选择矩形线性绘制一个矩形顶部轮廓，如图 4–129 所示。

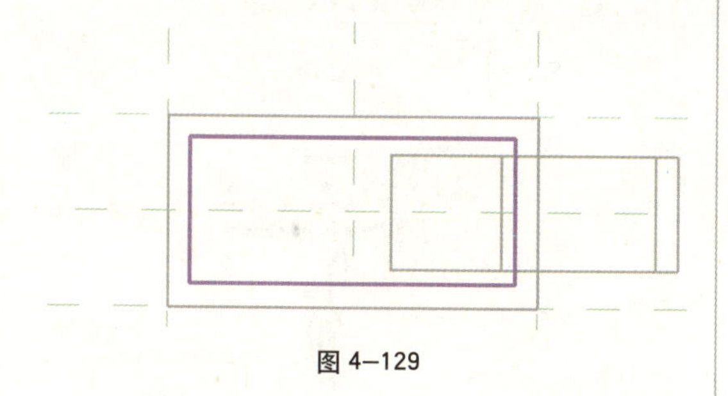

图 4–129

给顶部矩形轮廓添加参照平面并标注，对标注添加两个参数，分别为“风管宽度 3”“风管厚度 3”，完成之后，点“完成编辑”，如图 4–130 所示。

进入楼层平面的参照标高，如图绘制一个参照平面并对齐锁定，标注添加参数为“变径长度”，如图 4–131 所示。

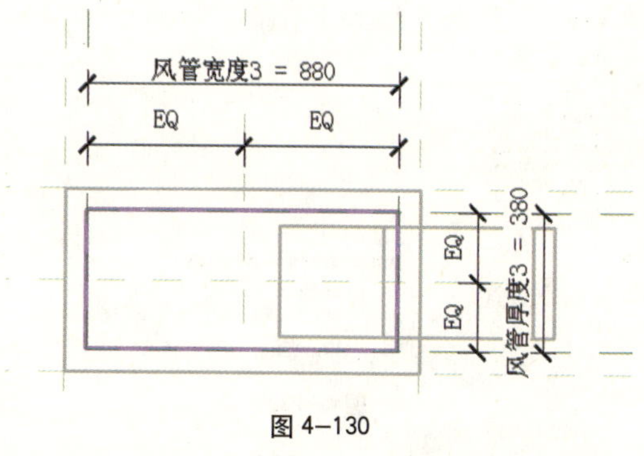

图 4–130

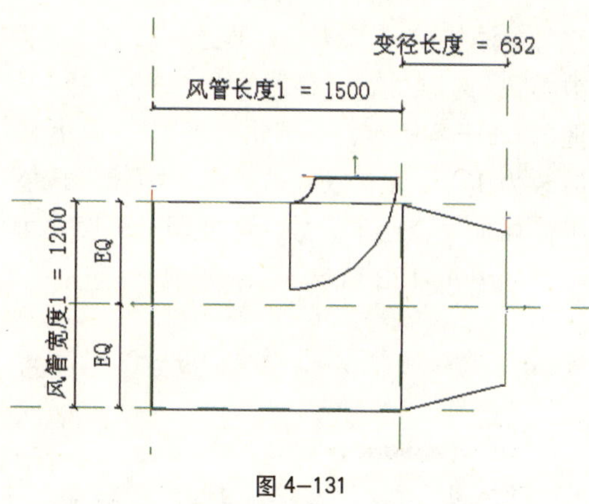

图 4–131

进入到族属性类型中，对参数“变径长度”编写公式：

变径长度 =if((1.5 ×(风管宽度 1 – 风管宽度 3)) > (1.5 ×(风管厚度 1 – 风管厚度 3)), (1.5 ×(风管宽度 1 – 风管宽度 3+1)), (1.5 ×(风管厚度 1 – 风管厚度 3+1))); [在后面加上 1 是考虑到如果风管宽度 1 与风管宽度 3 相等时让其差值不为零]

变径的长度取决于相邻两段风管的尺寸。例如风管 A 尺寸为 1400×1200 (第一个数字为风管宽度，第二个数字为风管高度)，风管 B 尺寸为 700×400，则 (1400–700) < (1200–400)，则变径长度 =1.5× (1200–400) =600。即：变径长度 =if(风管宽度之差 > 风管厚度之差，1.5× 风管宽度之差，1.5× 风管厚度之差)，如图 4–132 所示。

打开族属性类型对话框，在“参数”下选择“添加”按钮，在“参数数据”下的“名

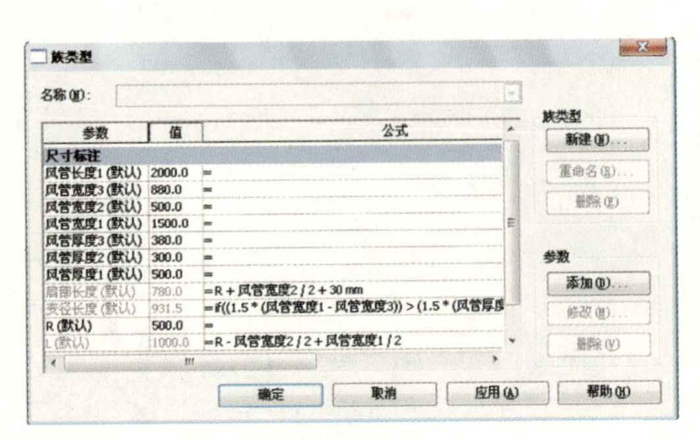

图 4–132

称”中添加“n”参数，规程选“公共”，“参数类型”选“数值”，“参数分组方式”选择“其他”，属于实例参数，单击“确定”，把 n 的值改为 1。设置参数 n 是为给后面弧形风管半径增加一个曲率参数，方便调节弧度的大小，如图 4–133 所示。

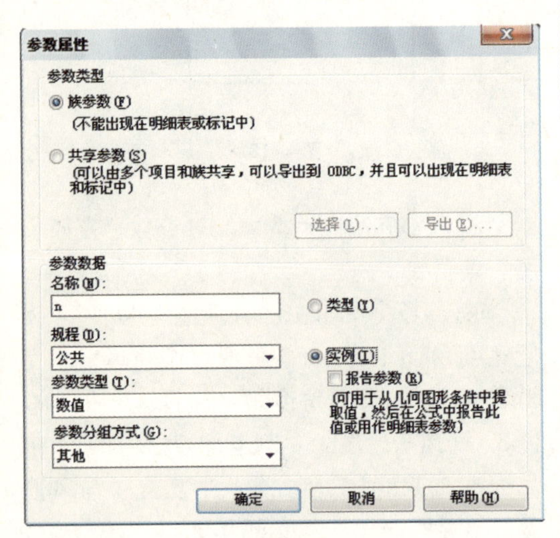

图 4–133

在族属性类型对话框中，给弧形风管的半径参数 R 编辑公式“R= 风管宽度 2×n”。如图 4–134 所示。

进入到三维视图，在视图控制栏里选择“边框带着色”。单击“创建”选项卡“连接件面板下”的“风管连接件”给三通添加接口，用 TAB 键抓取要添加的面，如图 4–135 所示。

选择连接件，单击“图元属性”，在左侧属性栏中“系统类型”后面的下拉箭头中

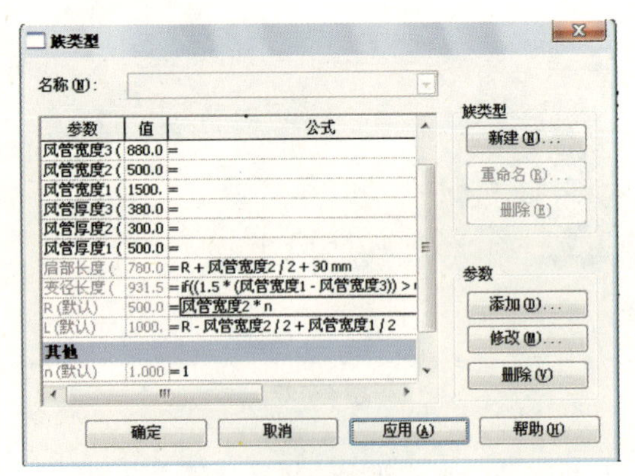

图 4–134

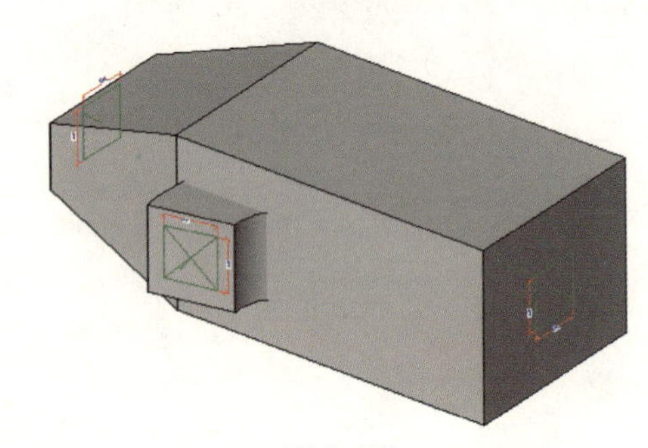

图 4–135

选择“管件”，单击“高度”数值栏后面的按钮打开“关联族参数”对话框，选择“风管厚度 1”确定；单击“宽度”数值栏后面的按钮打开“关联族参数”对话框，选择“风管宽度 1”确定。将厚度和宽度与参数相关联。如图 4–136 所示。

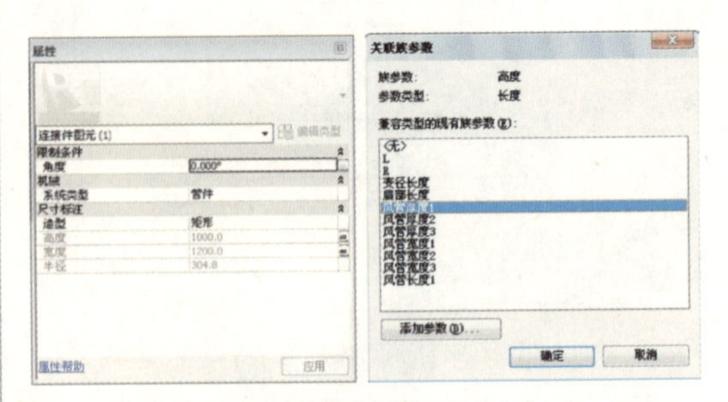

图 4–136

同理，将其余两个连接件的高度和宽度与参数“风管宽度 2”“风管厚度 2”“风管宽度 3”“风管厚度 3”关联，如图 4–137 所示。

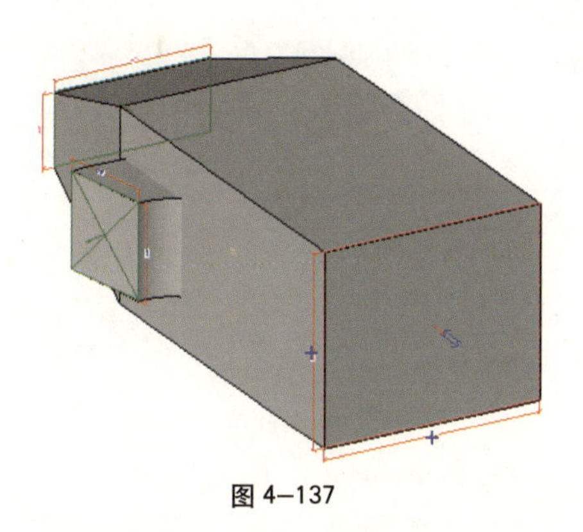

图 4–137

3）族类型族参数的选择及族的平面表达

单击“属性”面板下的“类别和参数”命令，弹出“族类别和族参数”，在族类别下面选择“风管管件”，“族参数”的“部件类型”后选择“T 型三通”，点确定。如图 4–138 所示。

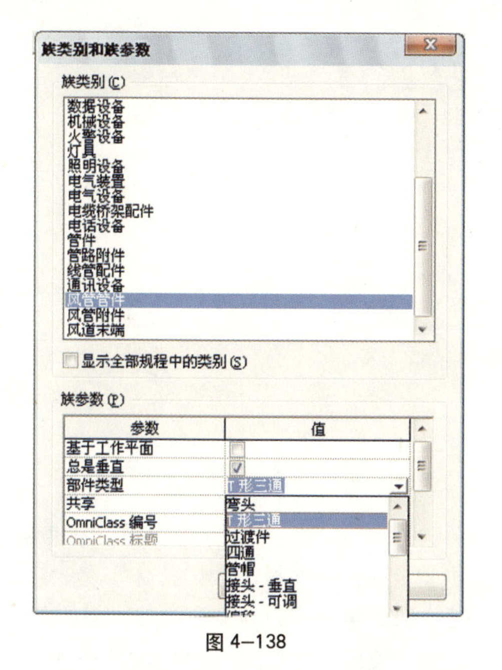

图 4–138

进入到楼层平面的参照标高视图，单击“注释”选项卡“详图”面板下的“符号线”命令，把构件的外轮廓勾勒一圈，并用“对齐”命令将符号线与风管边缘对齐并锁定，如图 4–139 所示。

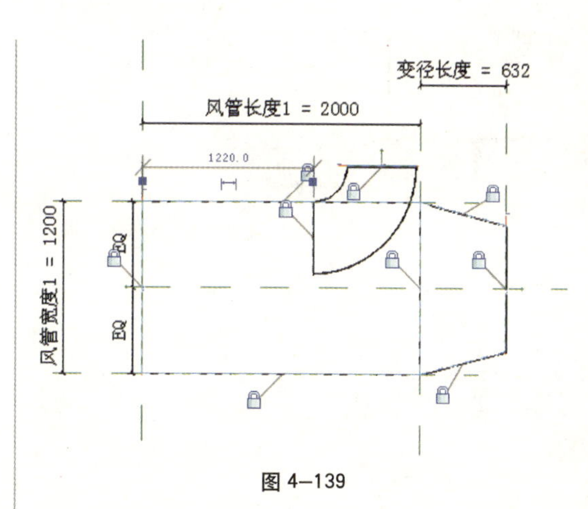

图 4–139

单击“应用程序菜单”下拉箭头选择“另存为”保存为“族”，给族文件命名“M_矩形风管三通 – 弧接”保存，之后载入到项目中进行测试。

> **注意**
>
> 在绘制族的过程中要经常检查是否在绘制过程中出现错误，可以通过改变已添加好的参数数值的大小来查看是否有错误。

4）族载入到项目中测试

单击“族编辑器”面板下的“载入到项目中”。在项目中绘制一根主风管，再单击“常用”选项卡“HVAC”面板下的“风管管件”命令，选择载入的族“M_矩形风管三通 – 弧接”，添加到项目中，如果管径跟着主风管的尺寸变化，表明族基本没问题。修改一些参数进一步确认族是否有问题，修改三通实例属性中的“n”值，调整它的曲率半径，如果跟着变化表明族没问题。如图 4–140、图 4–141 所示。

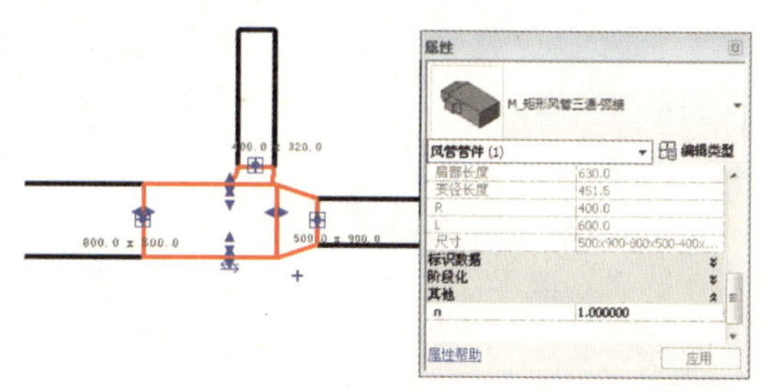

图 4–140

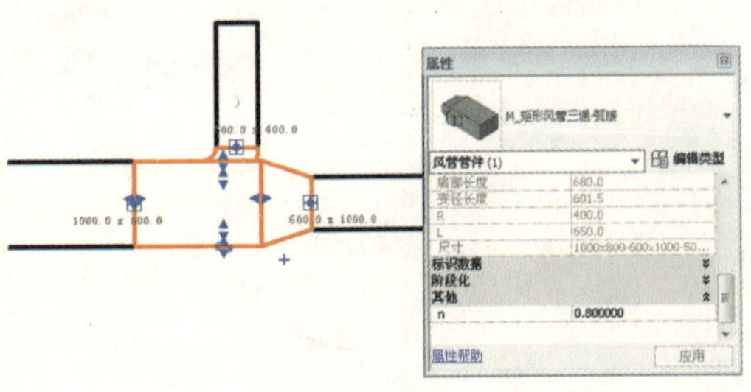

图 4–141

4.2.2 防火阀

本节重点：

• 参照平面与参照标高的关系：尺寸标注的时候注意要在参照平面与参照平面上标注，不能标注到参照标高上。

• 锁定关系：防火阀的法兰边要与防火阀的主体边锁定。

1）族样板文件的选择

单击“应用程序菜单”下拉箭头，打开“新建”中的“族”命令，弹出一个“选择样板文件”对话框，选取“公制常规模型”作为族样板文件。如图 4–142 所示。

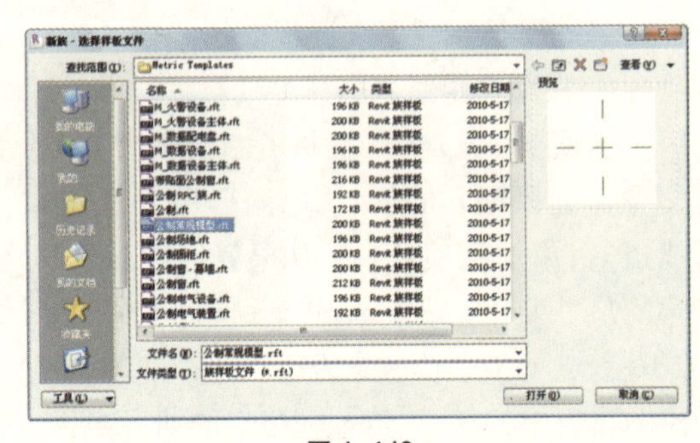

图 4–142

2）族轮廓的绘制及参数的设置

在“视图”选项卡下选择“可见性和外观”命令，进入到“注释类别”选项卡中，把标高前的勾选去掉，此时，族样板文件中的参照标高隐藏，目的是方便做族，如图 4–143 所示。

从“项目浏览器”中进入到立面的前视图，选择参照平面，使用“修改标高”选项卡下的“锁定”命令将参照平面锁定。可防止参照平面出现意外移动，如图 4–144 所示。

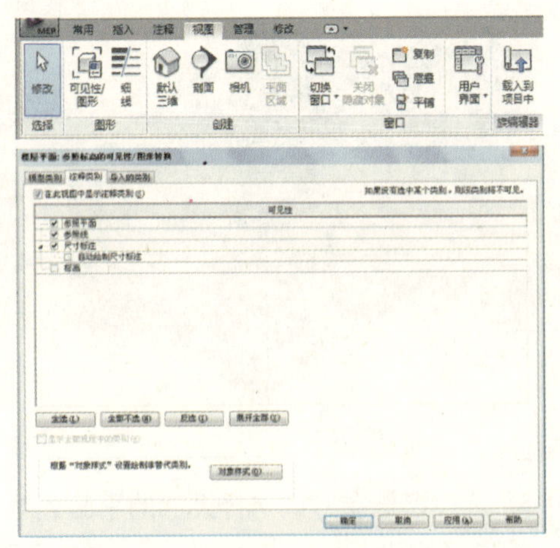

图 4–143

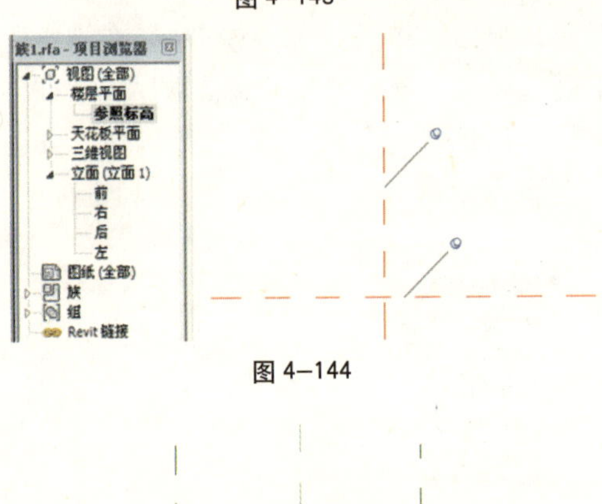

图 4–144

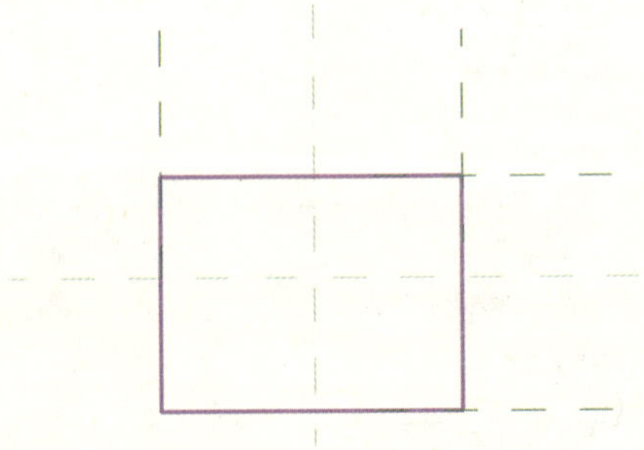

图 4–145

进入到立面的左视图中，单击“常用”选项卡“形状”面板下的“拉伸”命令绘制矩形线框，单击“常用”选项卡“基准”面板下的“参照平面”命令对轮廓添加参照平面，并将轮廓和参照平面锁定，如图 4–145 所示。

单击“注释”面板下的“尺寸标注”中的“对齐尺寸标注”命令对添加好的参照平面进行尺寸标注，并用“EQ”命令平分尺寸，再用“对齐”命令将轮廓边与参照平面对齐锁定，如图 4–146 所示。

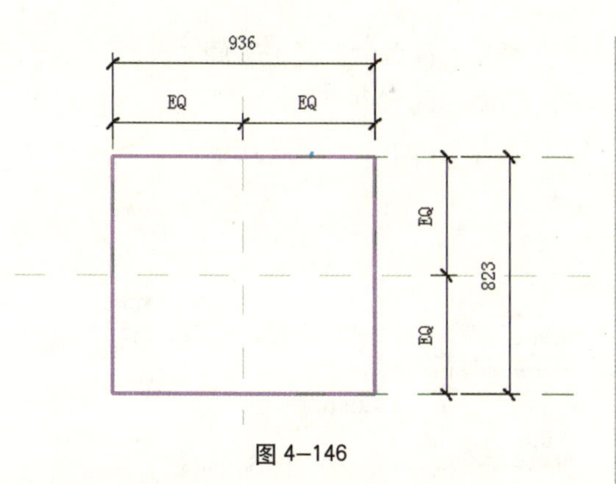

图 4-146

选择尺寸标注，在选项栏中的“标签”下拉列表中选择“添加参数”，弹出“参数属性”对话框，在“名称”下填写“风管宽度”，“参数分组方式”选择“尺寸标注”。风管宽度实例 or 类型？在右边的标注上添加一个实例参数“风管厚度”，单击“完成拉伸”如图 4-147 所示。

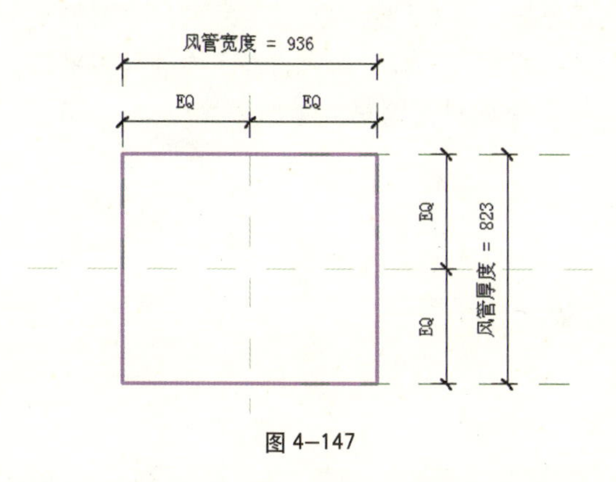

图 4-147

进入到立面的前视图中，将拉伸好的轮廓拖拽至图中位置，如图 4-148 所示。

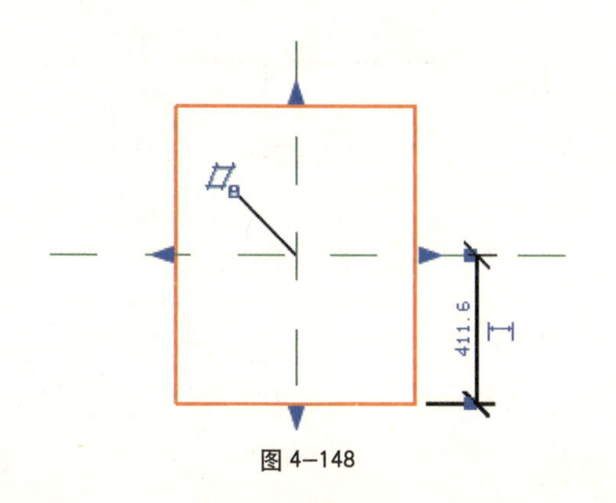

图 4-148

给轮廓的上面添加两个参照平面，使用“尺寸标注”命令对两个参照平面进行标注，接着用“EQ”平分尺寸，并用“对齐”命令将轮廓边与参照平面对齐锁定。选择尺寸标注，在选项栏中的“标签”下拉列表中选择“添加参数”，弹出“参数属性”对话框，在“名称”下填写“L”，如图 4-149 所示。

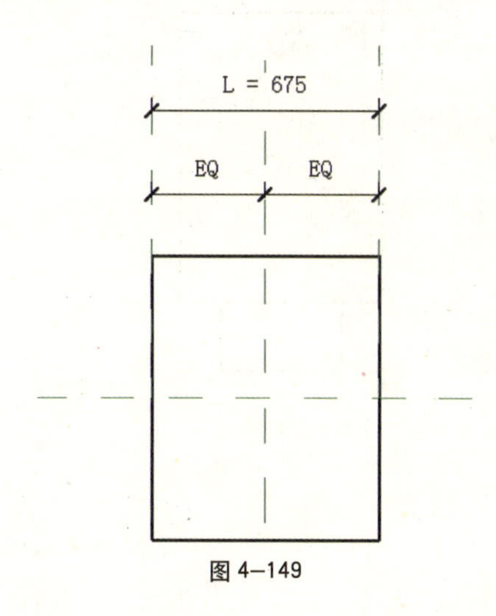

图 4-149

单击“常用”选项卡“形状”面板下的“拉伸”命令绘制矩形线框。单击“详图”选项卡“尺寸标注”面板下的“对齐”命令对轮廓进行尺寸标注，并用“EQ”平分尺寸。选择尺寸标注，在选项栏中的“标签”下拉列表中选择“添加参数”，弹出“参数属性”对话框，在“名称”下填写“W”。同理，在右边的标注上添加一个实例参数“H”，单击“完成拉伸”，如图 4-150 所示。

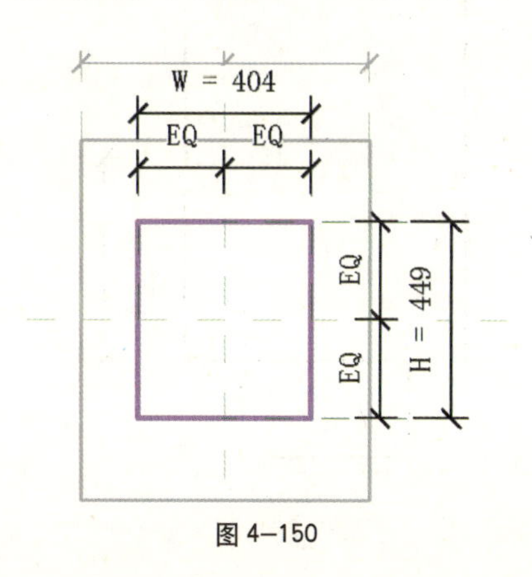

图 4-150

进入“楼层平面”中的“参照标高”视图，将拉伸的轮廓拖拽至图中所示位置。给这个轮廓添加两个参照平面，用“对齐”命令将两个轮廓相连的边分别与一个参照平面对齐锁定，如图 4–151 所示。

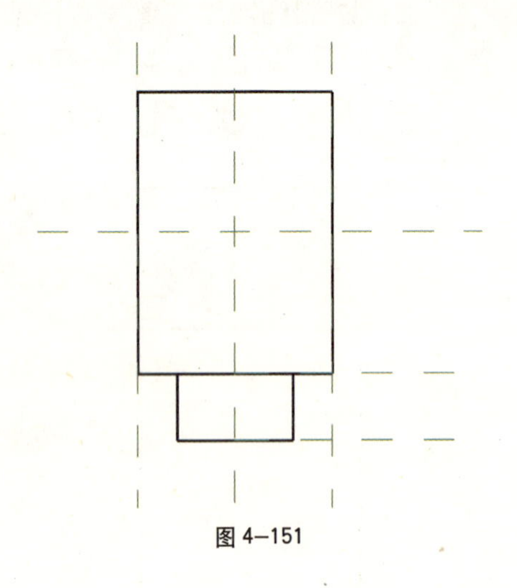

图 4–151

用“尺寸标注”命令把刚对齐的参照平面与参照标高上的参照平面进行尺寸标注，选择尺寸，单击选项栏中的“标签”下拉列表中的“添加参数”命令，弹出“参数属性”对话框，“名称”下填写“L1”，“参数分组方式”选择“尺寸标注”，选择“实例”，确定，如图 4–152 所示。

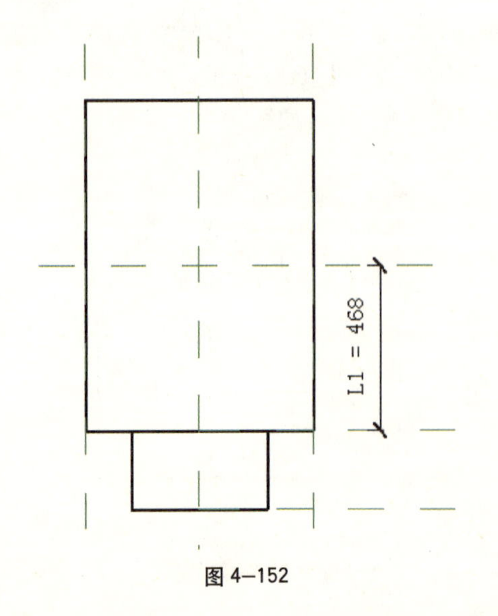

图 4–152

单击“族属性”面板下的“类型”命令，在刚刚添加的实例参数“L1”添加公式“风管宽度 /2”，如图 4–153 所示。

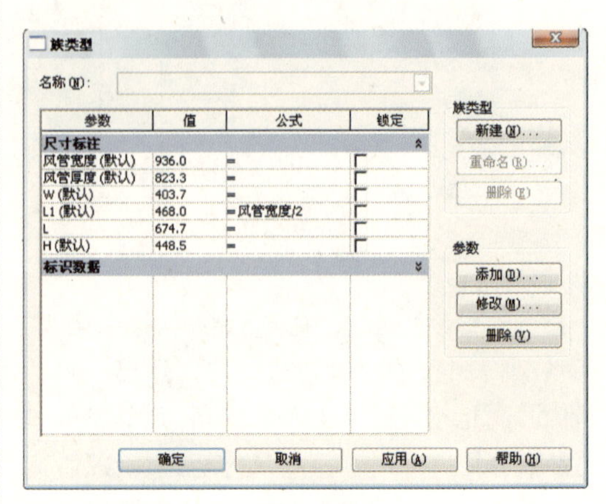

图 4–153

使用“尺寸标注”命令对另两个参照平面进行尺寸标注。并对标注后的尺寸添加参数，再用“对齐”命令将最下面的参照平面与轮廓边对齐锁定，添加参数“L2”，如图 4–154 所示。

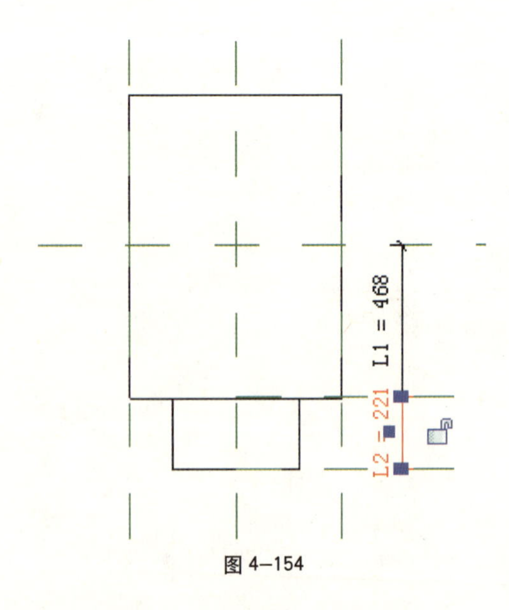

图 4–154

进入到立面视图中的左视图，单击“常用”选项卡“形状”面板下的“拉伸”命令绘制图中轮廓。如图 4–155 所示。

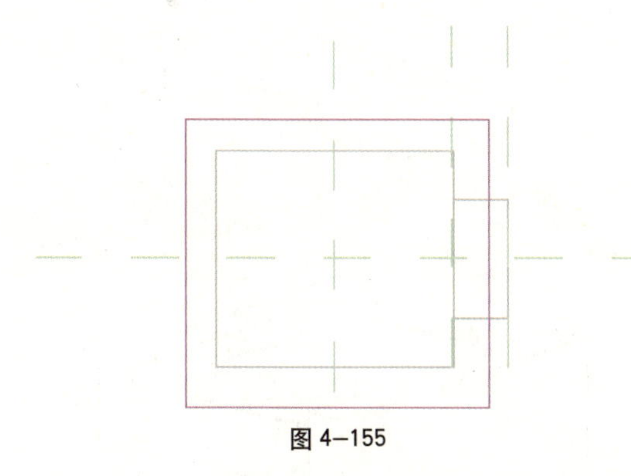

图 4–155

单击“注释”面板“尺寸标注”下拉箭头中的“对齐尺寸标注”命令对轮廓进行尺寸标注，并用“EQ”平分标注。选择标注，单击选项栏中“标签”下拉列表中的“添加参数”命令。添加参数“法兰宽度”。同理在右边的标注上添加一个参数“法兰高度”，单击“完成拉伸”，如图 4–156 所示。

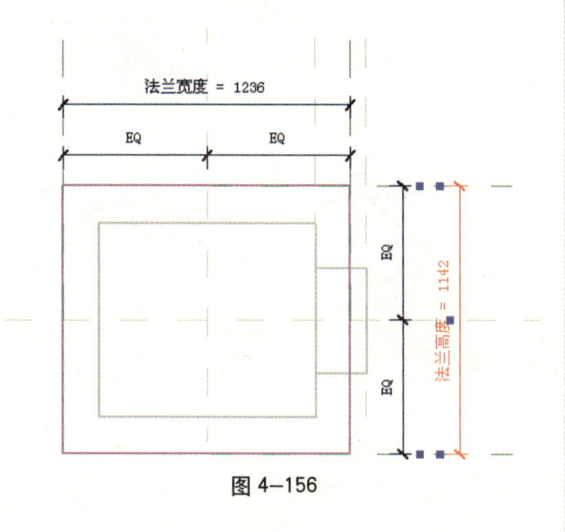

图 4–156

进入到立面的前视图中，将拉伸轮廓拖拽至图中所示位置，并将法兰边与风管边锁定。如图 4–157 所示。

用“尺寸标注”命令对法兰进行标注，选择标注，单击选项栏中“标签”下拉列表中的“添加参数”命令，添加参数“法兰厚度”，如图 4–158 所示。

单击“族属性”面板下的“类型”命令，弹出“族类型”对话框，在“法兰高度”后的公式中编辑公式“风管厚度 +150”，同理

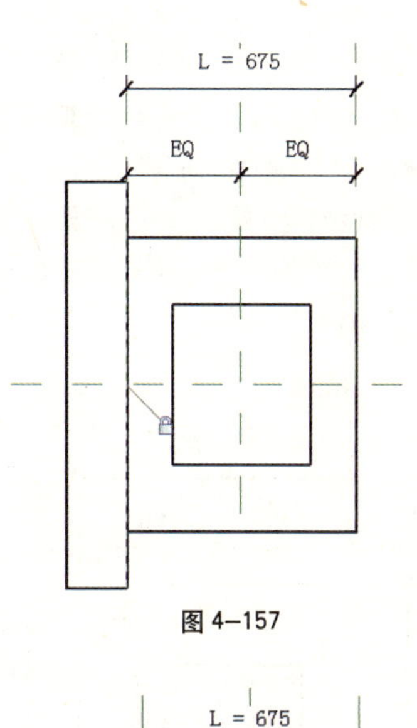

图 4–157

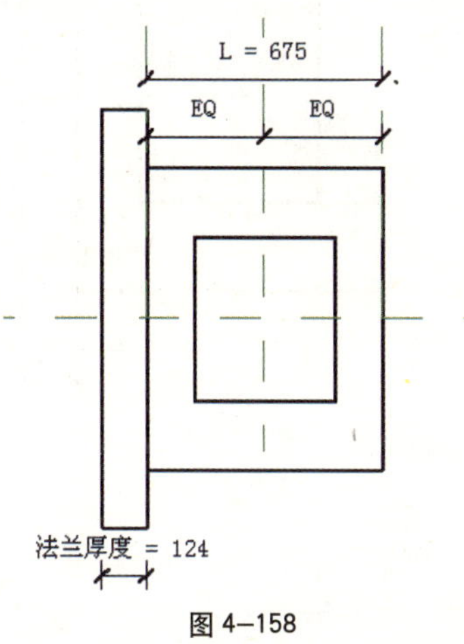

图 4–158

在“法兰宽度”后的公式中编辑公式“风管宽度 +150”，单击确定，如图 4–159 所示。

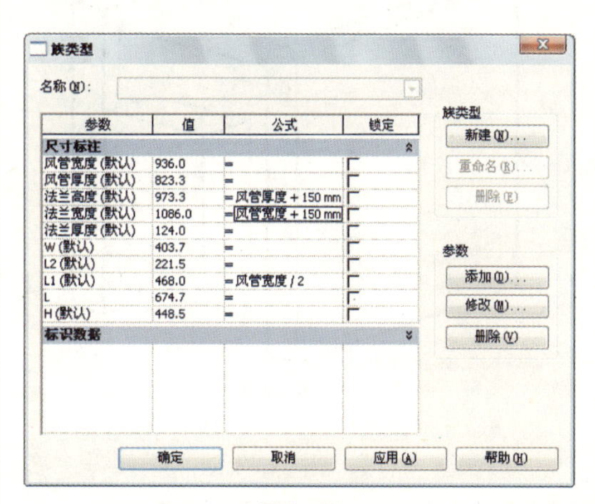

图 4–159

选择法兰，单击“修改拉伸”选项卡“修改”面板下的“复制”命令，选取复制的移动点，取消选项栏前“约束”的勾选，将法兰复制到矩形风管的右边，并将矩形风管与法兰边锁定，复制过去的法兰其属性保持不变，如图 4-160 所示。

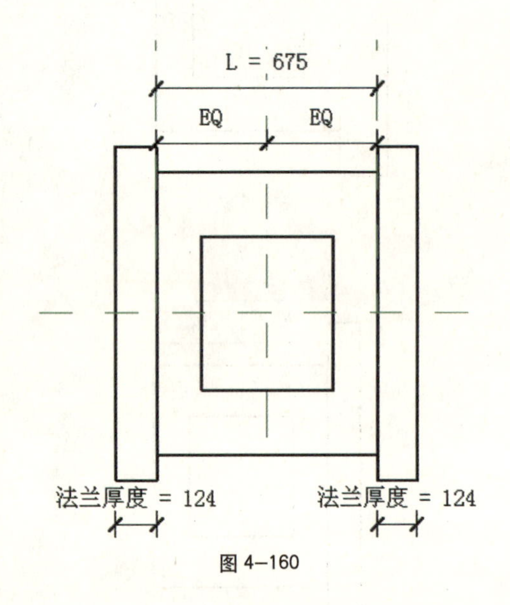

图 4-160

进入到三维视图中，单击“常用”选项卡“连接件”面板下的“风管连接件”命令。选择法兰面，如图 4-161 所示。

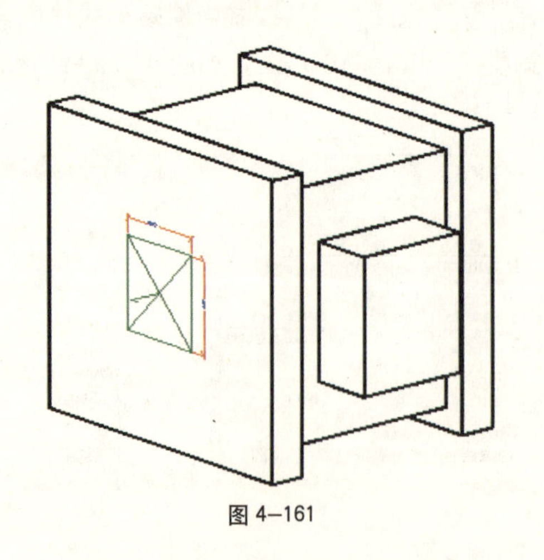

图 4-161

选择连接件，单击“图元属性”，弹出“实例属性”对话框，在“系统类型”中选择“管件”，在“尺寸标注”一栏里将“高度”与“宽度”与“风管厚度”与“风管宽度”关联起来，设定好连接件的高度与宽度之后，单击“应用”，如图 4-162 所示。

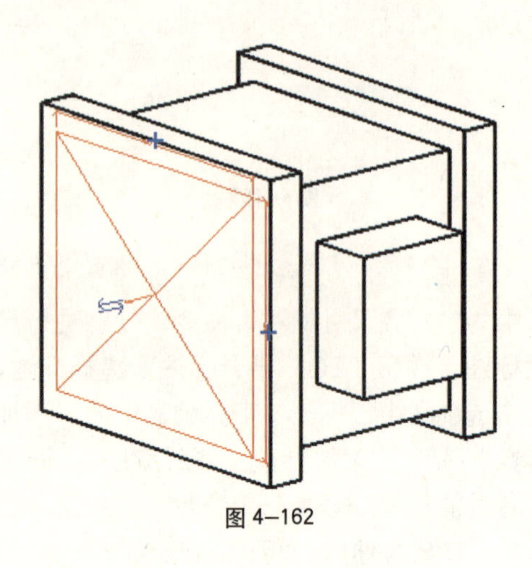

图 4-162

同理，在另一边添加风管连接件，设定其高度与宽度，如图 4-163 所示。

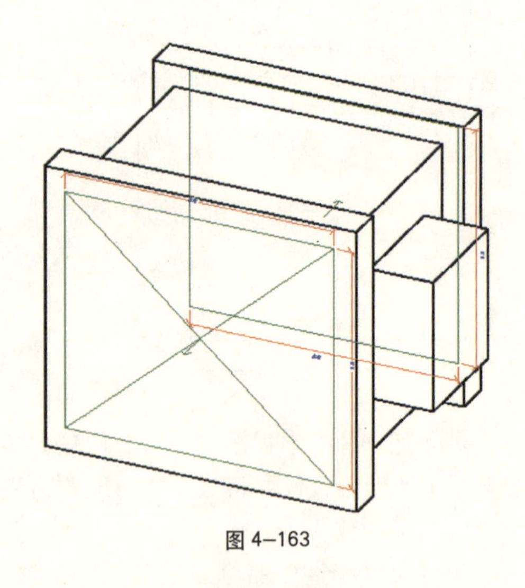

图 4-163

3）族类型族参数的选择

单击“族属性”面板下的“类型和参数”命令，弹出“族类别和族参数”对话框，在“族类别”中选择“风管附件”，“族参数”中的“部件类型”下选择“阻尼器”，单击确定，如图 4-164 所示。

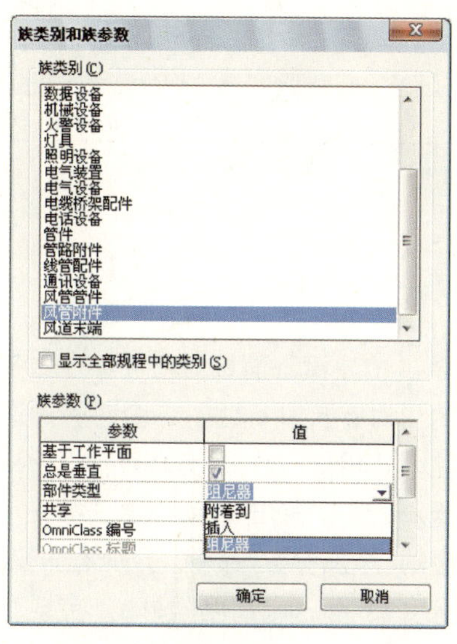

图 4–164

4）族载入到项目中进行测试

设置好之后可以选择“另存为”，取名保存为“BM_矩形防火阀”，也可以直接载入到项目中进行测试，如图 4–165 所示。

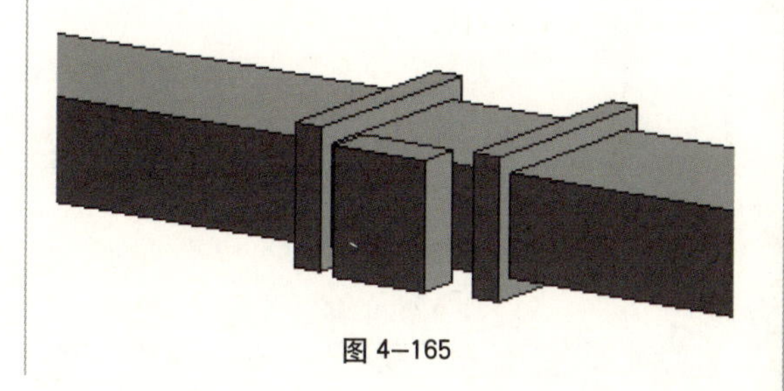

图 4–165

4.3 设备族的制作

4.3.1 静压箱组

本节重点：

• 参照平面与参照标高的关系：尺寸标注的时候注意要在参照平面与参照平面上标注，不能标注到参照标高上。

• 实心拉伸与实心放样要用在适当的时候。

1）族样板文件的选择

单击“应用程序菜单”下拉箭头，打开“新建”中的“族”命令，弹出一个“选择样板文件”对话框，选取“公制常规模型”作为族样板文件，如图 4–166 所示。

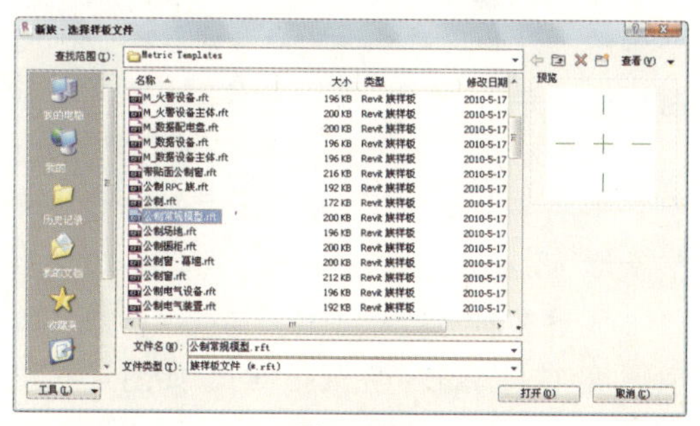

图 4–166

2）族轮廓的绘制及参数的设置

在“视图”选项卡下选择“可见性和外观”命令，进入到“注释类别”选项卡中，把标高前的勾选去掉，此时，族样板文件中的参照标高隐藏，目的是方便做族，如图 4–167 所示。

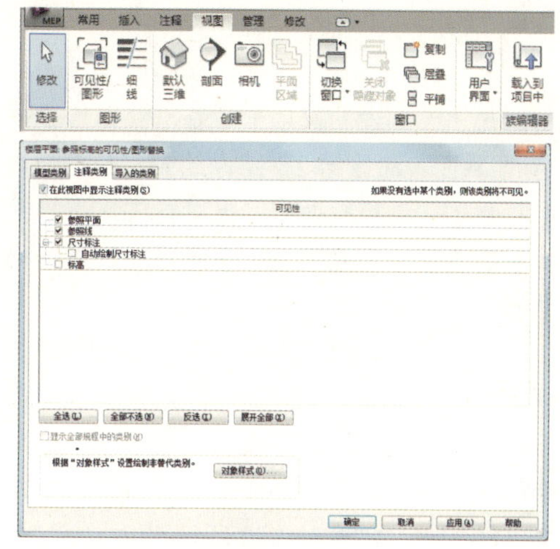

图 4–167

从“项目浏览器”中进入到立面的前视图，选择参照平面，使用“修改标高”选项卡下的“锁定”命令，将参照平面锁定，可防止参照平面出现意外移动，如图 4–168 所示。

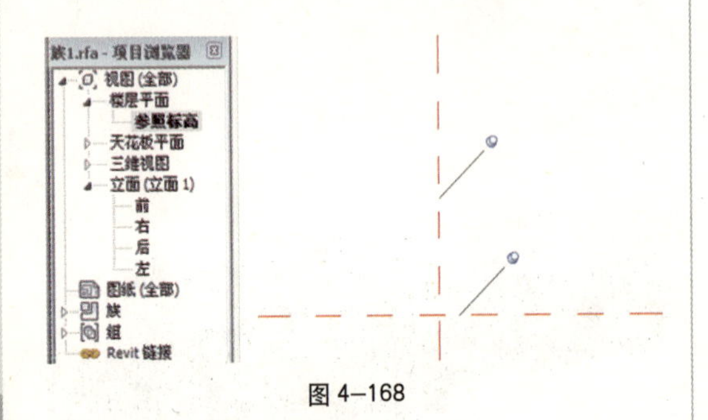

图 4–168

进入立面的前视图中，单击“常用”选项卡“形状”面板下的“放样”命令，选择“放样”面板下的“绘制路径”命令绘制 2D 路径，如图 4–169 所示。

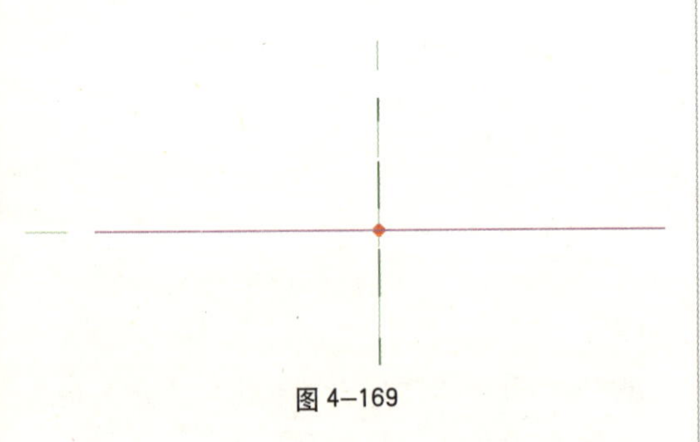

图 4–169

单击“创建”选项卡“基准”面板下的“参照平面”命令给 2D 路径绘制参照平面。

单击“注释”面板“尺寸标注”下拉箭头中的“对齐尺寸标注”命令对轮廓进行尺寸标注，并用“EQ”平分标注。

选择标注，单击选项栏中“标签”下拉列表中的“添加参数”命令。添加参数“静压箱长度”确定，用“对齐”命令将 2D 路径的两个端点与参照平面对齐并锁定，单击“完成路径”，如图 4–170 所示。

单击“编辑”面板下的“编辑轮廓”命令，弹出“转到视图”对话框，双击“立面：左”。选择矩形线型绘制轮廓。

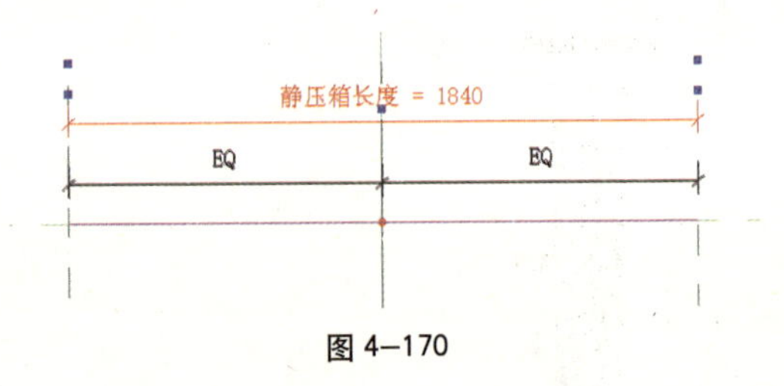

图 4–170

单击“注释”面板“尺寸标注”下拉箭头中的“对齐尺寸标注”命令对轮廓进行尺寸标注，并用“EQ”平分标注。

选择标注，单击选项栏中“标签”下拉列表中的“添加参数”命令。分别添加参数“静压箱宽度”、“静压箱高度”，单击“完成轮廓”、“完成放样”，如图 4–171 所示。

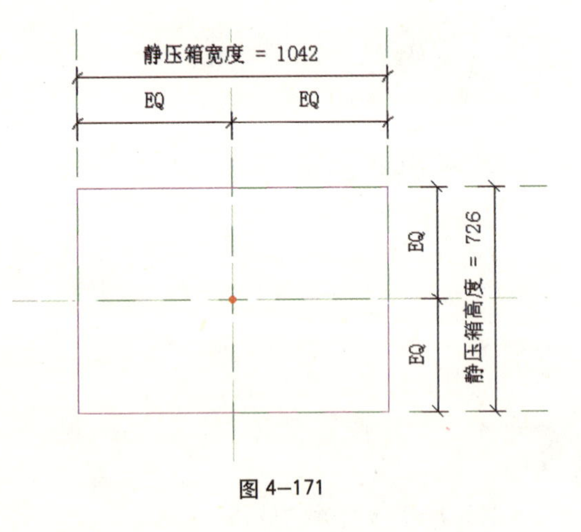

图 4–171

进入到楼层平面下的参照标高视图中，单击“常用”选项卡“形状”面板下的“拉伸”命令绘制矩形轮廓。

单击“注释”面板“尺寸标注”下拉箭头中的“对齐尺寸标注”命令对轮廓进行尺寸标注，并用“EQ”平分标注。

选择标注，单击选项栏中“标签”下拉列表中的“添加参数”命令。添加参数“风管宽度 1”确定。

同理在右边的标注上添加一个参数“风管厚度 1”，单击“完成拉伸”，如图 4–172 所示。

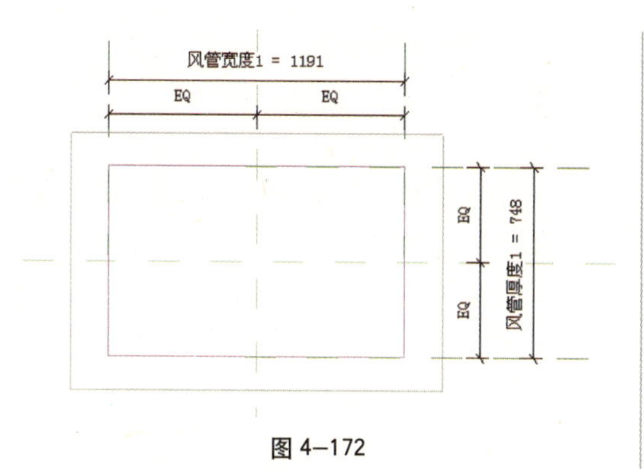

图 4–172

进入到立面前视图中，将拉伸轮廓拖拽至图中所示位置并将连接的边锁定，如图 4–173 所示。

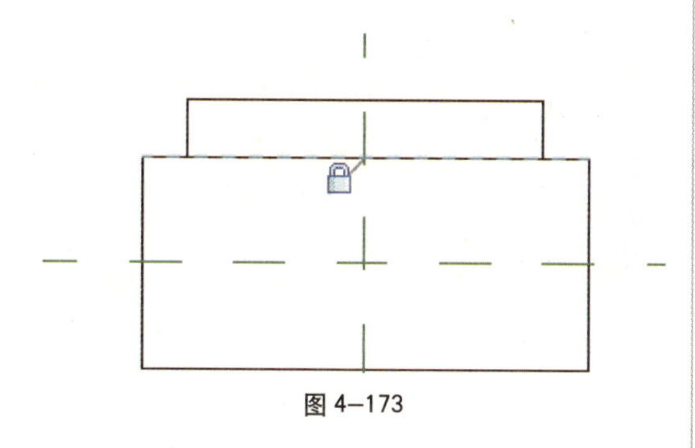

图 4–173

在风口上边缘添加参照平面并锁定，对图中所示位置进行尺寸标注，并添加实例参数“风口厚”。

对风口上边缘与中心参照平面进行尺寸标注，添加参数“k_ 风管 1”，如图 4–174 所示。

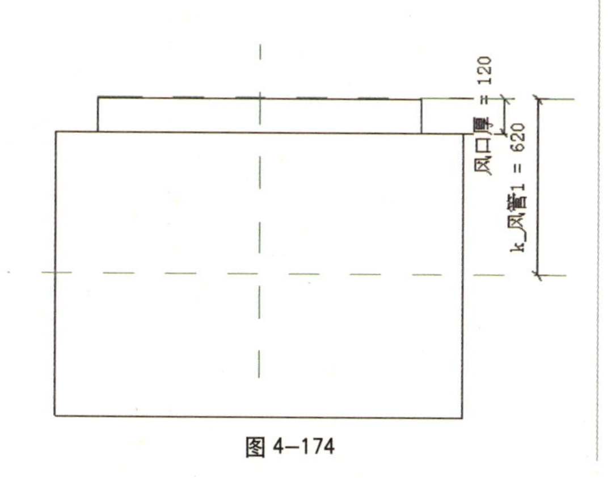

图 4–174

单击“族属性”面板下的“类型”命令，弹出“族类型”对话框，在“k_ 风管 1”参数后面的公式栏中编辑公式“静压箱高度 /2 + 风口厚”，单击确定。如图 4–175 所示。

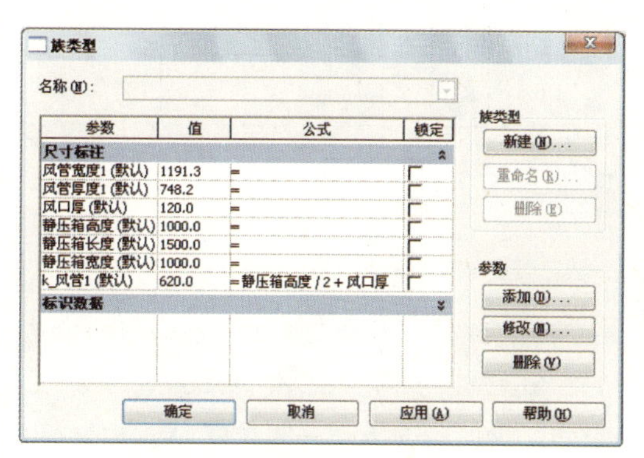

图 4–175

在立面前视图中单击“常用”选项卡“形状”面板下的“拉伸”命令，绘制图中矩形轮廓。

单击“注释”面板“尺寸标注”下拉箭头中的“对齐尺寸标注”命令，对轮廓进行尺寸标注，并用“EQ”平分标注。

选择标注，单击选项栏中“标签”下拉列表中的“添加参数”命令。添加参数“风管宽度 2”、“风管厚度 2”确定，完成“实心拉伸”，如图 4–176 所示。

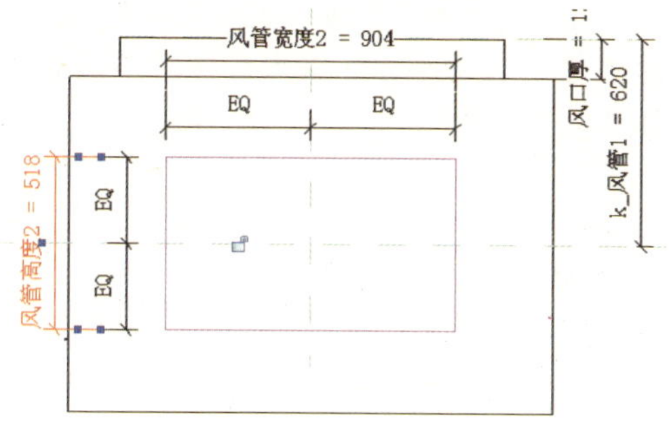

图 4–176

进入到楼层平面下的参照标高视图中，将拉伸轮廓拖拽至图中所示位置并将连接的边锁定，如图 4–177 所示。

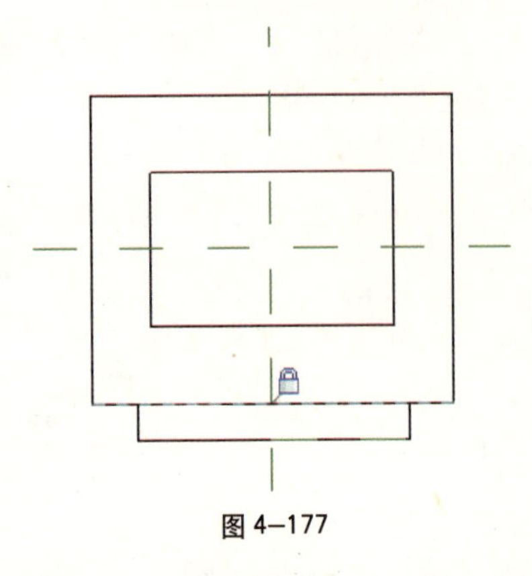

图 4–177

在风口上边缘添加参照平面，将两个边分别与参照平面对齐锁定。对图中所示位置进行尺寸标注，并添加实例参数“k_ 风管 2”，“风口厚”，如图 4–178 所示。

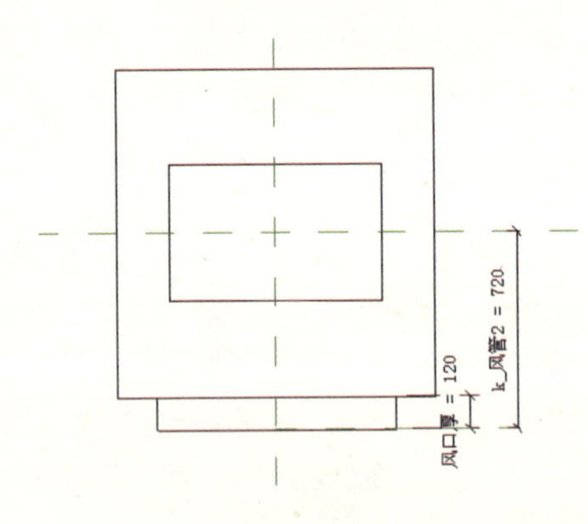

图 4–178

单击“族属性”面板下的“类型”命令，对参数“k_ 风管 2”编辑公式“静压箱宽度 /2+ 风口厚”，如图 4–179 所示。

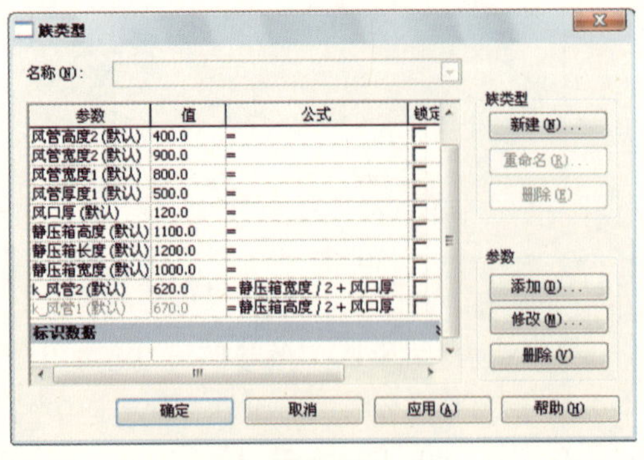

图 4–179

进入到立面左视图，单击“常用”选项卡“形状”面板下的“拉伸”命令，绘制矩形轮廓。

单击“注释”面板“尺寸标注”下拉箭头中的“对齐尺寸标注”命令对轮廓进行尺寸标注，并用“EQ”平分标注。

选择标注，分别添加实例参数“风管宽度 3”、“风管厚度 3”，单击“完成拉伸”，如图 4–180 所示。

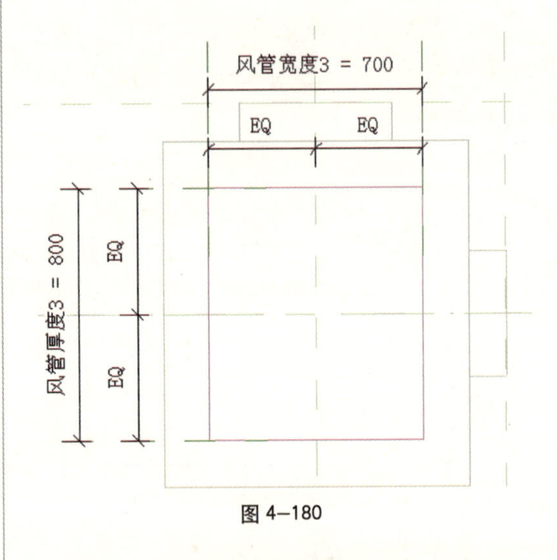

图 4–180

进入到楼层平面下的参照标高视图中，将拉伸轮廓拖拽至图中所示位置并将连接的边锁定，如图 4–181 所示。

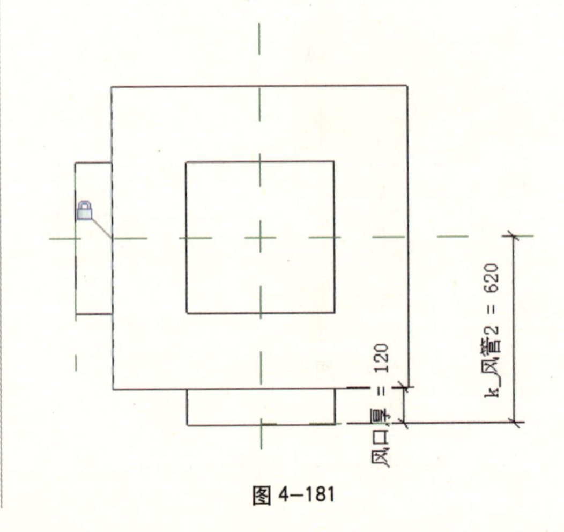

图 4–181

如图绘制一个参照平面，将两个边分别与参照平面对齐锁定。对图中所示位置进行尺寸标注，并添加实例参数“k_ 风管 3”，“风口厚”。

单击“族属性”面板下的“类型”命令，弹出“族类型”对话框，在参数“k_ 风管 3”公式栏里编辑公式“静压箱长度 /2”，单击“确定”。如图 4-182 所示。

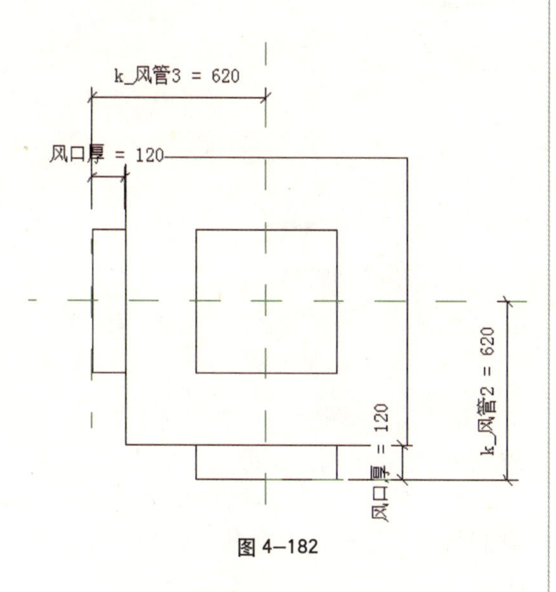

图 4-182

进入到三维视图中，单击“常用”选项卡“连接件”面板下的“风管连接件”命令，选择风管面，如图 4-183 所示。

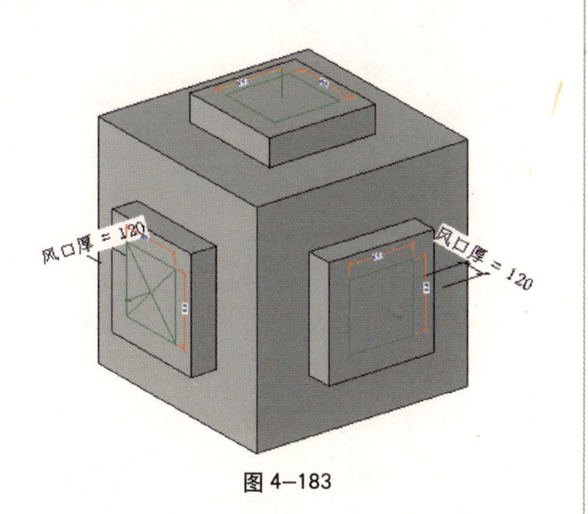

图 4-183

选择连接件，单击“图元属性”，在“实例属性”对话框的“系统类型”中选择“管件”，在“尺寸标注”一栏里将“高度”与“宽度”与“风管厚度”与“风管宽度”关联起来，设定好连接件的高度与宽度之后，单击“确定”，如图 4-184 所示。

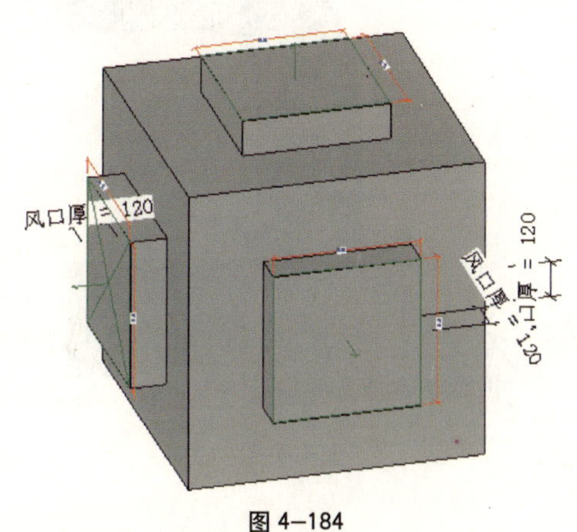

图 4-184

3）族类型族参数的选择

单击“族属性”面板下的“类型和参数”命令，弹出“族类别和族参数”对话框，在“族类别”中选择“机械设备”，在“族参数”中的“部件类型”下选择、“标准”，单击确定，如图 4-185 所示。

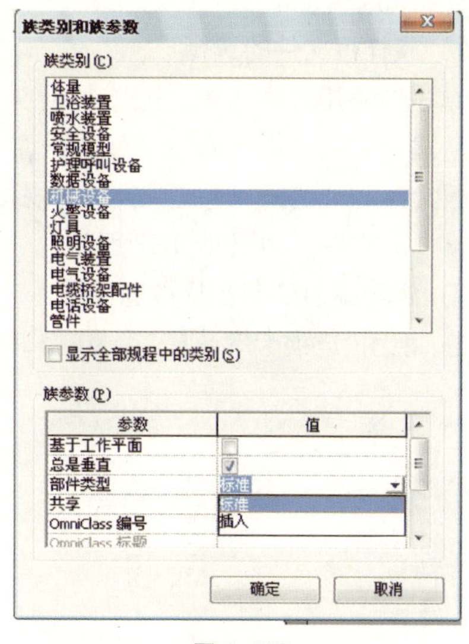

图 4-185

4）族载入到项目中进行测试

设置好之后可以选择“另存为”，取名

保存为“BM_ 静压箱（三口）”，也可以直接载入到项目中，如图 4-186 所示。

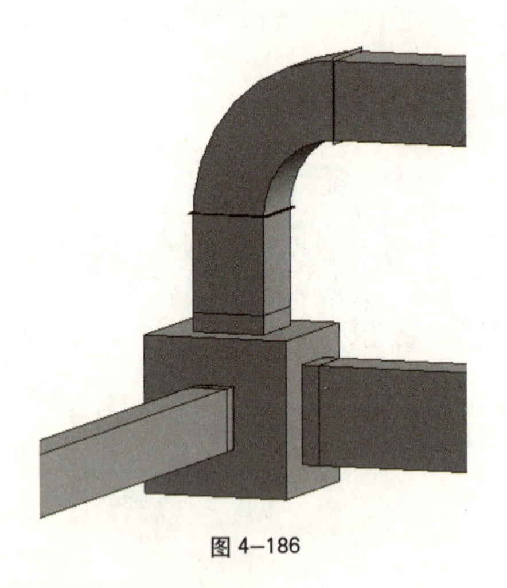

图 4-186

4.3.2 空调机组

本节重点：

- 参照平面与参照标高的关系：尺寸标注的时候注意要在参照平面与参照平面上标注，不能标注到参照标高上。
- 各参数间的关系及公式的设定。
- 空调风管、水管位置的确定。

1）族样板文件的选择

单击“应用程序菜单”下拉箭头，打开“新建”中的“族”命令，弹出一个“选择样板文件”对话框，选取“公制常规模型”作为族样板文件，如图 4-187 所示。

2）族轮廓的绘制及参数的设置

在“视图”选项卡下选择“可见性和外观”

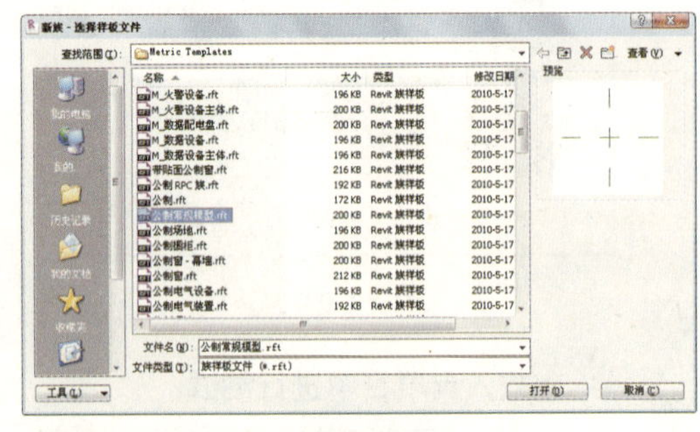

图 4-187

命令，进入到“注释类别”选项卡中，把标高前的勾选去掉，此时，族样板文件中的参照标高隐藏，目的是方便做族，如图 4-188 所示。

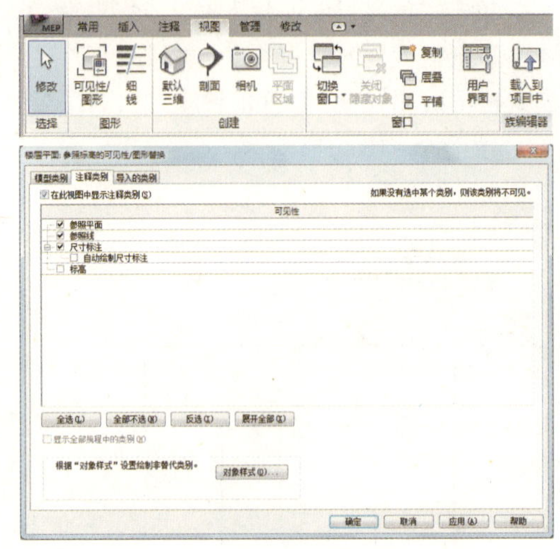

图 4-188

从“项目浏览器”中进入到立面的前视图，选择参照平面，使用“修改标高”选项卡下的“锁定”命令，将参照平面锁定，可防止参照平面出现意外移动，如图 4-189 所示。

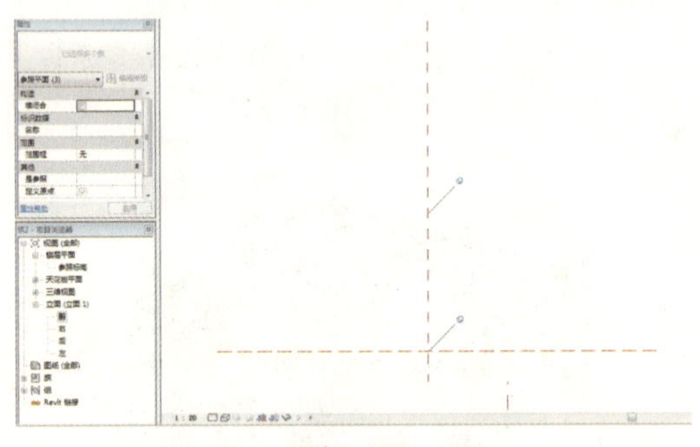

图 4-189

进入到立面的前视图，单击“常用”选项卡“形状”面板下的“拉伸”命令，绘制如图轮廓，并锁定下轮廓与底参照平面，如图 4-190 所示。

给轮廓添加两个参照平面，并使用“尺寸标注”命令给两个参照平面标注。选择标注，单击选项栏中“标签”下拉列表中的“添

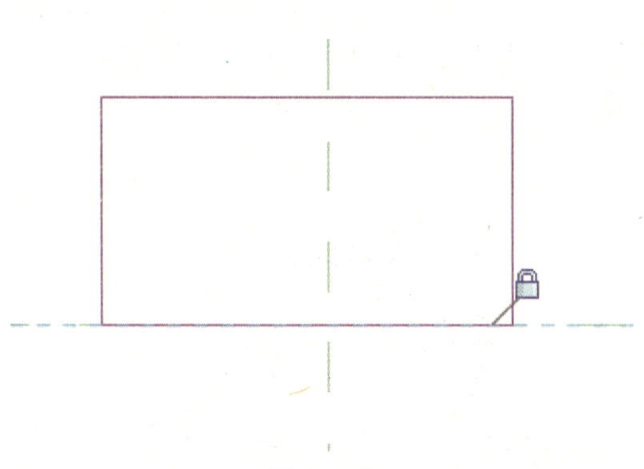

图 4-190

加参数"命令。添加参数"机组宽度"。使用"对齐"命令将轮廓与参照平面对齐并锁定。同理添加另一个实例参数"机组高度"，如图 4-191 所示。

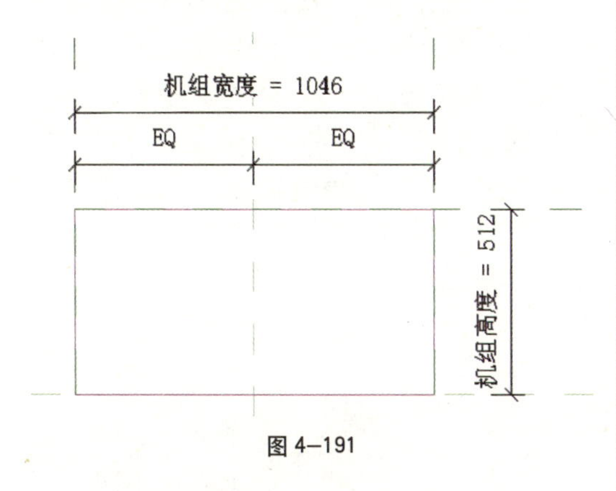

图 4-191

进入到楼层平面中的参照标高视图，将拉伸的轮廓拖拽至图中所示，并对轮廓进行尺寸标注，用"EQ"平分尺寸，并对尺寸添加一个实例参数"机组长度"，如图 4-192 所示。

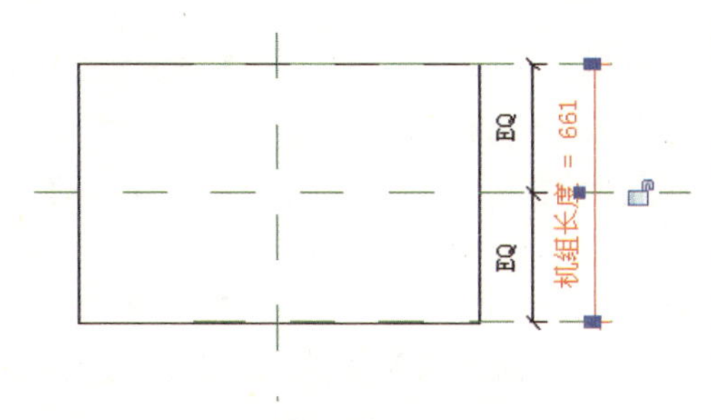

图 4-192

进入立面前视图中，使用"实心拉伸"拉伸命令，绘制轮廓。

如图绘制一个参照平面，并用尺寸标注对其进行标注，添加一个实例参数"L"，如图 4-193 所示。

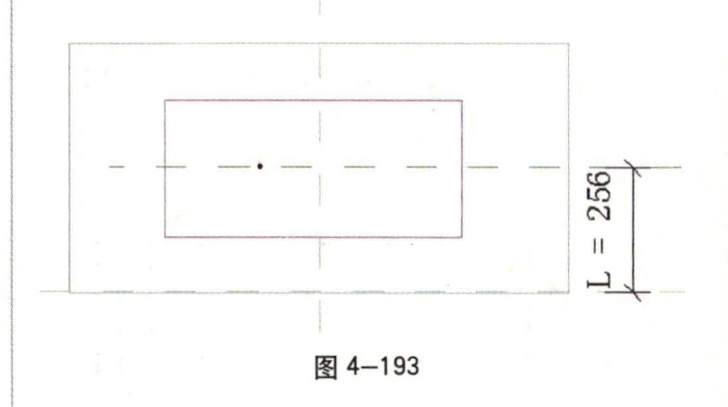

图 4-193

单击"族属性"面板下的"类型"命令，弹出"族类型"对话框，对参数"L"添加公式"机组高度 /2"，如图 4-194 所示。

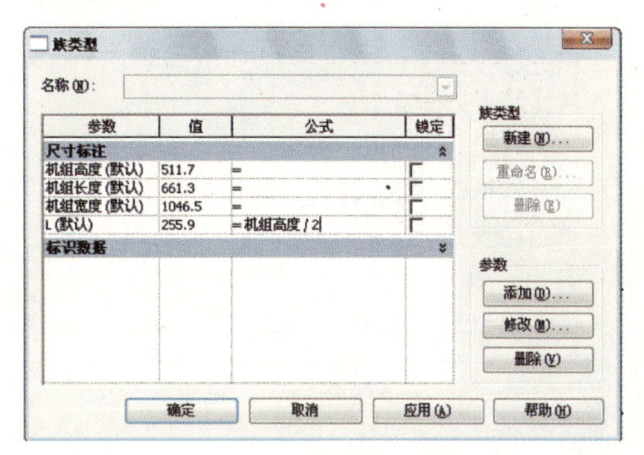

图 4-194

使用"尺寸标注"命令对其轮廓进行标注并用"EQ"平分尺寸。

选择尺寸对其添加实例参数"风管宽度 1""风管厚度 1"，完成拉伸，如图 4-195 所示。

进入到参照标高视图，将轮廓拖拽至图中位置，并将轮廓上边缘锁定，添加参照平面进行尺寸标注，并添加实例参数"风口厚""L1"。单击"族属性"面板下的"类型"命令，在"L1"公式后添加公式"机

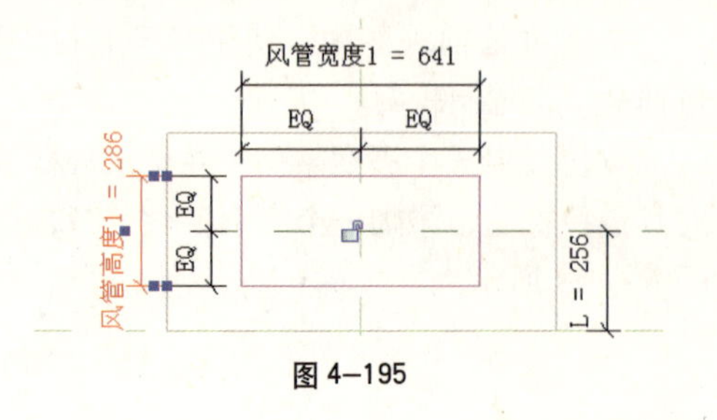

图 4–195

组长度 /2+ 风口厚”，完成拉伸，如图 4–196 所示。

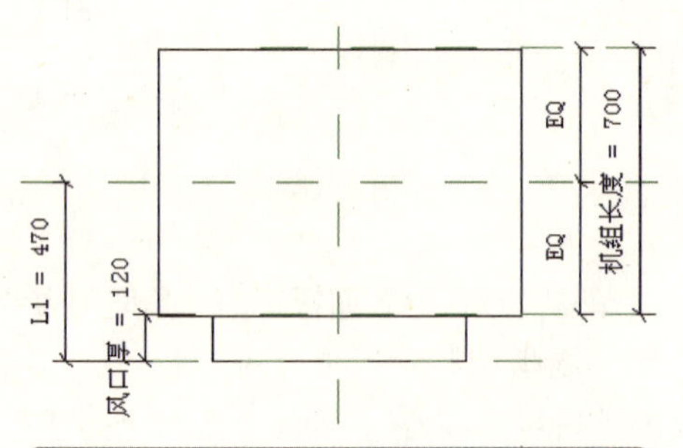

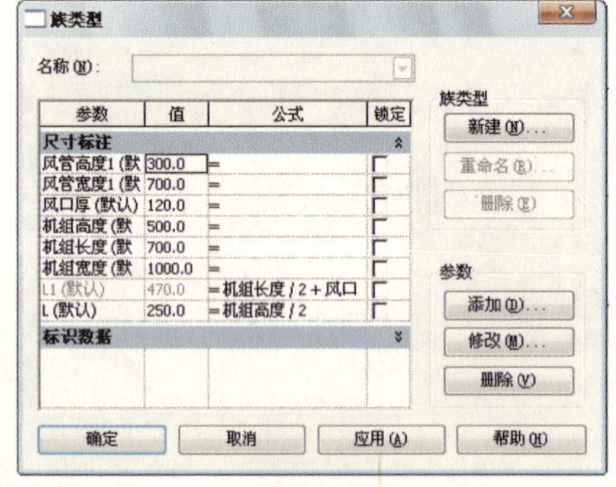

图 4–196

进入到立面右视图中，使用“拉伸”命令绘制如图轮廓，并标注添加参数“风管宽度 2”“风管厚度 2”，如图 4–197 所示。

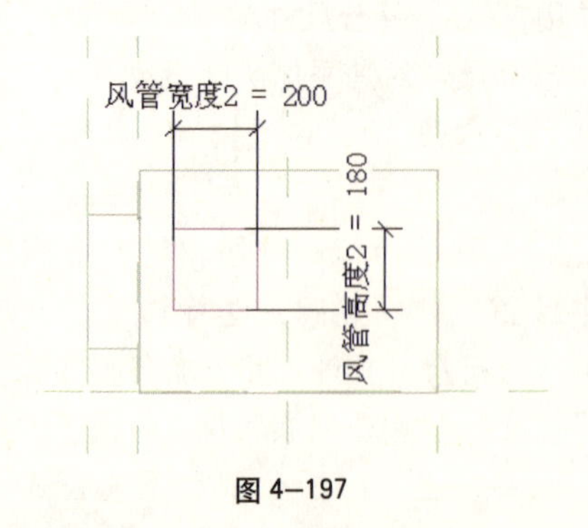

图 4–197

并按图中所示对其周边进行标注并添加参数“风口距顶距离”“风口距边距离”，完成拉伸，如图 4–198 所示。

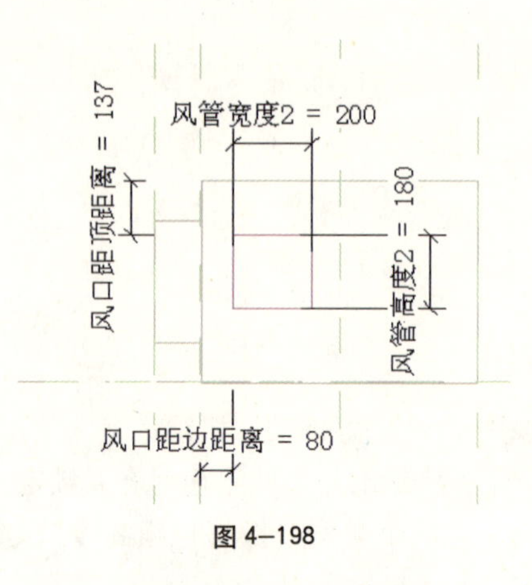

图 4–198

进入到参照标高视图，将拉伸的轮廓拖拽至图中所示位置并锁定边，添加参照平面并锁定，对其进行尺寸标注，添加参数“L2”，进入到“族属性”面板下的“类型”对话框中，对参数“L2”编辑公式“机组宽度 /2+ 风口厚”，之后添加已有参数“风口厚”，如图 4–199 所示。

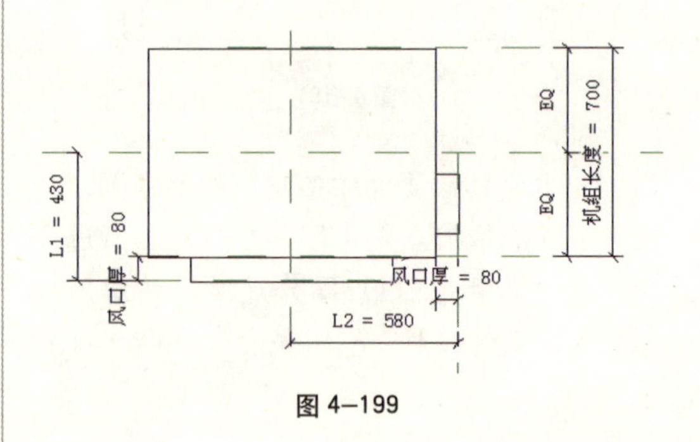

图 4–199

进入到立面右视图中，使用“拉伸”命令绘制如图的三个圆，并逐个选择它们单击图元属性，勾选“使中心标记可见”确定，如图 4–200 所示。

再对其添加一次控制参数“LH 管半径”“LG 管半径”“LN 管半径”。如图 4–201 所示。

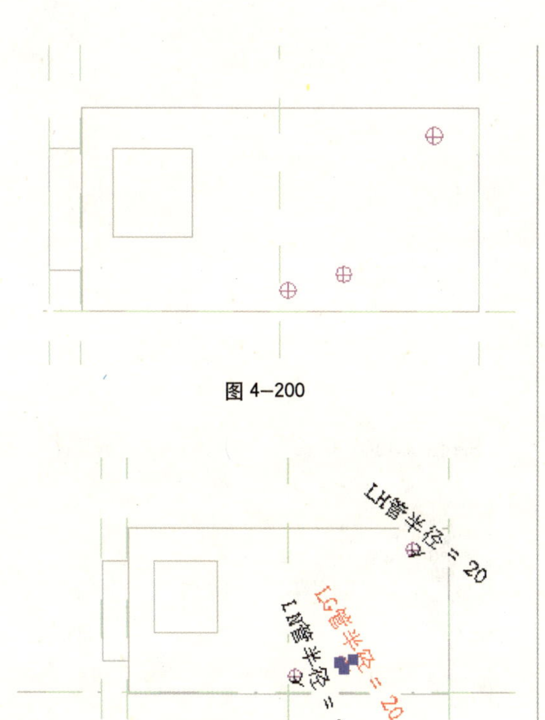

图 4-200

图 4-201

再对其添加一次控制参数“LH 距边距离”“LH 距顶距离”“LG 距边距离”“LG 距底距离”“LN 距边距离”“LN 距底距离”完成拉伸。如图 4-202 所示。

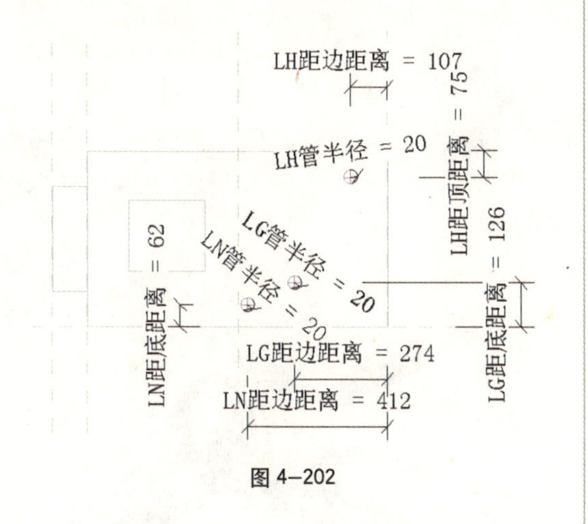

图 4-202

进入到参照标高视图，将拉伸轮廓拖拽至图示位置，并进行尺寸标注及添加参数“管口厚”，如图 4-203 所示。

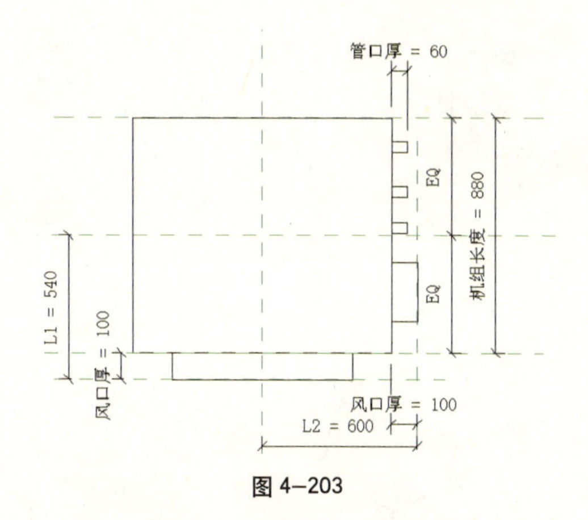

图 4-203

进入立面后视图中，使用“实心拉伸”命令绘制图中所示轮廓并添加一个参照平面进行尺寸标注，选择标注添加已有的参数“L”。

对轮廓进行尺寸标注，并用“EQ”平分尺寸，添加两个实例参数“风管宽度 3”“风管厚度 3”，完成拉伸，如图 4-204 所示。

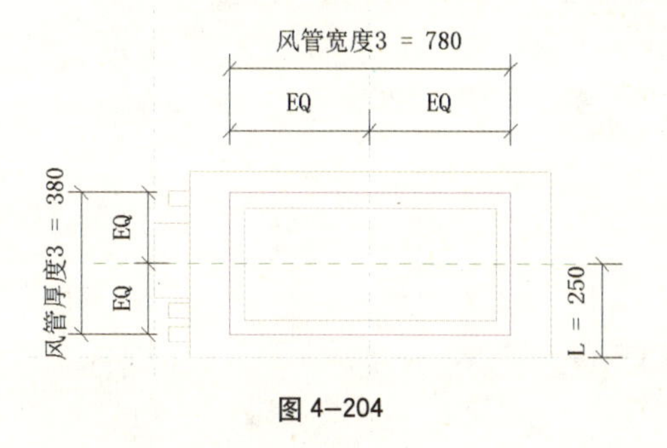

图 4-204

进入到参照标高视图中，将拉伸轮廓拖拽至图示位置进行尺寸标注，并添加已有的实例参数“风口厚”。如图 4-205 所示。

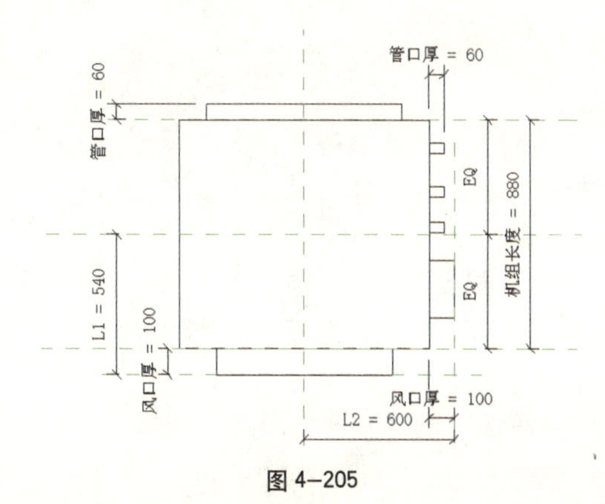

图 4-205

进入到三维视图中，单击“创建”选项卡“连接件”面板下的“风管连接件”，点击在三个风口面上。如图 4–206 所示。

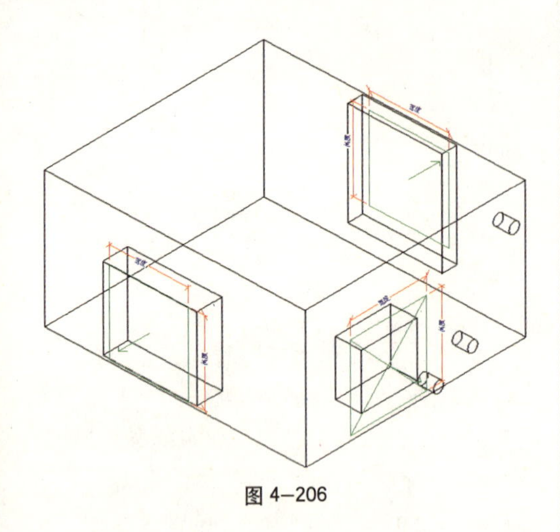

图 4–206

选择连接件，单击“图元属性”，在“系统类型”的下拉列表中选择“全局”。并在“尺寸标注”栏里的“高度”“宽度”里找到对应参数。如图 4–207 所示。

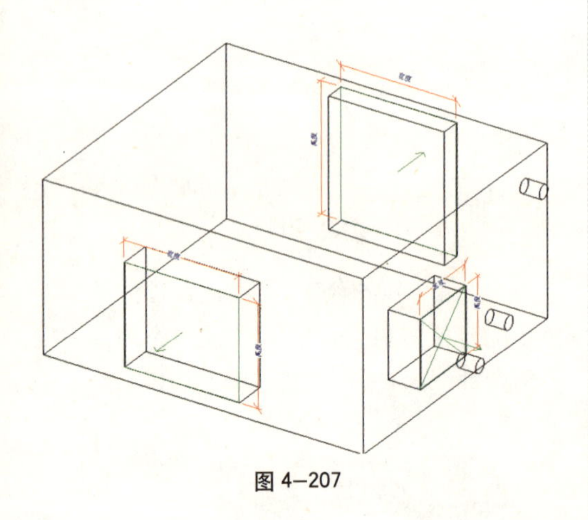

图 4–207

对水管添加连接件，并对连接件的属性进行设置。操作步骤同上。如图 4–208 所示。

3）族类型族参数的选择

单击“族属性”面板下的“类别与参数”，弹出“族类别和族参数”对话框。在“族类别”栏里选择“机械设备”，在“族参数”栏里保持默认设置。如图 4–209 所示。

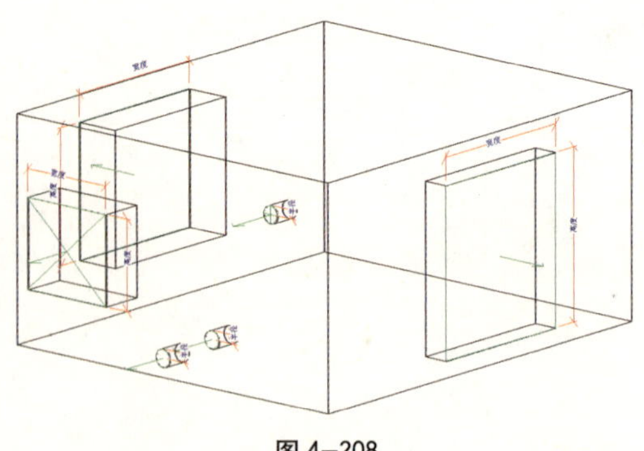

图 4–208

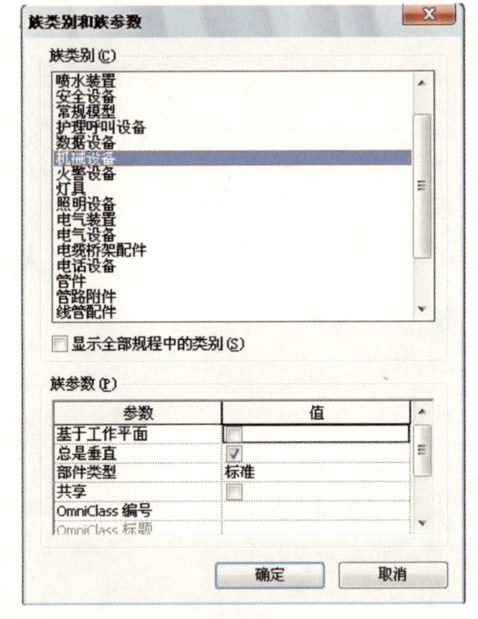

图 4–209

4）族载入到项目中进行测试

设置好之后可以选择“另存为”，取名保存为“BM_ 空调机组”，也可以直接载入到项目中。如图 4–210 所示。

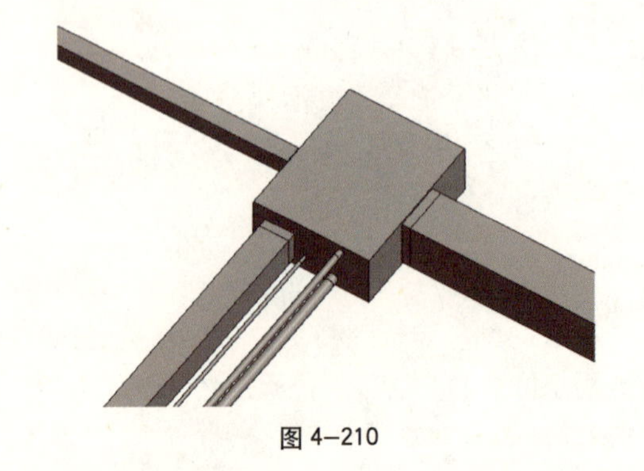

图 4–210

第 5 章　水系统的创建及相关族制作

水管系统包括空调水系统、生活给排水系统等。空调水系统分为冷冻水、冷却水、冷凝水等系统。生活给排水分为冷水系统、热水系统、排水系统等等。本章主要讲解水管系统在 Revit MEP 中的绘制方法。

案例“某会所”中，需要绘制的有冷热给水，冷热回水，污水，添加各种阀门管件，并与机组相连，形成生活用水系统。

在会所平面布置图中，各种管线的意义如下图所示：绘制水管时，需要注意图例中各种符号的意义，使用正确的管道类型和正确的阀门管件，保证建模的准确性。如图 5–1 所示。

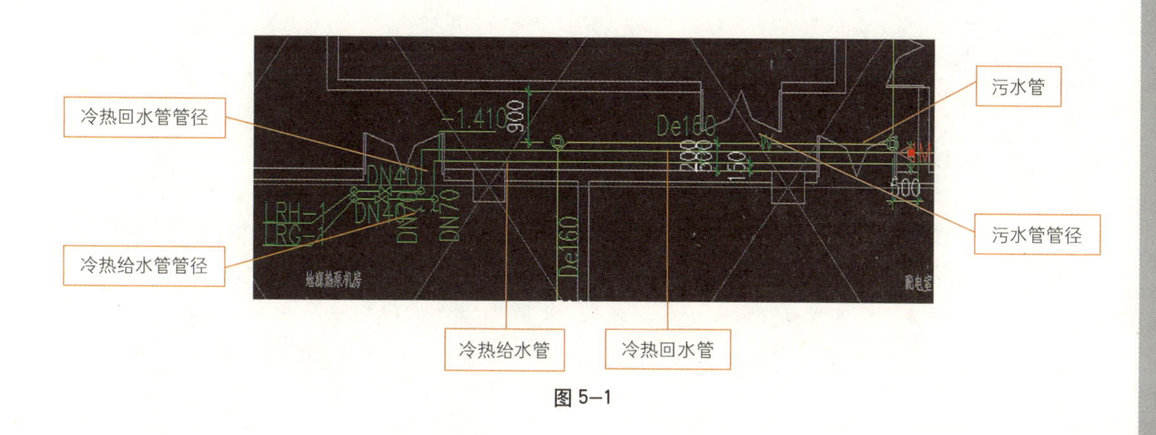

图 5–1

绘制水管系统常用的工具有图 5–2 所示的几种，熟练掌握这些工具及快捷键，可以提高绘图效率。

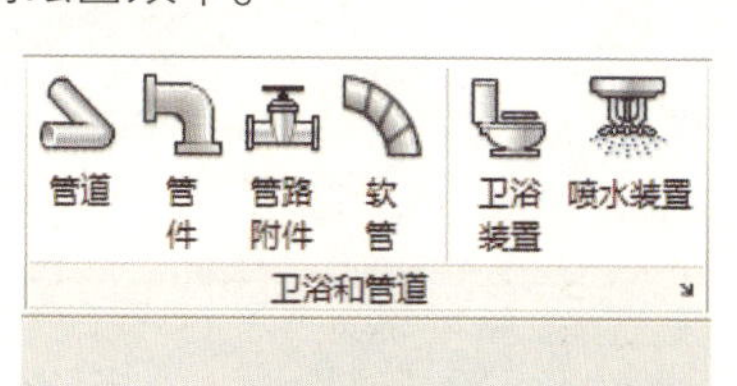

图 5–2

• 管道：快捷键 PI

单击此工具可绘制水管管道，管道的绘制需要两次单击。第一次确定管道的起点，第二次确定管道的终点。

• 管件：快捷键 PF

水管的三通、四通、弯头等都属于管件，单击此工具可向系统中添加各种管件。

• 管路附件：快捷键 PA

管道的各种阀门、仪表都属于管路附件。单击此工具，可向系统中添加各种阀门及仪表。

• 软管：快捷键 FP

单击此工具，可在系统中添加软管。

5.1 导入CAD底图

打开“某会所水系统 .rvt”文件，删除原有的导入的 CAD 底图，重新导入“某会所水系统 .dwg”，并将其位置与轴网位置对齐、锁定。如图 5-3 所示。

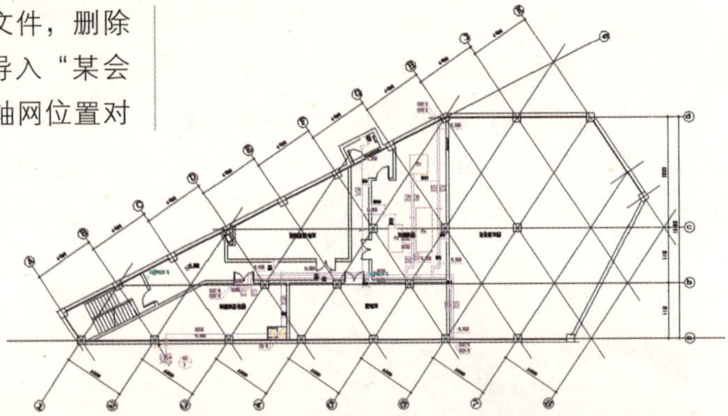

图 5-3

5.2 绘制水管

5.2.1 干管的绘制

水管的绘制方法大致和风管一样。在绘制水管之前我们应对水管系统进行分类，通过复制创建新的水管类型属性，这样方便之后给管道添加颜色，以便于区分，如图 5-4 所示。

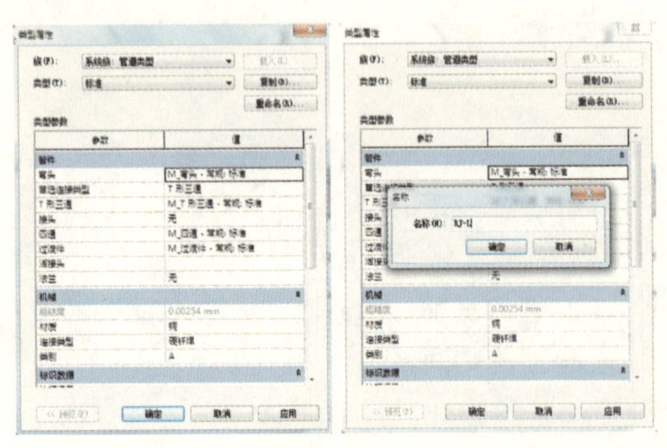

图 5-4

在“常用”选项卡下，单击“卫浴和管道”面板中的“管道”工具，或键入快捷键 PI，在自动弹出的“放置管道”上下文选项卡中的选项栏里输入或选择需要的管径（如 65），修改偏移量为该管道的标高（如 3090），在绘图区域绘制水管。首先选择系统末端的水管，在起始位置单击鼠标左键，拖拽光标到需要转折的位置单击鼠标左键，再继续沿着底图线条移动光标，直到该管道结束的位置，单击鼠标左键，按“ESC”键退出绘制。然后选择另外的一条管道进行绘制。在管道转折的地方，会自动生成弯头。

绘制过程中，如需管道管径改变，在绘制模式下修改管径即可。

管道绘制完毕后，单击“修改－对齐”命令（快捷键 AL）将管道中心线与底图表示管道的线条对齐位置，如图 5-5 所示。

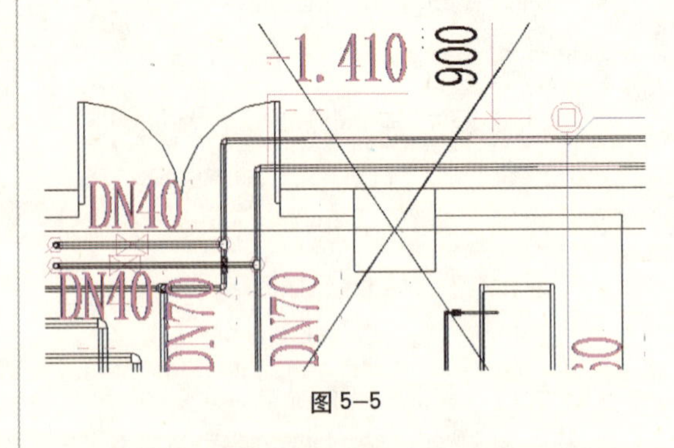

图 5-5

5.2.2 立管的绘制

在下图位置中，管道的高度不一致，需要有立管将 2 段标高不同的管道连接起来，如图 5-6 所示。

单击风管工具，或快捷键 PI，输入管道的管径、标高值，绘制一段管道。然后输入变高程后的标高值，继续绘制管道，在变高程的地方就会自动生成一段管道的立管，如图 5-7 所示。

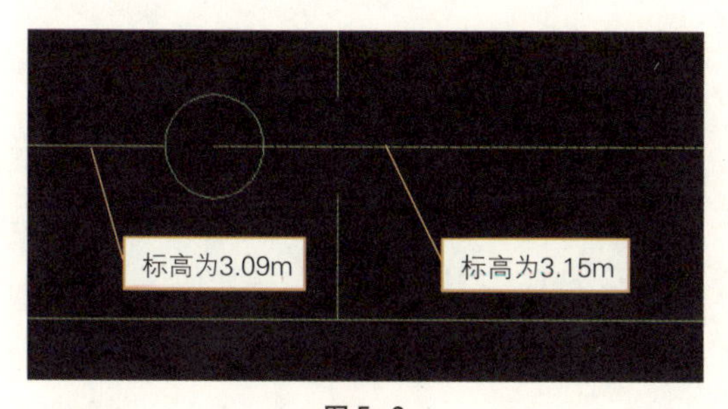

图 5-6

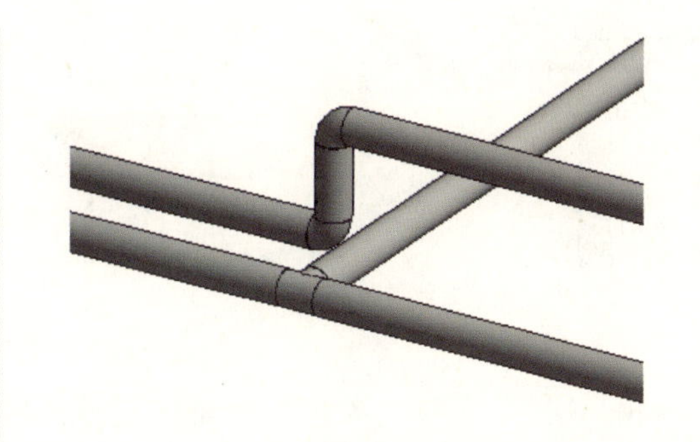
图 5-7

5.2.3 水管坡度的绘制

选择管道后，设置坡度值，即可绘制，如图 5-8 所示。

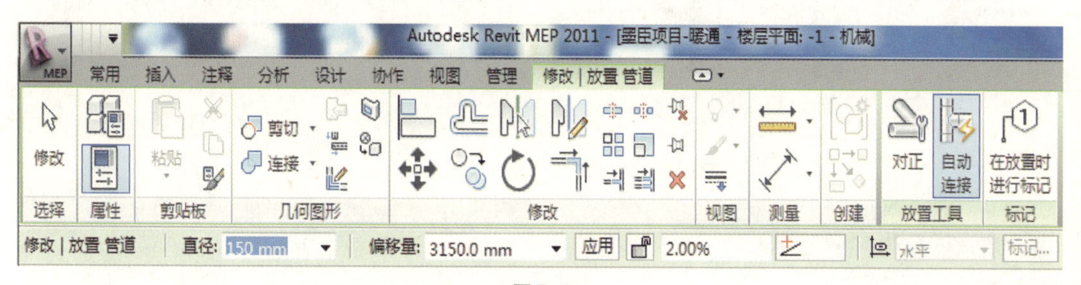

图 5-8

5.2.4 管道三通、四通、弯头的绘制

1）管道弯头的绘制

在绘制状态下，在弯头处直接改变方向，在改变方向的地方会自动生成弯头，如图 5-9 所示。

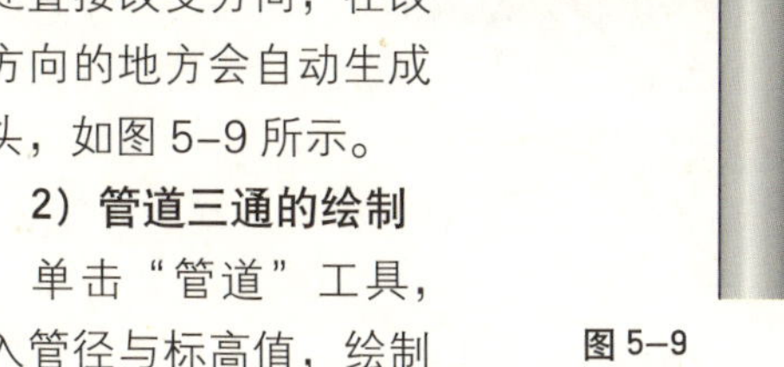
图 5-9

2）管道三通的绘制

单击“管道”工具，输入管径与标高值，绘制主管；再输入支管的管径与标高值，把鼠标移动到主管的合适位置的中心处，单击确认支管的起点，再次单击确认支管的终点，在主管与支管的连接处会自动生成三通。先在支管终点单击，再拖拽光标至与之交叉的管道的中心线处，单击鼠标左键也可生成三通，如图 5-10 所示。

当相交叉的两根水管的标高不同时，按照上述方法绘制三通会自动生成一段立管，如图 5-11 所示。

3）管道四通的绘制

方法一：绘制完三通后，选择三通，单击三通处的加号，三通会变成四通；然后，

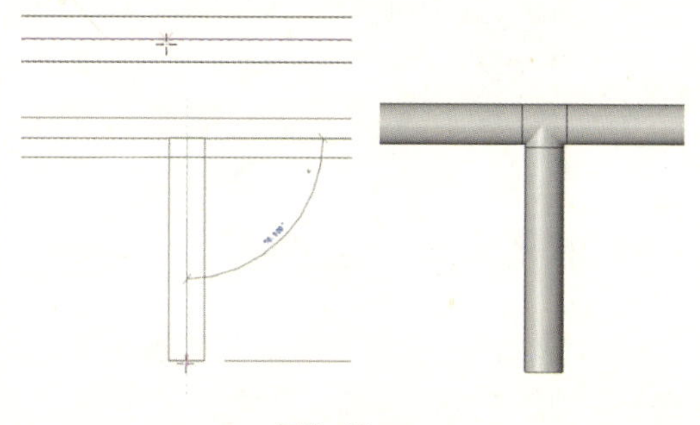
图 5-10

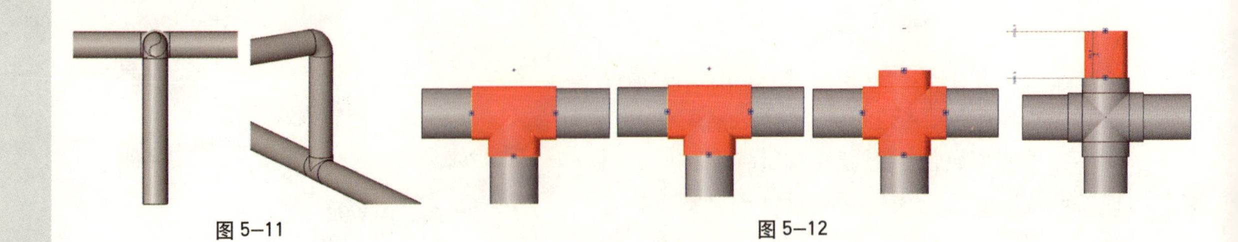

图 5-11　　图 5-12

单击“管道”工具，移动鼠标到四通连接处，出现捕捉的时候，单击确认起点，再单击确认终点，即可完成管道绘制，如图 5-12 所示。同理，点击减号可以将四通转换为三通。

弯头也可以通过相似的操作变成三通，如图 5-13 所示。

方法二：先绘制一根水管，再绘制与之相交叉的另一根水管，2 根水管的标高一致，第二根水管横贯第一根水管，可以自动生成四通，如图 5-14 所示。

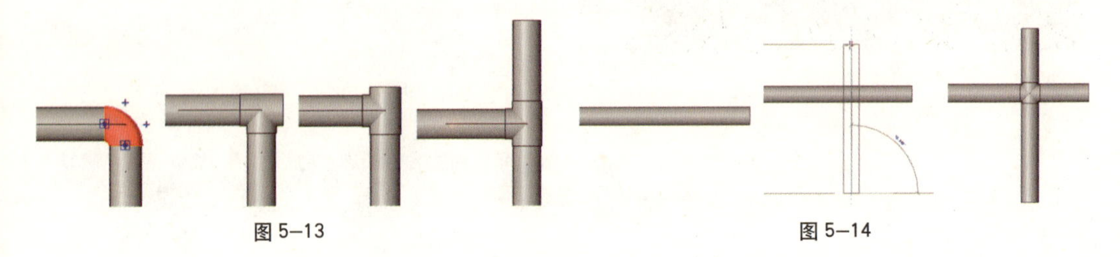

图 5-13　　图 5-14

5.3 添加水管阀门

5.3.1 添加水平水管上的阀门

在“常用”选项卡下“卫浴和管道”面板中，单击“管路附件”工具，或键入快捷键 PA，软件自动弹出“放置风管附件”上下文选项卡（若系统没有，则需从附带光盘中载入阀门族）。

单击“修改图元类型”的下拉按钮，选择需要的阀门。把鼠标移动到风管中心线处，捕捉到中心线时（中心线高亮显示），单击，完成阀门的添加，如图 5-15 所示。

5.3.2 添加立管阀门的方法

立管上的阀门在平面视图中不易添加，在三维视图中也不易捕捉其位置，尤其是当阀门管件较多时，添加阀门很困难。应用下面的方法，可以方便地添加各种阀门管件。例如，当需要在立管上添加闸阀时，可以按照下列步骤进行设置：

(1) 进入三维视图，单击“修改”选项卡下“编辑”面板上的“拆分”命令，将光标在绘图区域中立管的合适位置单击鼠标左键，则该位置出现一个活接头，这是因为在管道的类型属性中有该项设置，如图 5-16 所示。

(2) 选择活接头，发现在类型选择器中并没有需要的阀门种类，因为活接头的族类型为“管件”，阀门的族类型为“管路附件”，为了将活接头替换为阀门，需要修改活接头的族类型为与阀门同样的类型，即“管路附件”。选择活接头，单击自动弹出的“修改

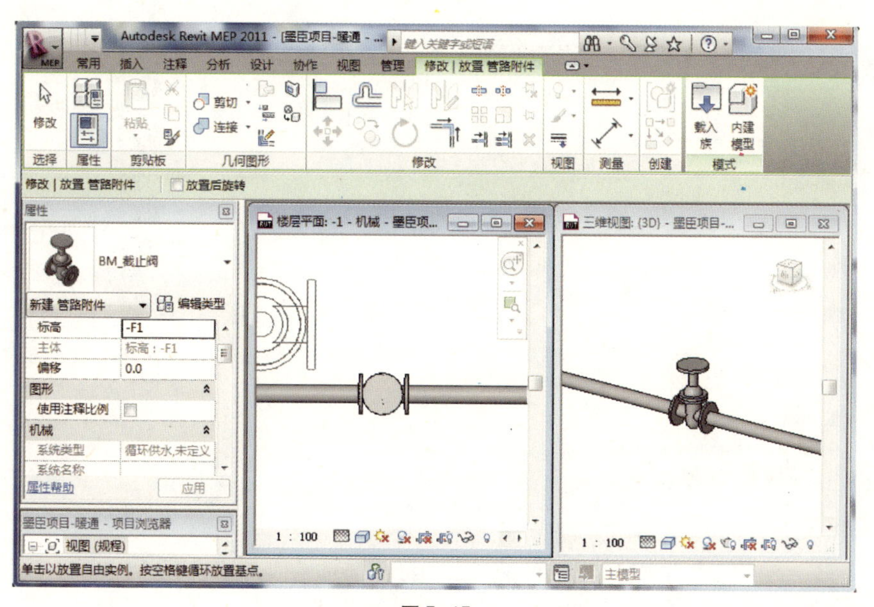

图 5–15

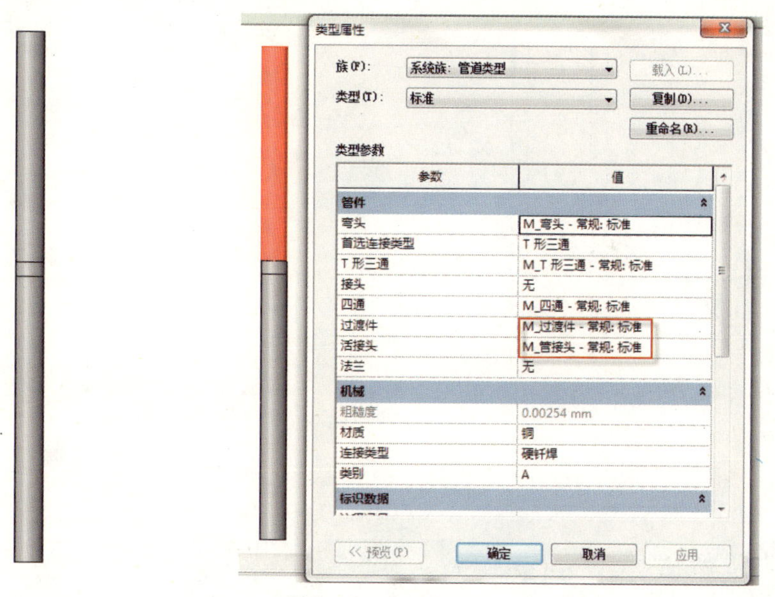

图 5–16

管件”上下文选项卡下“族”面板上的“编辑族”命令，在对话框中选择“是”，进入族编辑器，如图 5–17 所示。

(3) 单击“创建”选项卡下“族类型”面板上的“类别和参数”命令，在对话框中选择“管路附件”，部件类型选择“标准”，点击“确定”，并将该族载入项目中，替换原有族类型和参数，如图 5–18 所示。

(4) 选择活接头，发现在类型选择器中可以找到需要的阀门（若项目中没有，则需要自行载入系统族库中的闸阀）。选择该闸阀，即可替换原来的活接头，完成阀门的添加。其他阀门也可以按照这种方法添加。需要注意的是，必须保证活接头和阀门的族类别相同才可以进行替换，如图 5–19 所示。

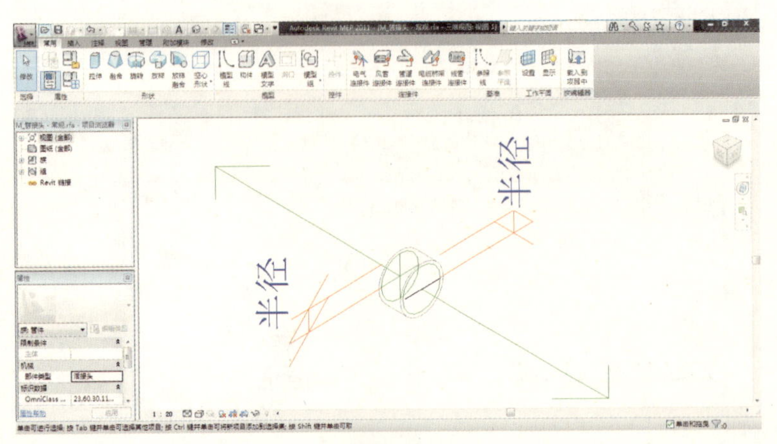

图 5-17

图 5-18

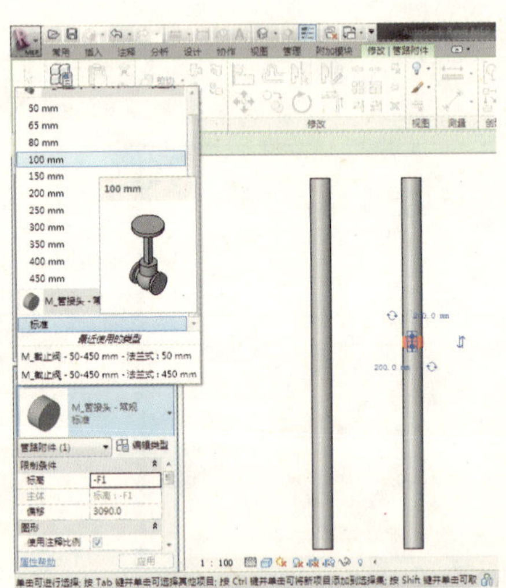

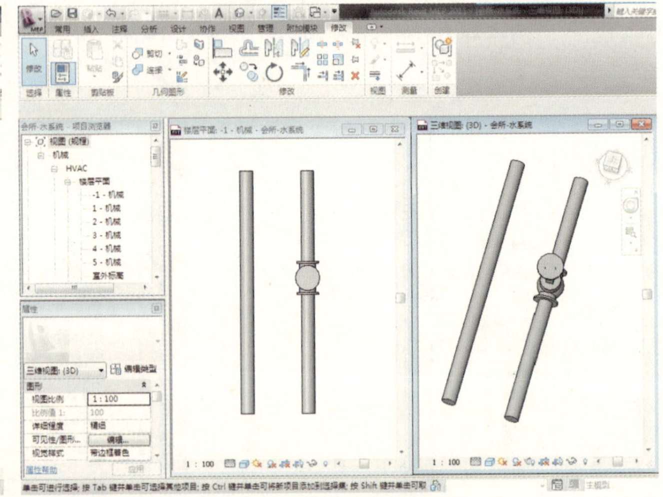

图 5-19

5.4 机组与水管的连接

冷冻水供回水管和冷凝水管都和空调机组的水管接口相连，并且在接口处需要添加相应的阀门。以机组 K-1 为例，按照下列步骤完成机组和水管的连接：

1）载入机组 K-1 族

单击“插入”选项卡下“从库中载入”面板上的“载入族”命令，选择光盘中的机组 K-1 族文件，单击打开，将该族载入项目中。

2）放置机组 K-1

单击“常用”选项卡下“机械”面板上的“机械设备”下拉菜单，在面板上的类型选择器中选择机组，然后在绘图区域内将机组放置在合适位置单击鼠标左键，即将机组添加到项目中，如图 5-20 所示。

3）绘制水管

选择机组，鼠标右键单击水管接口，选

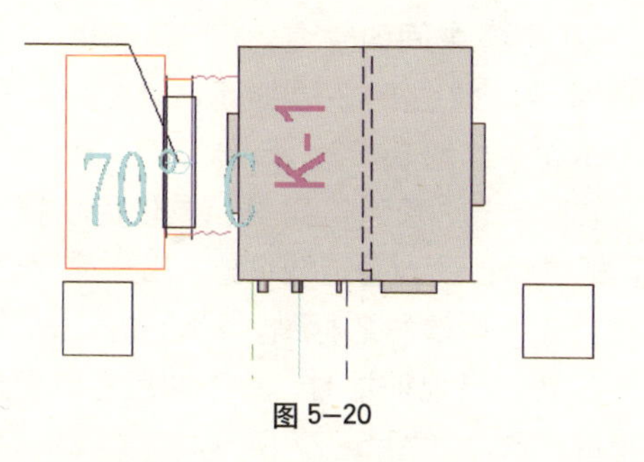

图 5–20

择“绘制管道”，即可绘制管道。与机组相连的管道和主管道有一定的标高差异，可用竖直管道将其连接起来，如图 5–21、图 5–22 所示。

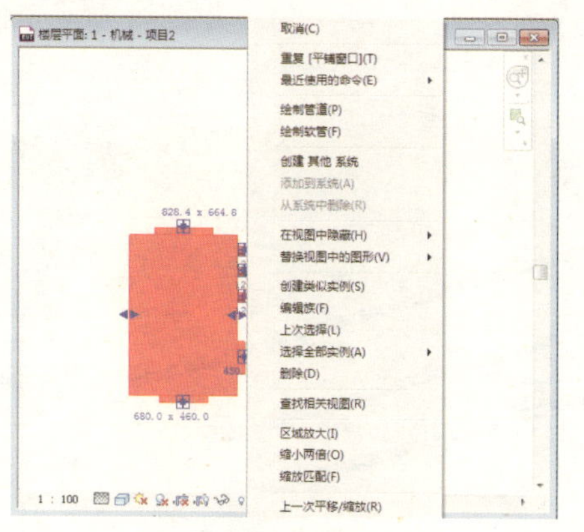

图 5–21

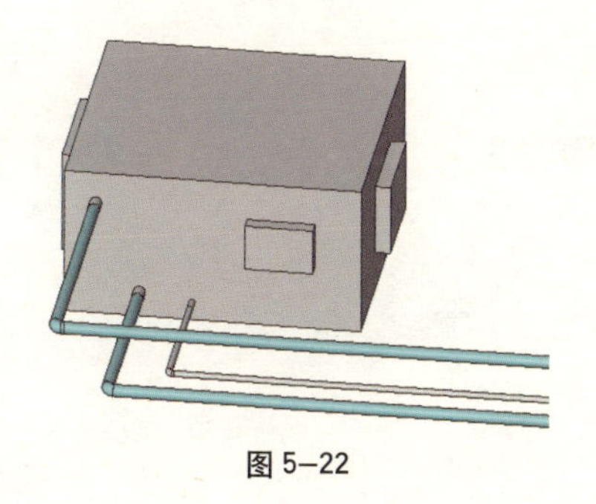

图 5–22

注意

图中管道颜色的改变原理同风管系统颜色的改变，也可以通过过滤器进行设置。

4）为机组添加阀门

根据 CAD 图纸“机组配管示意图”，为机组添加阀门，方法参照 5.3 节的内容。如图 5–23、图 5–24 所示。

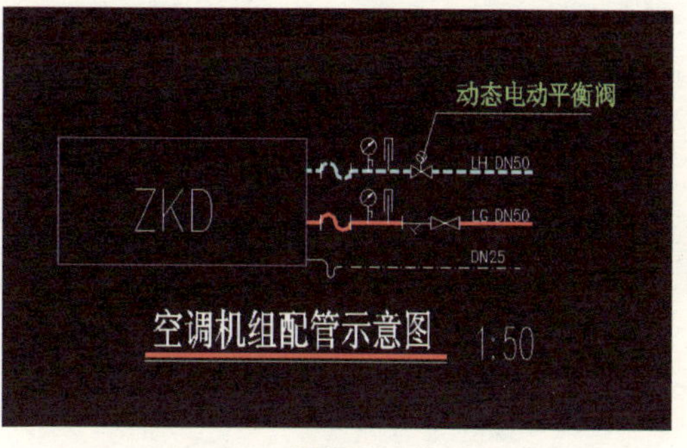

图 5–23

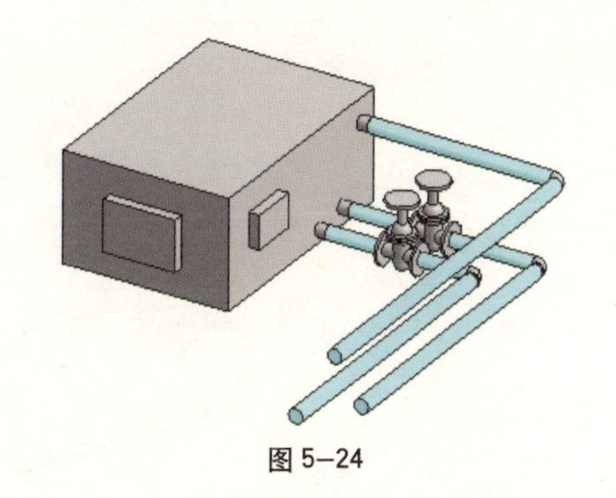

图 5–24

5.5 水管系统碰撞的调整

当绘制水管过程中发现有管道发生碰撞时，需要及时进行修改，以减少设计、施工中出现的错误，提高工作效率。

5.5.1 同一标高水管间碰撞的调整

如下图所示，当同一标高水管间发生碰撞时，应按照以下步骤进行修改，如图 5–25 所示：

(1) 在“修改”上下文选项卡下，“编辑”面板中，单击“拆分”工具，或使用快捷键 SL，在发生碰撞的管道两侧单击，如图 5–26*a* 所示。

(2) 选择中间的管道，按“Delete”，删除该管道，如图 5–26*b* 所示，连接平行的两个水管，如图 5–26*c* 所示。

(3) 单击“管道”工具，或使用快捷键 PI，把鼠标移动到管道缺口处，出现捕捉时，单击，输入修改后的标高，移动到另一个管道缺口处，出现捕捉时，单击即可完成管道碰撞的修改。如图 5–27 所示。

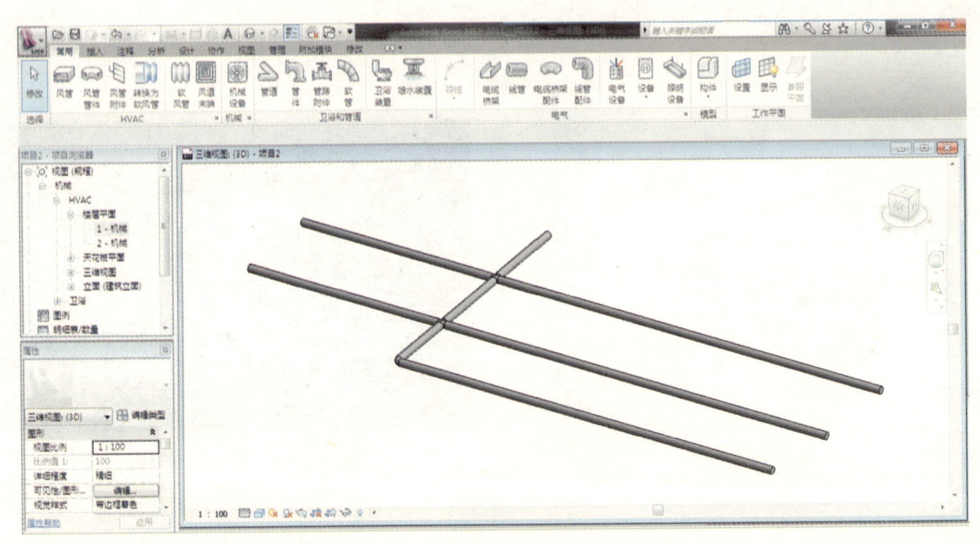

图 5–25

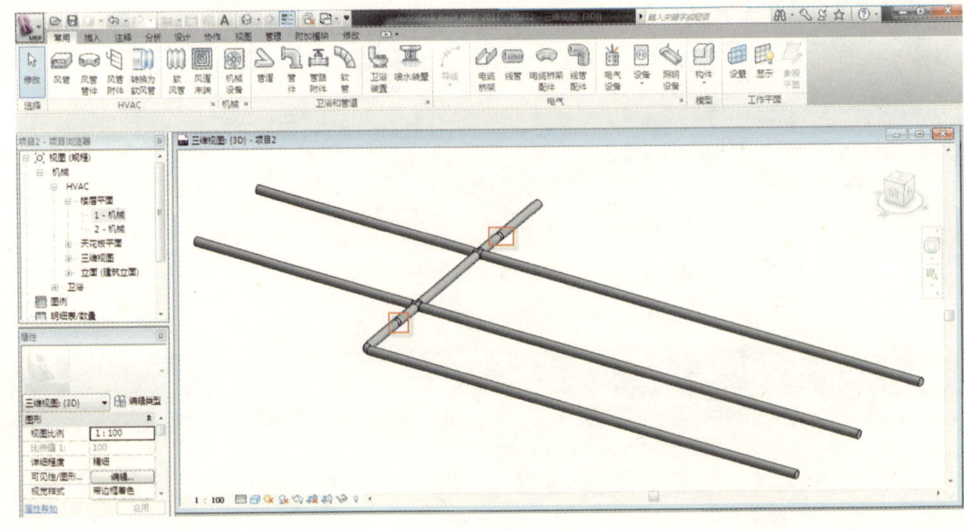

(*a*)

图 5–26

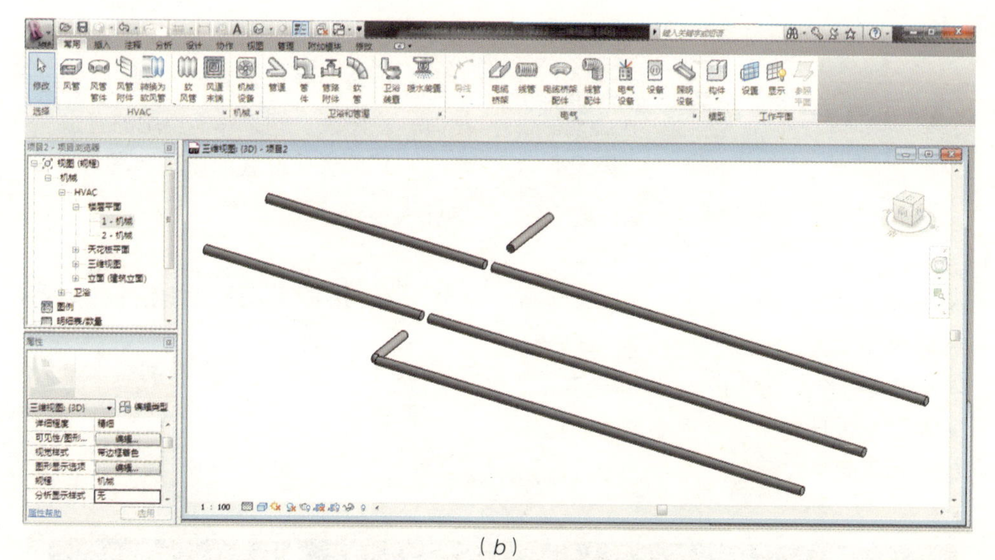

（b）

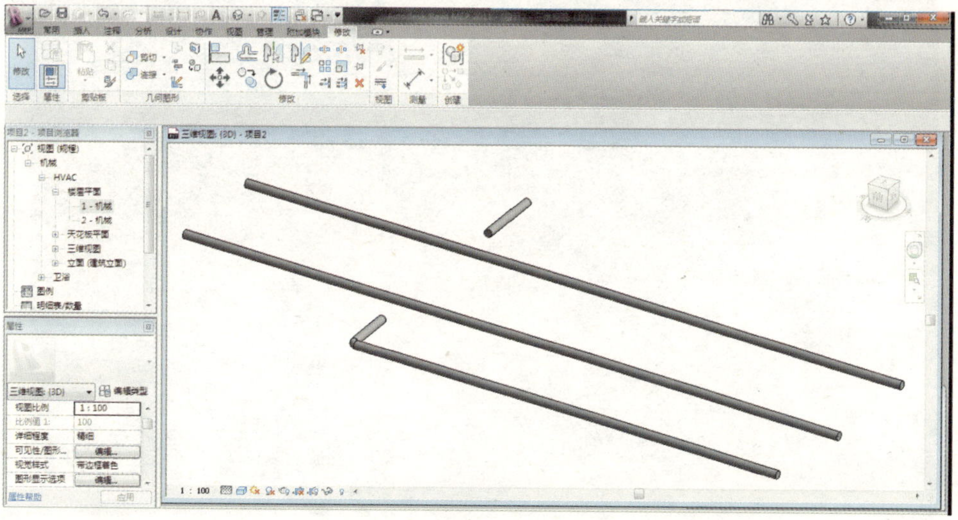

（c）

图 5–26（续）

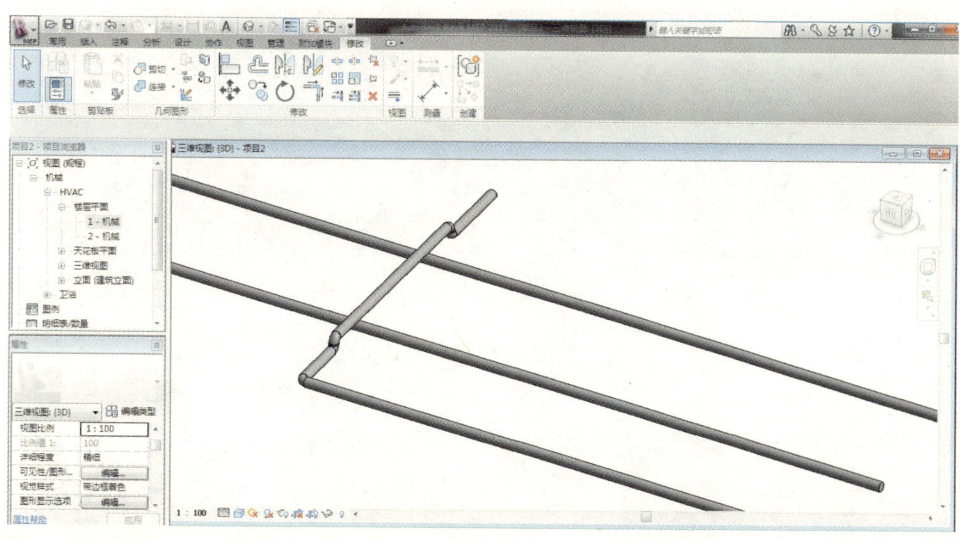

图 5–27

5.5.2 水管系统与其他专业间碰撞的调整

水管与其他专业的碰撞修改要依据一定的修改原则，主要有以下原则：

- 电线桥架等管线在最上面，风管在中间，水管在最下方；
- 满足所有管线、设备的净空高度的要求；
- 在满足设计要求、美观要求的前提下尽可能节约空间；
- 当重力管道与其他类型的管道发生碰撞时，应修改、调整其他类型的管道；
- 其他优化管线的原则参考各个专业的设计规范。

5.5.3 按照 CAD 底图绘制水管

按上述绘制方法及原则绘制“地下车库水系统”图，分别为 CAD 底图，平面图，与三维视图，如图 5-28 至图 5-31 所示。

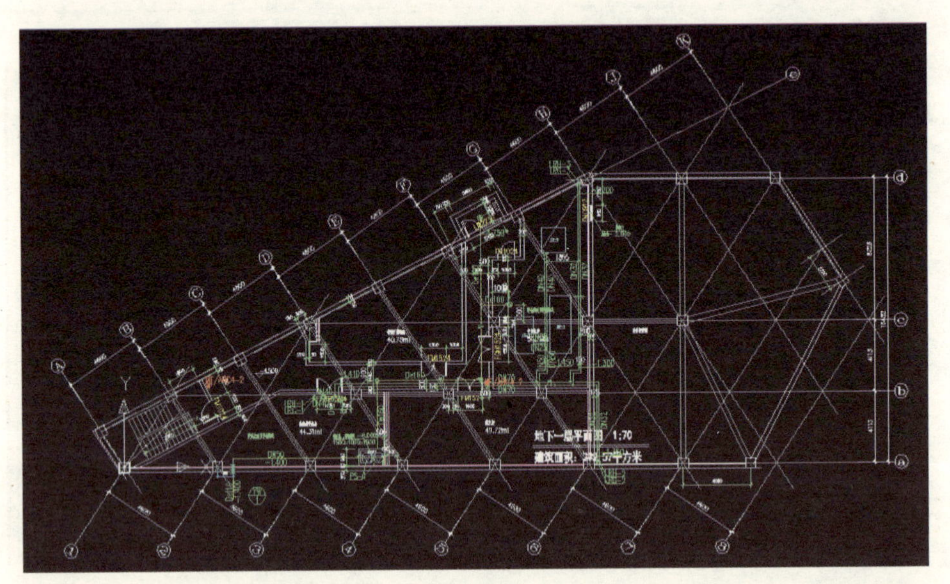

图 5-28

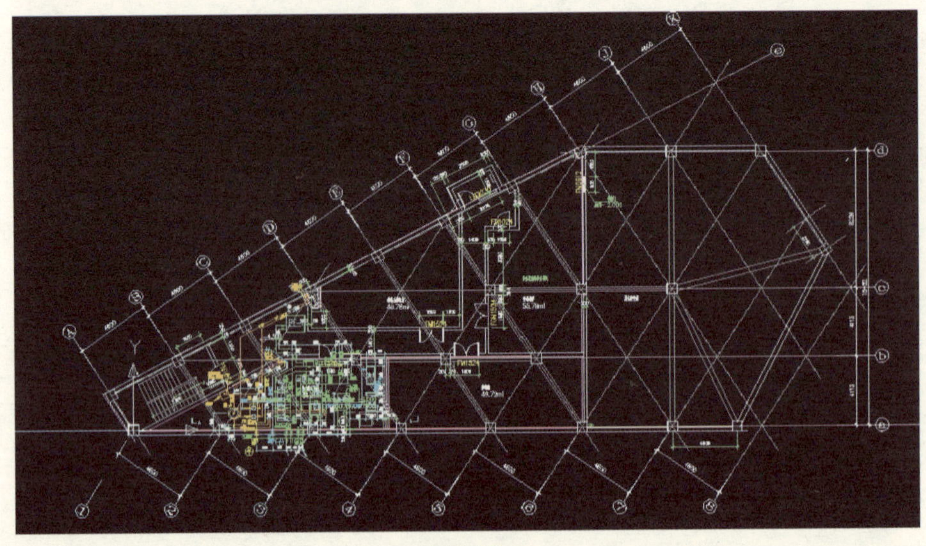

图 5-29

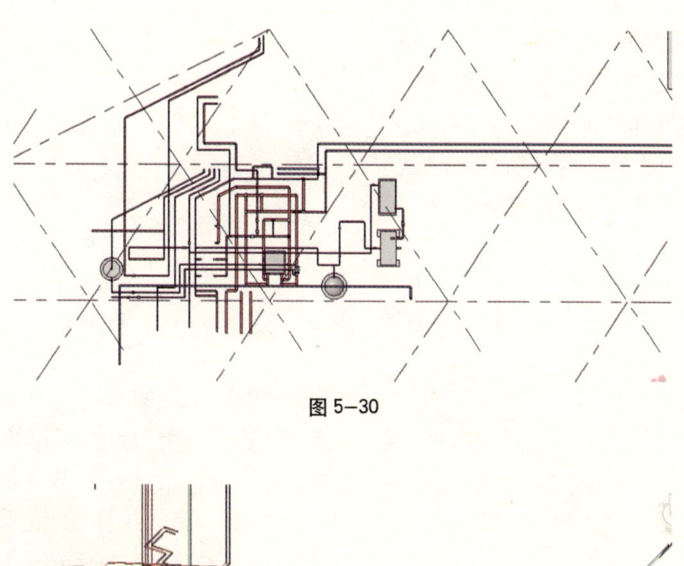

图 5–30

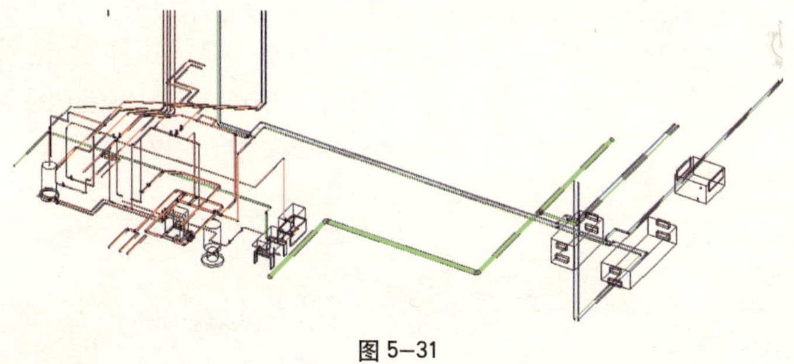

图 5–31

5.6 阀门族的创建

5.6.1 族样板文件的选择

单击“应用程序菜单”下拉箭头，打开“新建”中的“族”命令，弹出一个“选择样板文件”对话框，选取“公制常规模型”作为族样板文件，如图 5-32 所示。

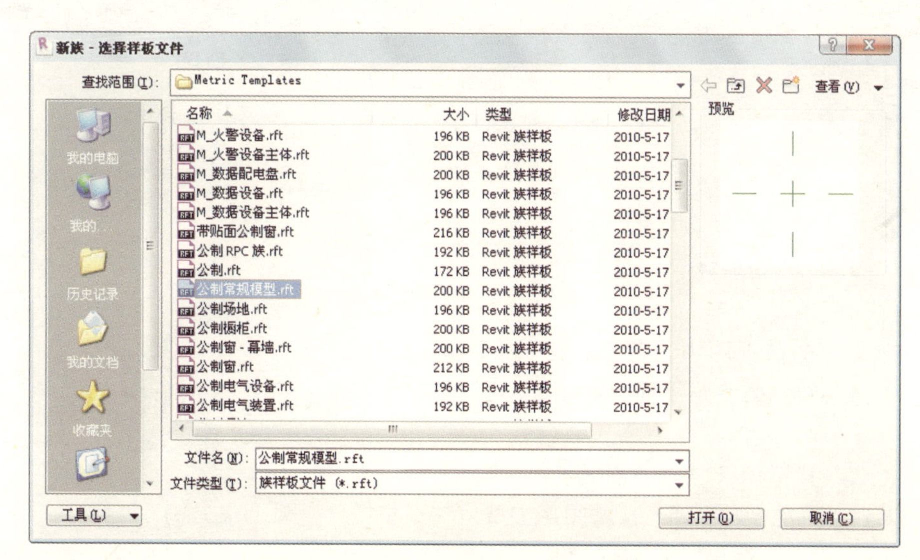

图 5–32

族轮廓的绘制及参数的设置：在“视图”选项卡下选择“可见性和外观”命令，进入到“注释类别”选项卡中，把标高前的勾选去掉，此时，族样板文件中的参照标高隐藏，目的是方便做族，如图 5–33 所示。

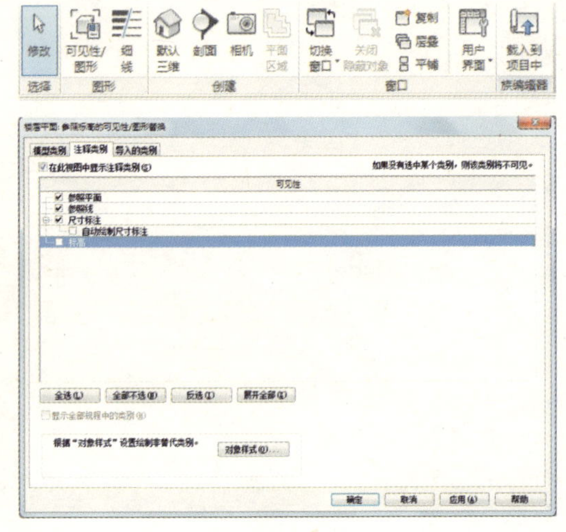

图 5–33

从“项目浏览器”中进入到立面的前视图，选择参照平面，使用“修改标高”选项卡下的“锁定”命令将参照平面锁定，可防止参照平面出现意外移动，如图 5–34 所示。

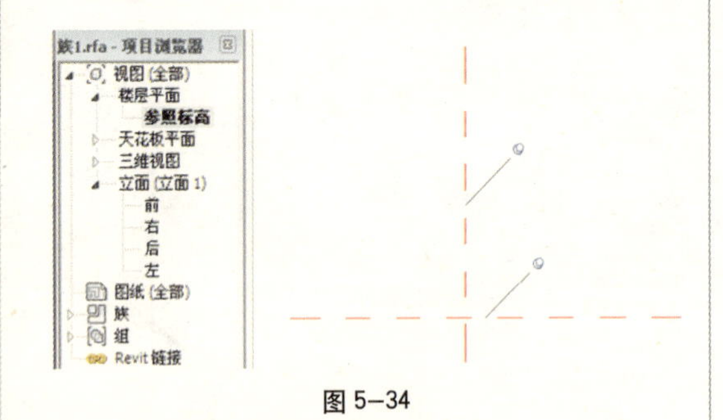

图 5–34

进入立面的前视图中，在已锁定的参照平面下再绘制一条参照平面，如图 5–35 所示。

单击“常用”选项卡“形状”面板下的“拉伸”进入到立面左或右视图，选择圆形线型

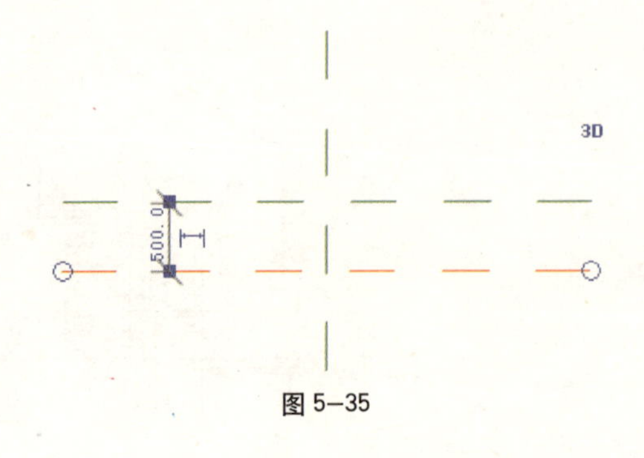

图 5–35

以两个参照平面的交点为圆心绘制轮廓。单击“详图”选项卡“尺寸标注”面板下的“径向”命令对圆进行尺寸标注并添加参数“R 中部柱”，单击“完成拉伸”。进入到立面的前视图，将拉伸的轮廓拖拽至图中所示位置，如图 5–36、图 5–37 所示。

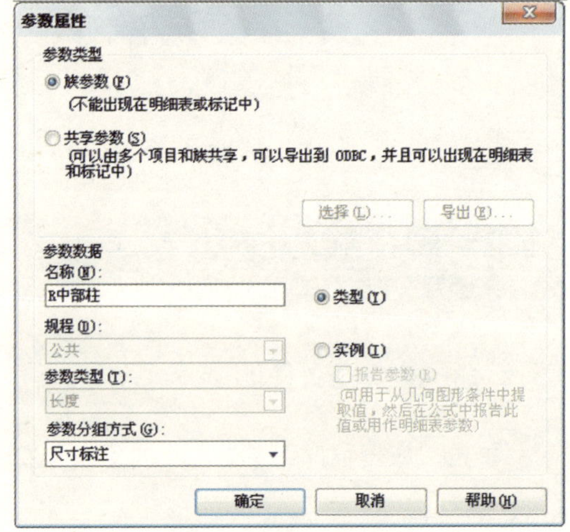

图 5–36

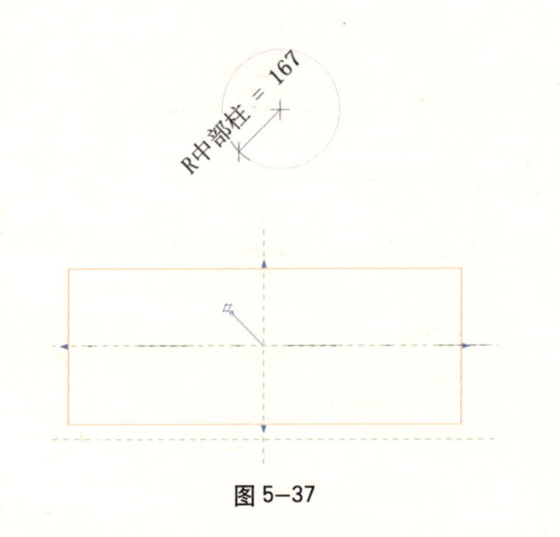

图 5–37

单击“实心旋转”中的“边界线”命令，选择“中心－端点弧”与“直线”线型绘制如图轮廓，使用“尺寸标注”中的“径向”、“对齐”对轮廓进行标注，并添加实例参数“R上半弧”、“R中心部旋转”。

选择下半部分的圆弧轮廓，单击“图元属性”，在弹出的实例属性对话框中勾选“使中心标记可见”，确定，将圆弧的圆心与参照平面对齐锁定。

在法兰边缘绘制一条参照平面，将参照平面与两个法兰边缘用“对齐”命令锁定形成关联，使用“尺寸标注”命令，标注出阀门的中心参照平面与法兰边的距离，并对其添加实例参数“R1”，如图 5-38 所示。

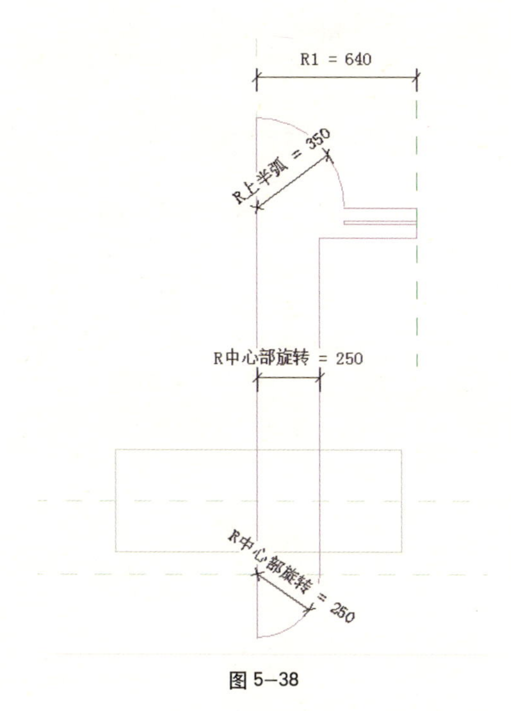

图 5-38

使用“绘制”面板下的“轴线”命令，绘制旋转的中轴线，之后，单击“完成旋转”，如图 5-39 所示。

单击“修改”选项卡“几何图形”面板下的“连接”下拉箭头中的“连接几何图形”命令，逐个选择之前绘制的两个轮廓，进行连接，如图 5-40 所示。

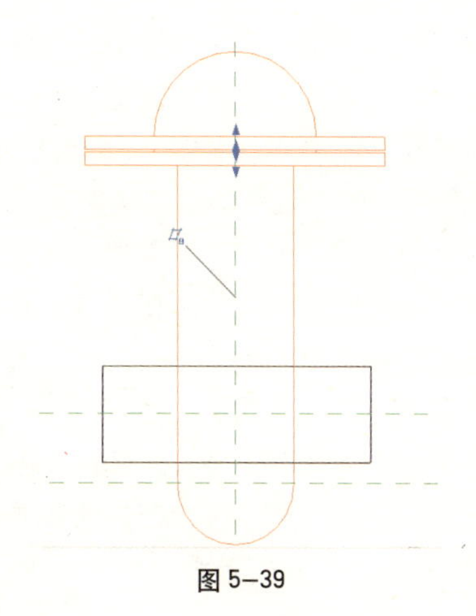

图 5-39

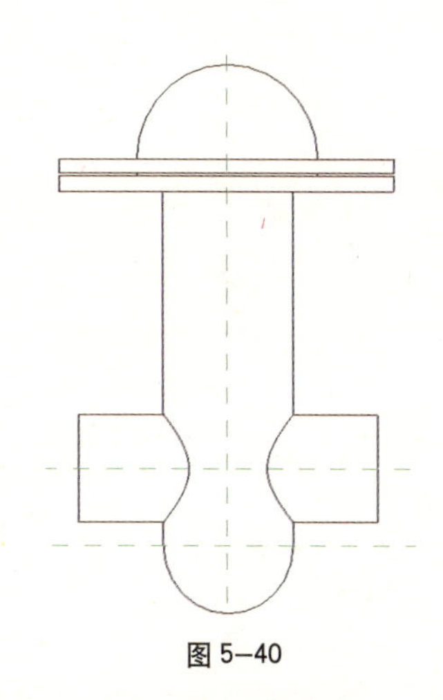

图 5-40

在视图控制栏将“模型图形样式”改成“带边框着色”，查看其视觉效果，如图 5-41 所示。

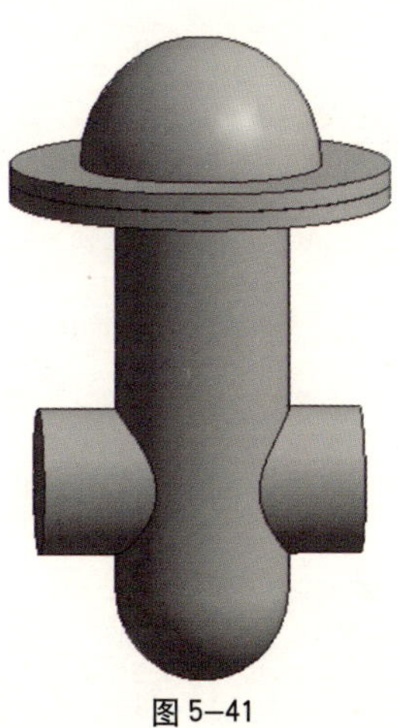

图 5-41

用“参照平面”命令给阀门的法兰绘制参照平面，对两个参照平面进行尺寸标注并添加实例参数“法兰厚度”，再用“对齐”命令将参照平面与法兰边对齐锁定。

使用同样的方法，对下面的法兰添加参照平面并进行尺寸标注。选择标注，在标签的下拉列表中选择已有的参数“法兰厚度”，用对齐命令将参照平面与法兰边对齐锁定，再用“尺寸标注”将两个法兰间的参照平面进行标注，这里不用给这个标注添加参数名称，这里只是为了给两者之间定义一个距离。如图 5–42 所示。

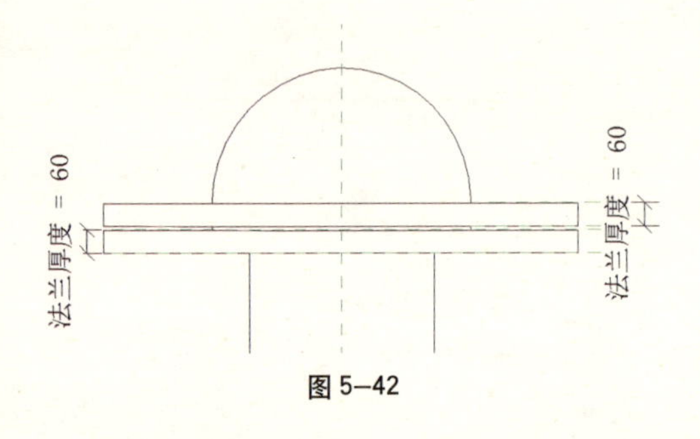

图 5–42

进入“楼层平面”的“参照标高”视图中，单击“常用”选项卡“形状”面板下的“拉伸”命令，绘制一个圆，使用“尺寸标注”下的“径向”命令对圆进行标注并添加一个实例参数“R 手柄中心柱”，单击“完成拉伸”，如图 5–43 所示。

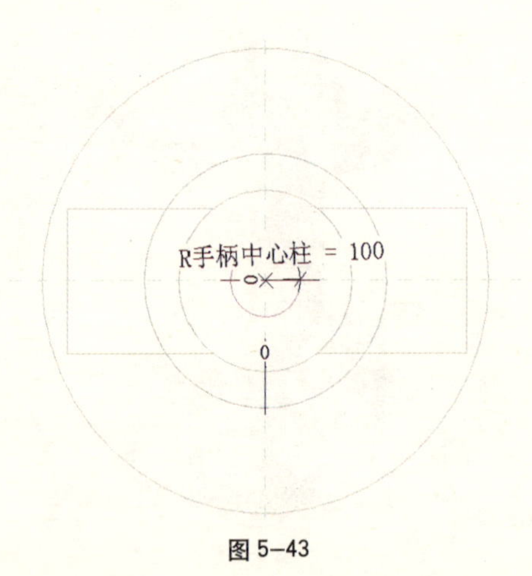

图 5–43

进入立面的前视图中，对已拉伸的图形进行定位，拉至图中所示位置，并将下底边与法兰边锁定形成关联，如图 5–44 所示。

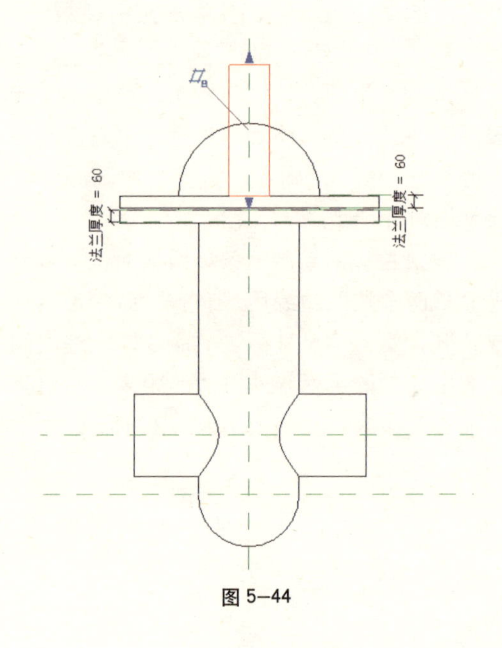

图 5–44

进入“楼层平面”的“参照标高”视图中，单击“常用”选项卡“形状”面板下的“拉伸”命令，绘制一个圆，使用“尺寸标注”下的“径向”命令对圆进行标注并添加一个实例参数“R 手柄”，单击“完成拉伸”，如图 5–45 所示。

进入立面的前视图中，拖拽了蓝色控制柄将拉伸好的轮廓移到图中所示位置，将

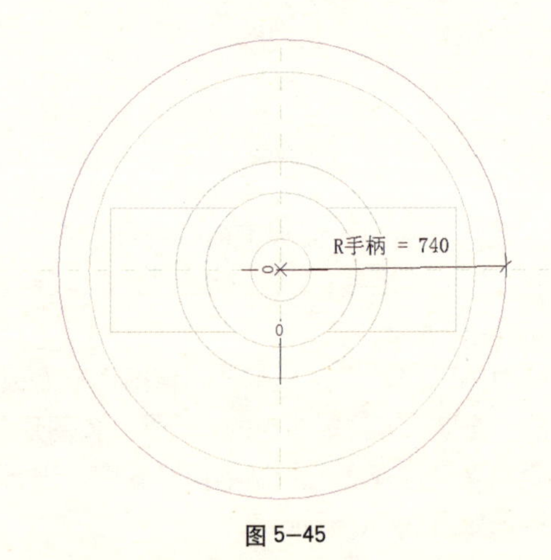

图 5–45

手柄轮廓的下边缘与手柄中心柱的上边缘锁定，如图 5-46 所示。

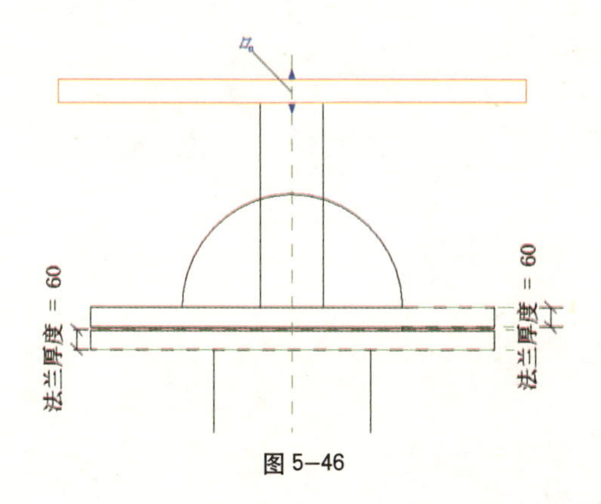

图 5-46

给手柄添加两条参照平面，对两条参照平面进行尺寸标注并添加一个实例参数“t 手柄”。如图 5-47 所示。

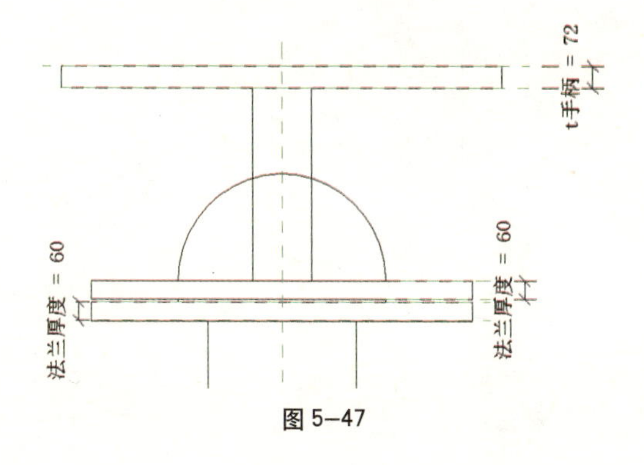

图 5-47

使用“尺寸标注”命令对手柄上边缘与参照标高上的参照平面进行尺寸标注。选择标注的尺寸，单击选项栏中“标签”的下拉箭头，选择“添加参数”，添加一个实例参数“H”。

同样，使用“尺寸标注”命令将法兰的下边缘与参照标高上的参照平面进行尺寸标注，并添加实例参数“H 中心部分”，如图 5-48 所示。

单击“修改”选项卡“几何图形”面板下的“连接”下拉箭头中的“连接几何图形”命令，逐个选择手柄中心柱与之前用实心旋转绘制的轮廓，连接后的形状如图 5-49 所示。

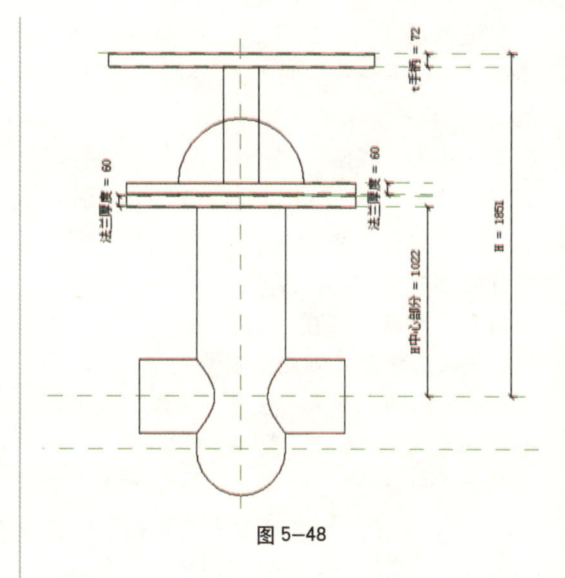

图 5-48

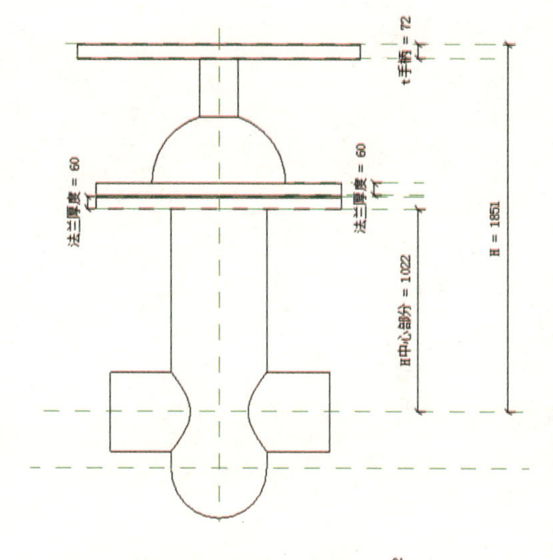

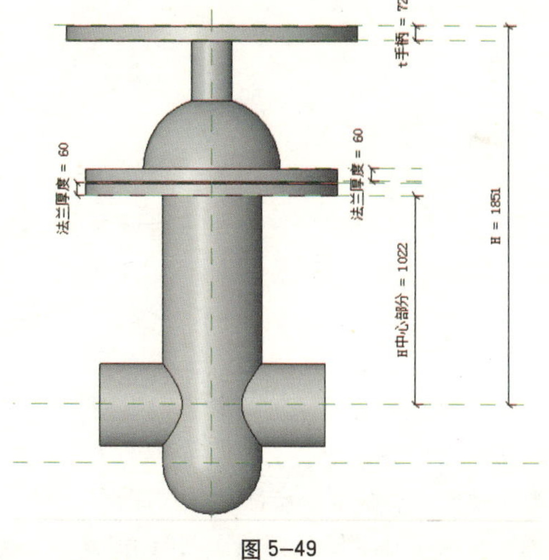

图 5-49

进入到立面左视图，使用“实心拉伸”命令绘制如图轮廓。使用“尺寸标注”对轮廓进行标注并添加实例参数“FR”，选择轮廓，单击“属性”，在弹出的“实例属性”对话框中勾选“使中心标记可见”，确定。这时可以看见轮廓的圆心，再使用“对齐”命令将圆心分别与两条参照平面对齐锁定，在对齐的时候可以用“Tab”键在多条线中切换选择。继续绘制轮廓圆使之与“R 中心柱”大小相同，并进行尺寸标注添加实例参数“RN”，选择轮廓，单击“属性”，在弹出的“实例属性”对话框中勾选“使中心标记可见”，确定，用同样的方法将轮廓的圆心与两条参照平面对齐锁定，单击确定，如图 5-50 所示。

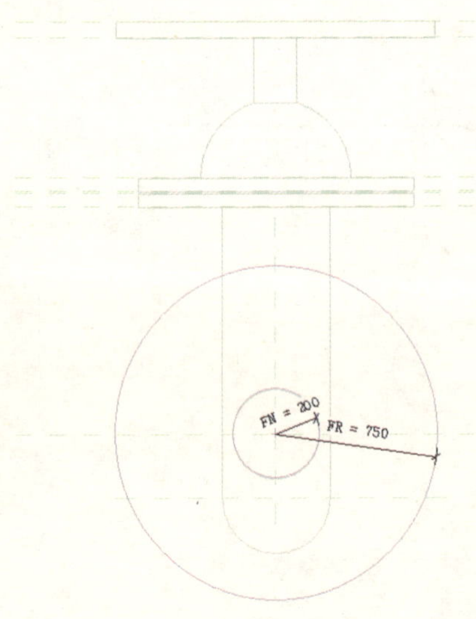

图 5-50

进入到立面前视图中，将拉伸的轮廓拖拽至图中所示位置，并将法兰边与管子边锁定，如图 5-51 所示。

使用“复制”工具，将左边的法兰复制到右边并锁定，其属性不变，如图 5-52 所示。

对两侧的法兰添加两条参照平面并进行尺寸标注，对齐、锁定参照平面与法兰的外边，添加已有的实例参数“法兰厚度”。

对两个法兰间的距离进行尺寸标注，添加实例参数“L”，再对图中最下面的两条参照平面进行尺寸标注，添加参数“H 下半部”，如图 5-53 所示。

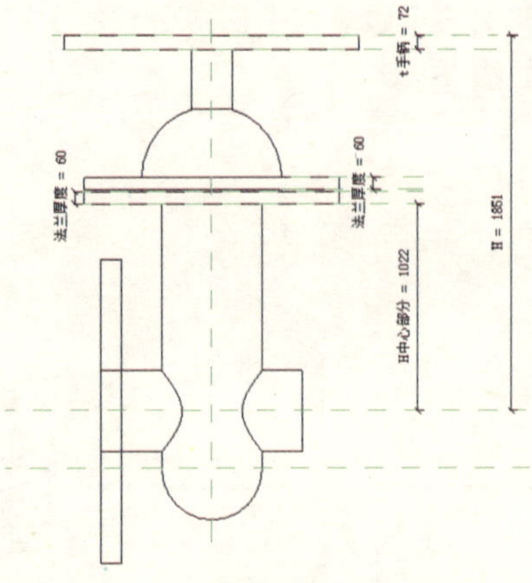

图 5-51

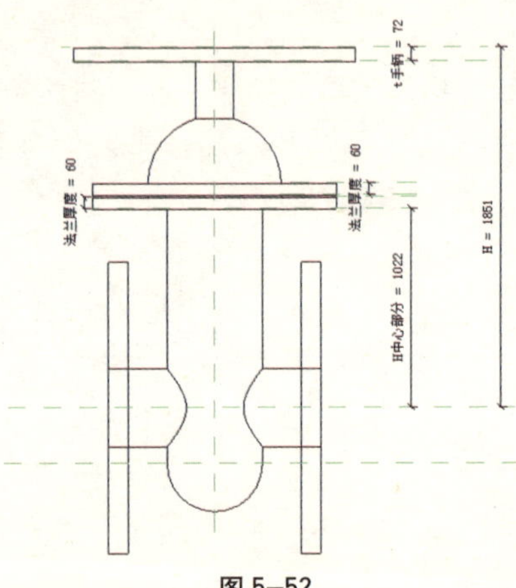

图 5-52

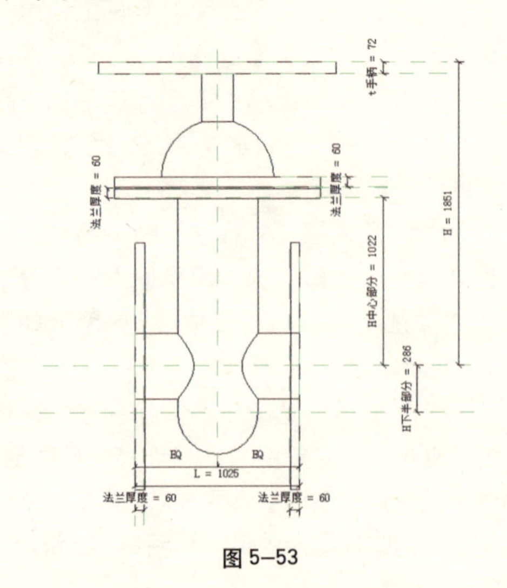

图 5-53

添加新参数。单击“族属性”面板下的“族类型”命令，在弹出的“族类型”对话框中的“参数”选择“添加”,参数“名称”为“DN”,“规程”选择“管道”,“参数类型”选择“管道尺寸”，分组方式选择“尺寸标注”，定义值为 600，在公式栏中对已添加好的参数编辑公式。完成之后单击确定，如图 5-54 所示。

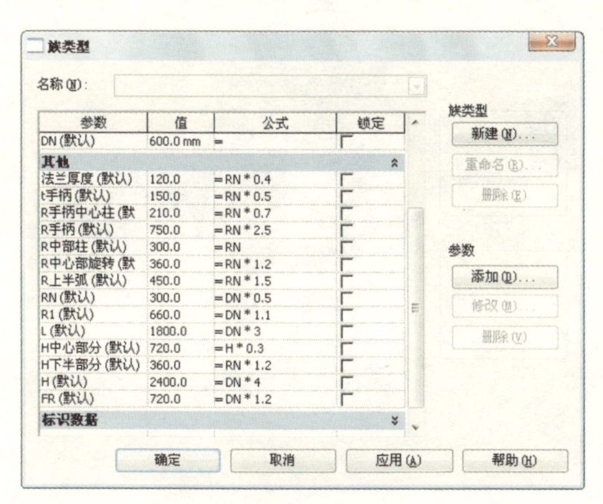

图 5-54

进入到三维视图中。单击进入到三维视图中，单击“创建”选项卡“连接件”面板下的“管道连接件”命令，对阀门两侧的法兰面添加连接件，如图 5-55 所示。

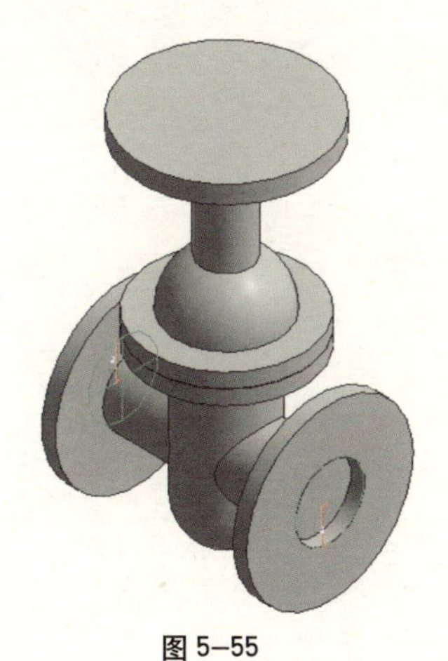

图 5-55

选择管道连接件。单击图元面板下的“图元属性”,在弹出的“实例属性”对话框中的“系统类型”下选择“管件”，在尺寸标注中选择对应的参数“RN”，确定，如图 5-56 所示。

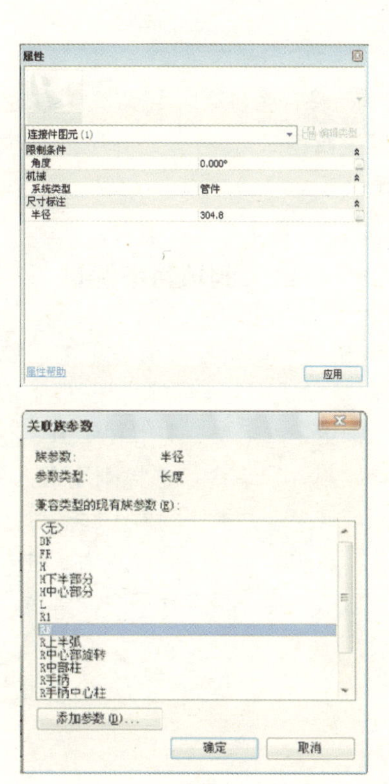

图 5-56

5.6.2 族类型族参数的选择

单击“族属性”面板下的“类型和参数”命令，弹出“族类别和族参数”对话框，在族类别中选择“管路附件”，在族参数的“部件类型”中选择“插入”，如图 5-57 所示。

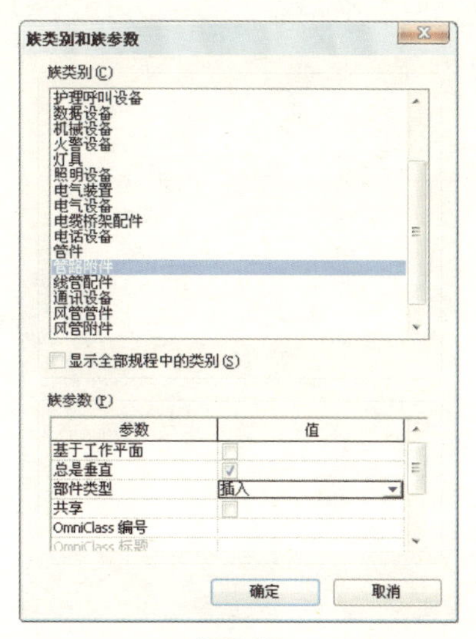

图 5-57

单击“应用程序菜单”下拉箭头，选择“另存为”保存为“族”，给族文件命名“M_圆形管道阀门”，保存，之后载入到项目中进行测试。

5.6.3 族载入到项目中测试

单击“族编辑器”面板下的“载入到项目中”。首先在项目中绘制一根管道，再单击“常用”选项卡“卫浴和管道”面板下的“管路附件”命令，选择刚刚载入的族，添加到项目中。如果阀门大小跟着管道的尺寸变化，表明族基本没问题。为了进一步确认可以再绘制另一根尺寸不同的管道，添加阀门可见其尺寸跟随管径的变化而变化，这时就能确认族可以在项目中使用，如图 5–58 所示。

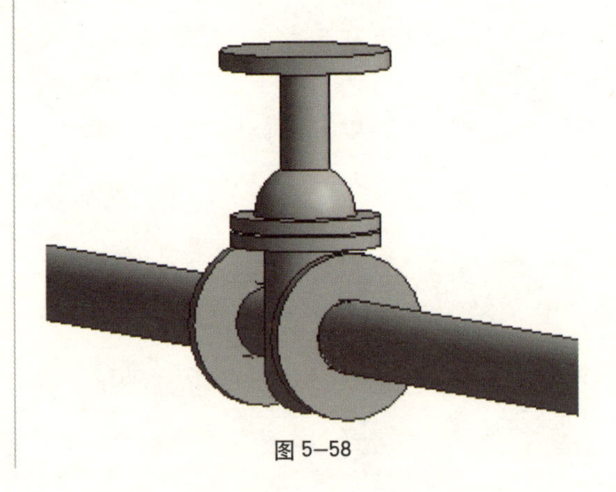

图 5–58

第6章　电气系统的绘制

概述：电气系统是现代建筑设计很重要的一部分，电气系统是以电能、电气设备和电气技术为手段来创造、维持与改善限定空间和环境的一门科学，它是介于土建和电气两大类学科之间的一门综合学科。经过多年的发展，它已经建立了自己完整的理论和技术体系，发展成为一门独立的学科。

主要包括：建筑供配电技术，建筑设备电气控制技术，电气照明技术，防雷、接地与电气安全技术，现代建筑电气自动化技术，现代建筑信息及传输技术等。

本章将通过案例“某会所电气系统”来介绍电气专业在 Revit MEP 中建模的方法。

6.1　案例介绍

本章选用“某会所电气系统设计”部分图纸，运行 CAD 软件，打开本书附带光盘中的“某会所电气系统 CAD 底图”包含了图例及地下一层到三层的 CAD 底图。

如图 6–1 至图 6–6 所示，图 6–1 是电气系统图例，图 6–2 至图 6–5 分别为地下一层到三层的电气系统，图 6–6 是电气设备和导线布置。

图例（设备表）

图 6–1

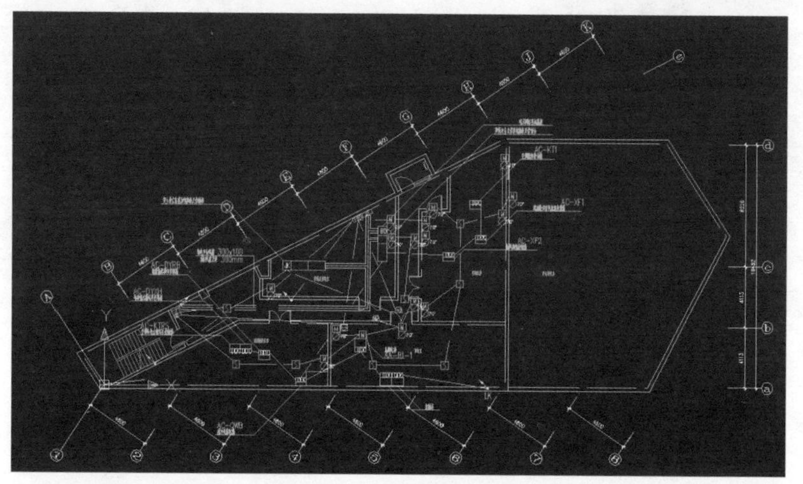

图 6–2

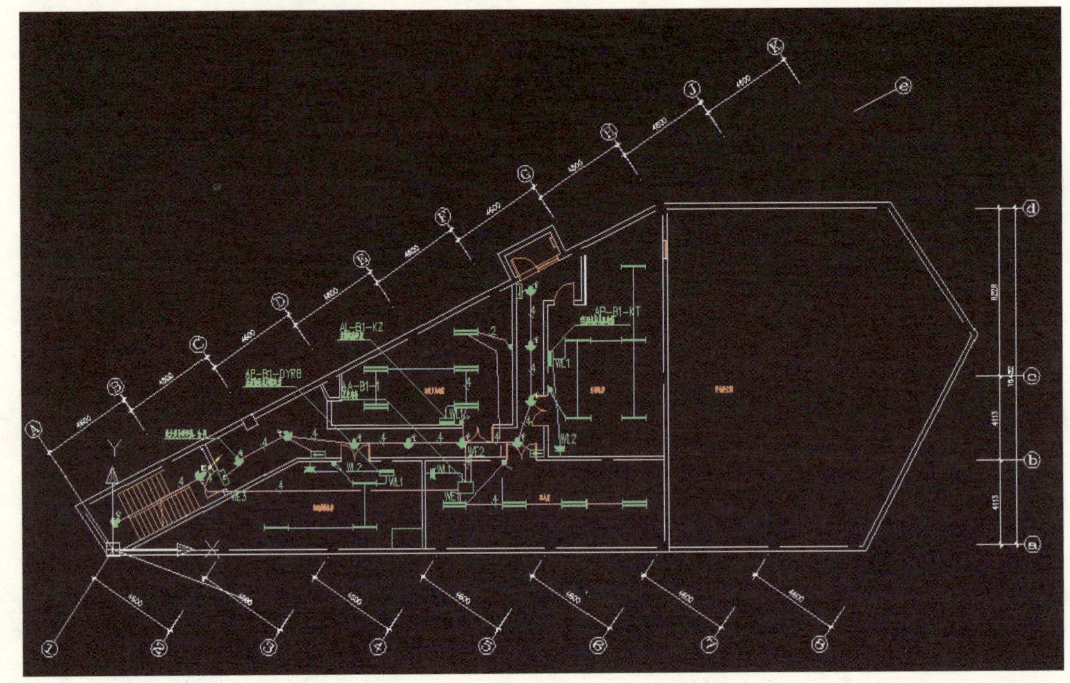

图 6–3

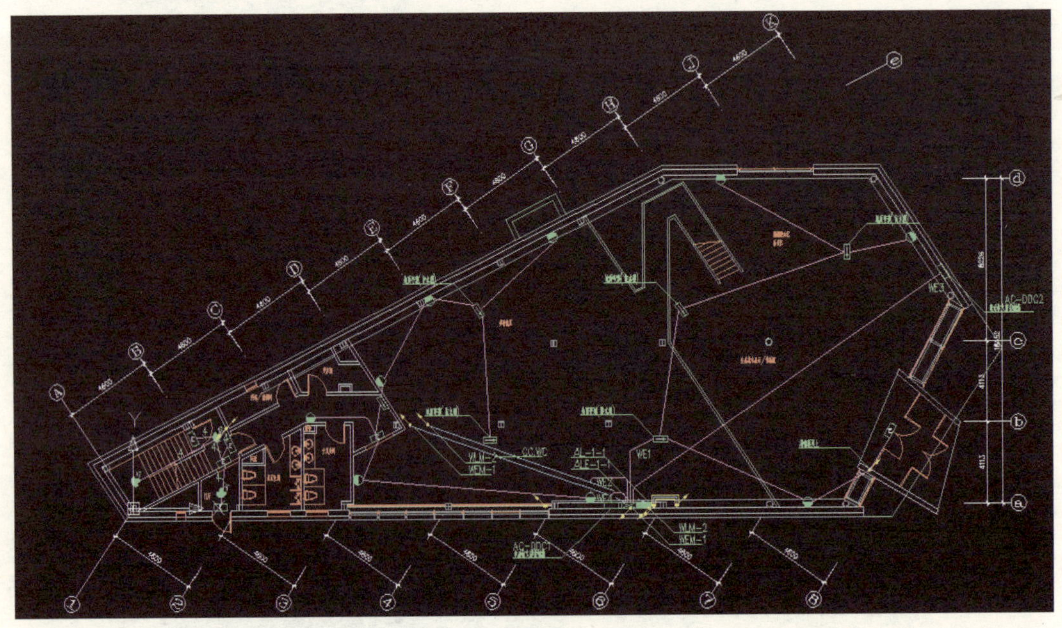

图 6–4

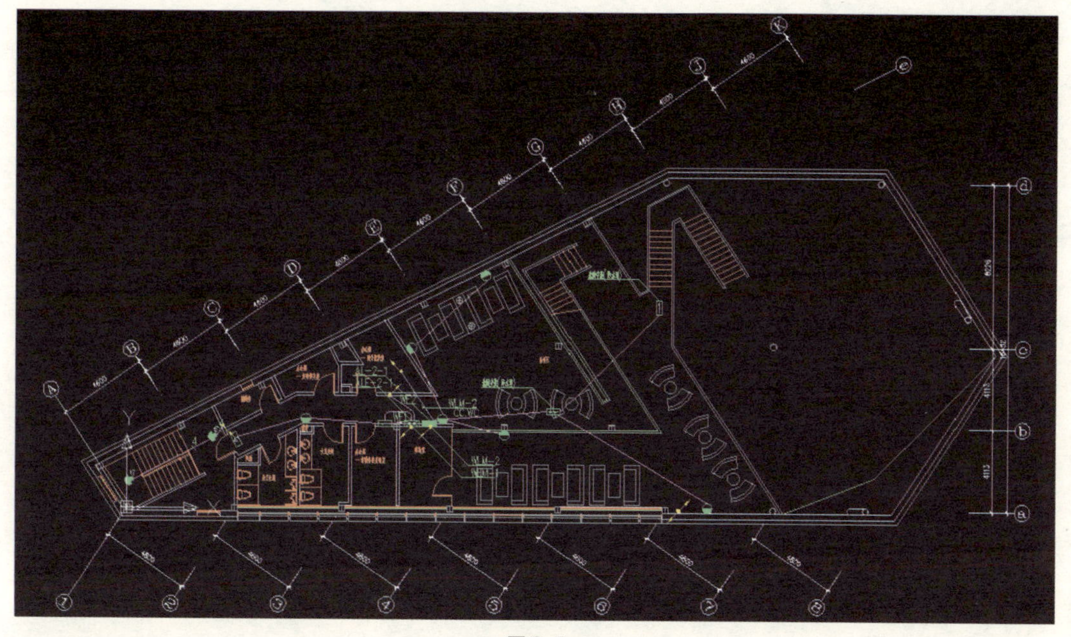

图 6–5

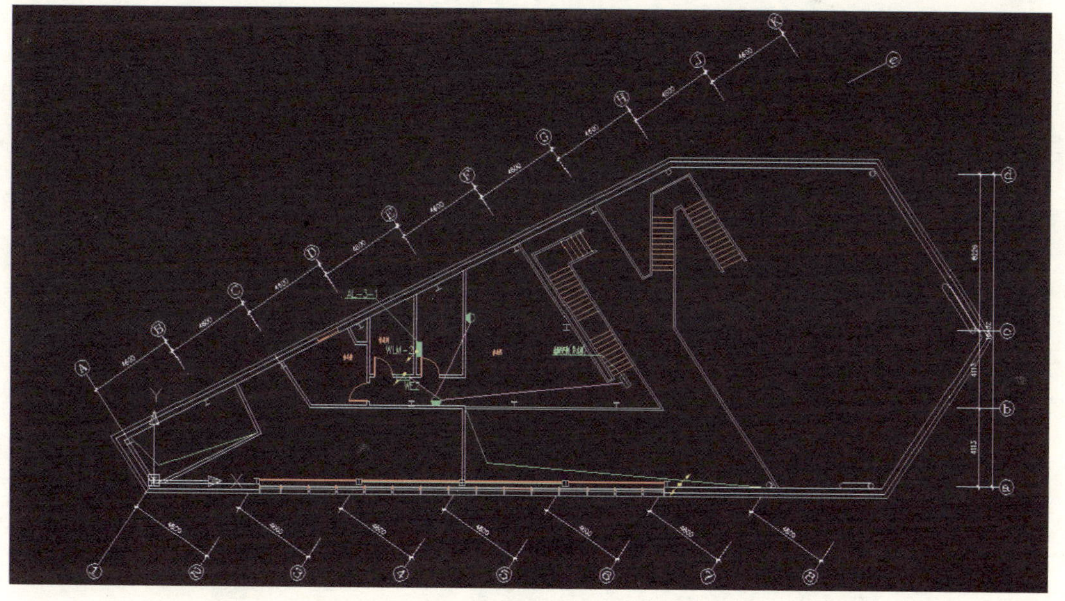

图 6–6

6.2 电缆桥架的绘制

6.2.1 新建项目

打开“某会所电气系统 .rvt”文件，删除原有的导入的 CAD 底图。

6.2.2 链接 CAD 图纸

单击“插入” – “导入 CAD”，选择本书附带的光盘中 CAD 底图文件夹中的“某会所电气系统 –f1a”，具体设置如下：“图层”选择“可见”、“导入单位”选择“毫米”、“定位”选择“自动 – 原点对原点”。设置完成后，单击“打开”，即完成 CAD 图的导入，如图 6–7 所示。

注意

本案例包括多张 CAD 图纸，图纸的导入规则如上

在项目浏览器中双击进入“楼层平面 –F1”平面视图，在左侧属性栏中选择“可见性 / 图形替换”，在“可见性 / 图形替换”对话框中“注释类别”选项卡下，去掉选择“轴网”，然后单击确定。隐藏轴网的目的在于使绘图区域更加清晰，便于绘图，如图 6–8 所示。

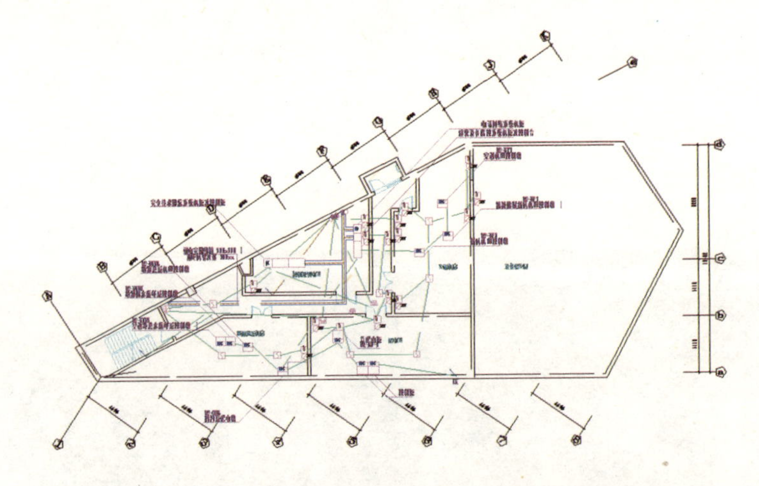

图 6–7

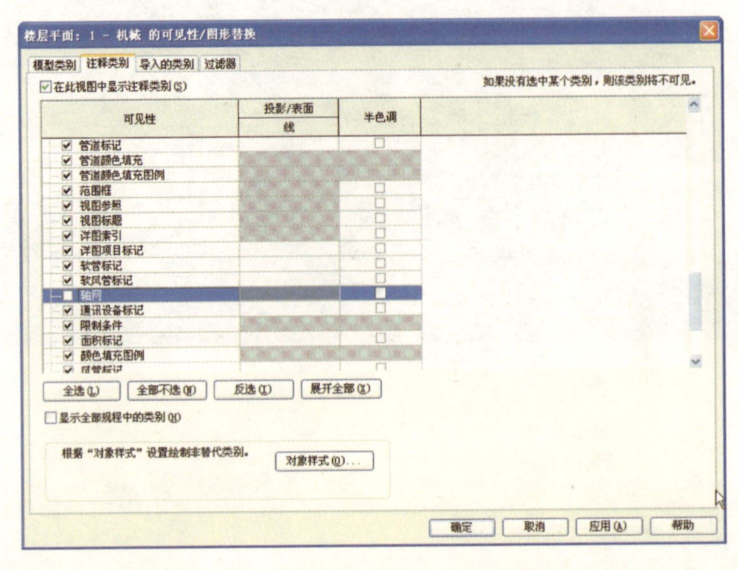

图 6–8

6.2.3 绘制电缆桥架

绘制图 6–9 所示的电缆桥架。

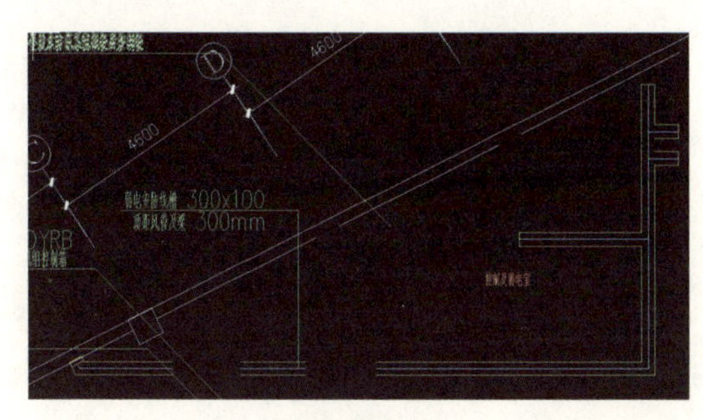

图 6–9

相对于 MEP2010，MEP2011 新增了“电缆桥架”命令。单击“常用”上下文选项卡下“电气”面板中“电缆桥架”工具，设置相对标高为“3200”，按路径绘制，出错时会出现错误警告，如图 6–10 所示。

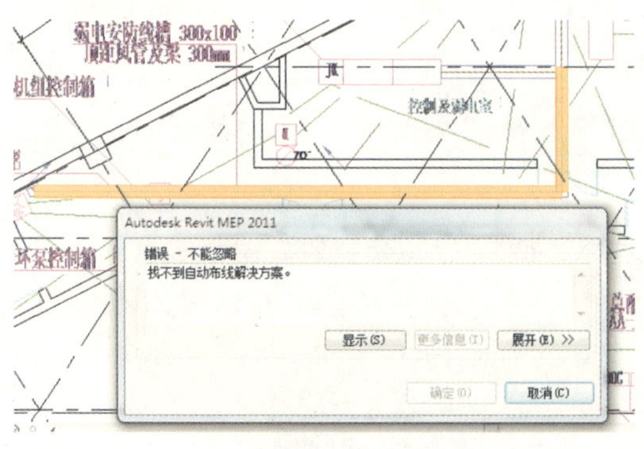

图 6–10

此错误是因为电缆桥架的管件未曾设置，选中电缆桥架点击左侧属性栏中的编辑类型属性进入编辑对话框。此时发现管件皆为“无”，如图 6–11 所示。

因为没有管件，所以在转弯处无法自动连接，此时需载入管件族。单击“确定”，退出类型编辑对话框。

点击插入选项卡中的载入族，选择“电缆桥架”，双击进入，选中“配件”，全选所有族，确定，完成载入，如图 6–12 所示。

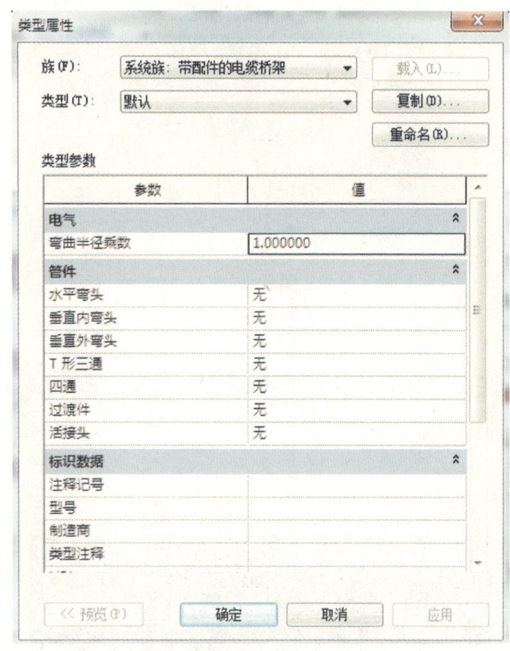

图 6–11

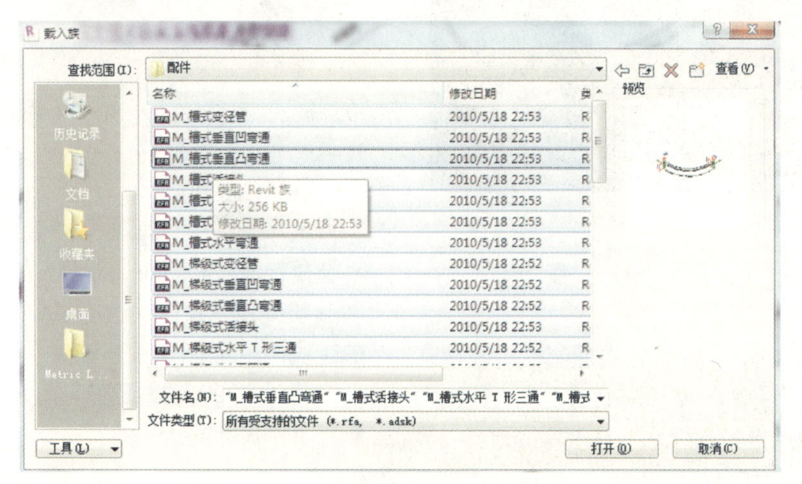

图 6–12

单击“常用”上下文选项卡下“电气”面板中“电缆桥架”工具，在左侧属性栏中编辑类型。在“管件”栏下，选择各种需要的管件类型，确定，完成编辑，如图 6–13 所示。

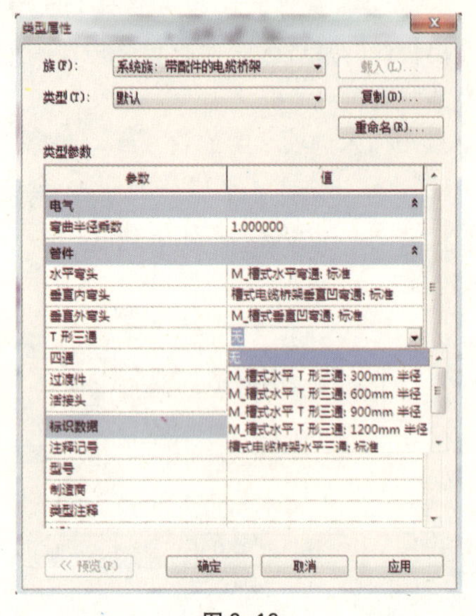

图 6–13

完成电缆桥架编辑后，按路径绘制电缆桥架，如图 6–14 所示。

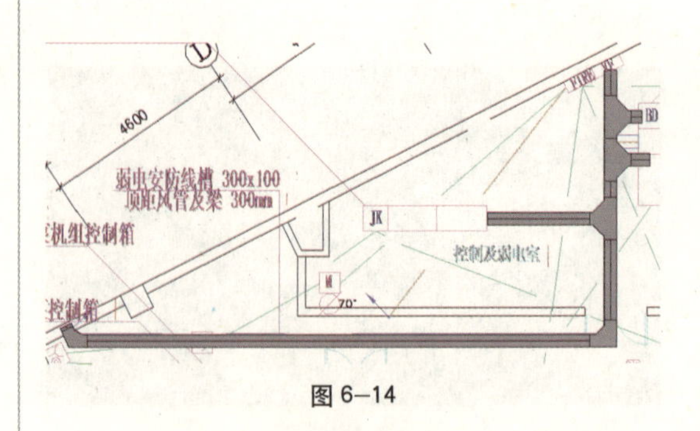

图 6–14

三维视图如图 6–15 所示。

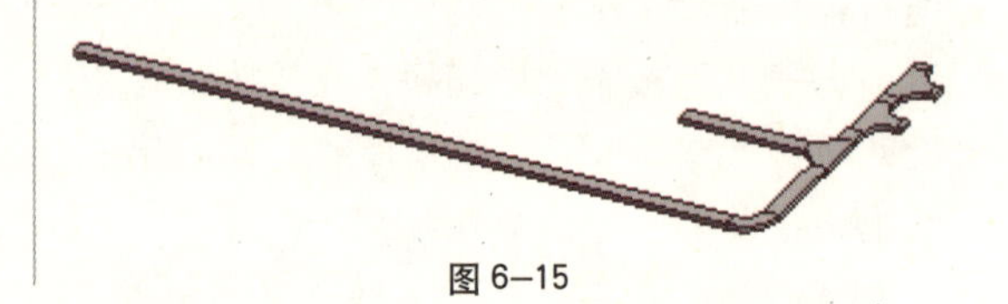

图 6–15

6.3 照明设备族的载入及放置

绘制如图 6–16 所示的荧光灯具

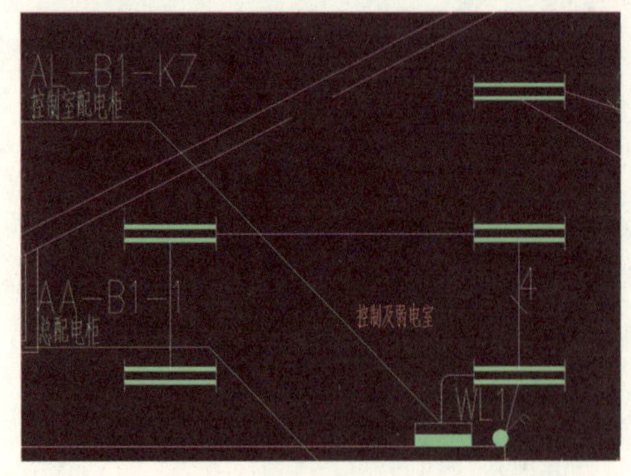

图 6–16

6.3.1 插入 CAD

单击“插入”–“导入 CAD”，选择本书附带的“某会所电气系统 –f1b”，具体设置如下：图层选择“可见”、导入单位选择“毫米”、定位“自动 – 原点对原点”。设置完成后，单击“打开”，即完成 CAD 图的导入（将 –f1a 隐藏）。如图 6–17 所示。

6.3.2 设备的载入

点击插入选项卡中的载入族，选择“电气构建”，双击进入，选中“照明”，全选所有族，确定，完成载入，如图 6–18 所示。

放置荧光灯具

单击“常用”选项卡“电气”栏中“照明设备”，选择“M– 吸顶式照明设备 – 两个流明 0600x1200mm (3 盏灯) – 120V”，在选项卡中选择“放置在工作平面上”，设置偏移为 3000。按照在底图路径上放置灯具，如图 6–19 所示。

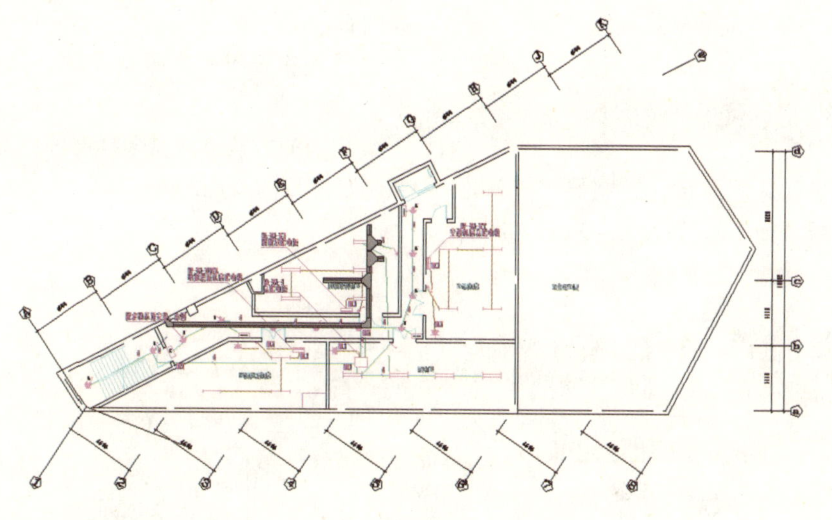

图 6–17

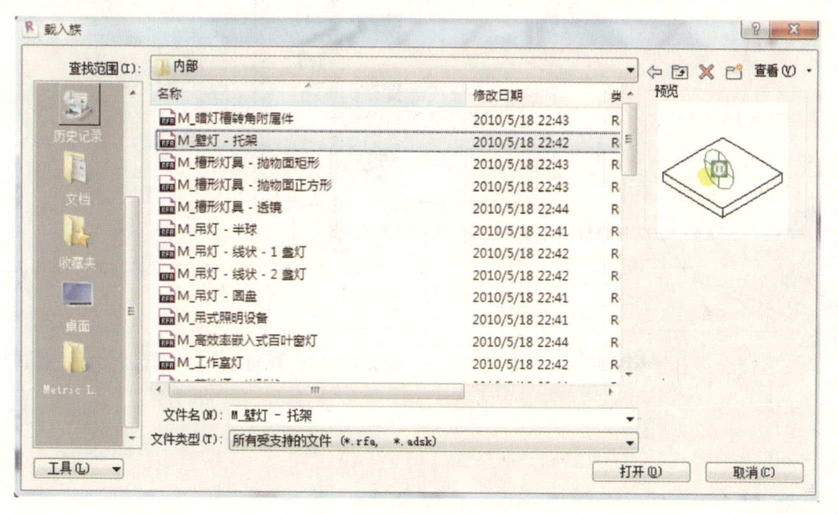

图 6–18

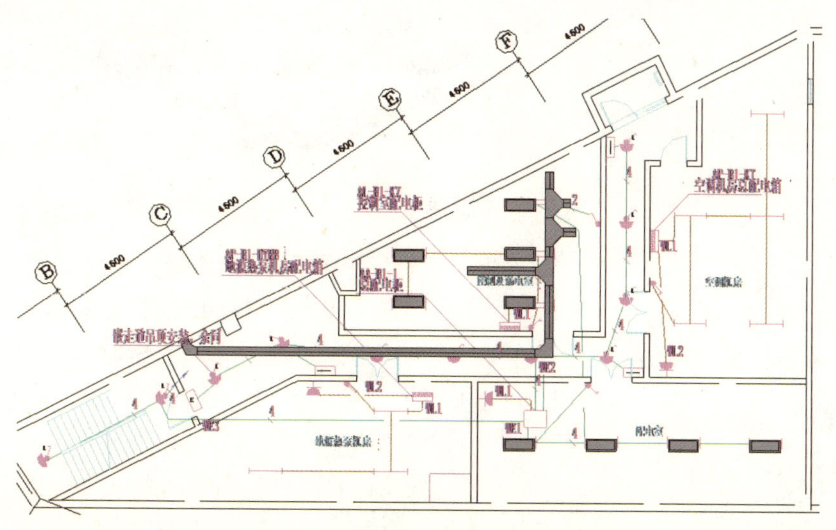

图 6–19

相同的方法完成其他灯具的添加。

6.3.3 绘制导线

根据CAD底图路径，绘制导线。单击“导线”，选择“倒角”。按照CAD路径绘制，如图6–20所示。

导线在三维中是不可见的，如图6–21所示。

相同的方法完成其他楼层的电缆桥架的绘制及灯具的添加。

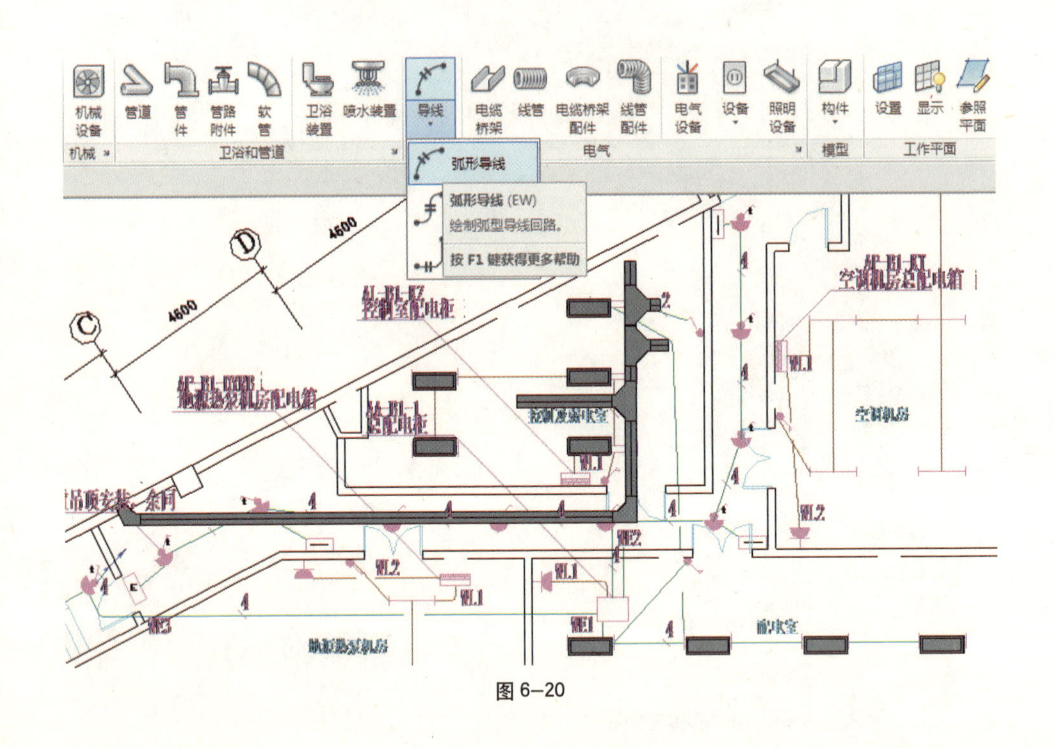

图6–20

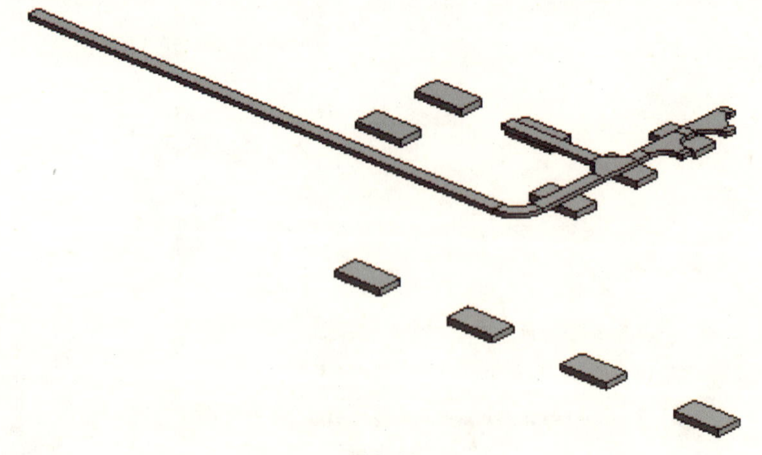

图6–21

第7章　Navisworks碰撞检查、优化及漫游

概述：Autodesk® Navisworks® 解决方案支持所有项目相关方可靠地整合、分享和审阅详细的三维设计模型，在建筑信息模型（BIM）工作流中处于核心地位。BIM 的意义在于：在设计与建造阶段及之后，创建并使用与建筑项目有关的相互一致且可计算的信息。

Autodesk Navisworks 软件能够将 AutoCAD 和 Revit® 系列等应用创建的设计数据，与来自其他设计工具的几何图形和信息相结合，将其作为整体的三维项目，通过多种文件格式进行实时审阅，而无需考虑文件的大小。Navisworks 软件产品可以帮助所有相关方将项目作为一个整体来看待，从而优化从设计决策、建筑实施、性能预测和规划直至设施管理和运营等的各个环节。

本章将向大家讲述如何用 Navisworks 做碰撞检查及管线优化。

7.1 Revit MEP与Navisworks的软件接口

7.1.1 导出“*.nwc”文件

在安装 Revit MEP 之后安装 Navisworks，会在 Revit MEP 软件添加一个外部工具，如图 7–1 所示。

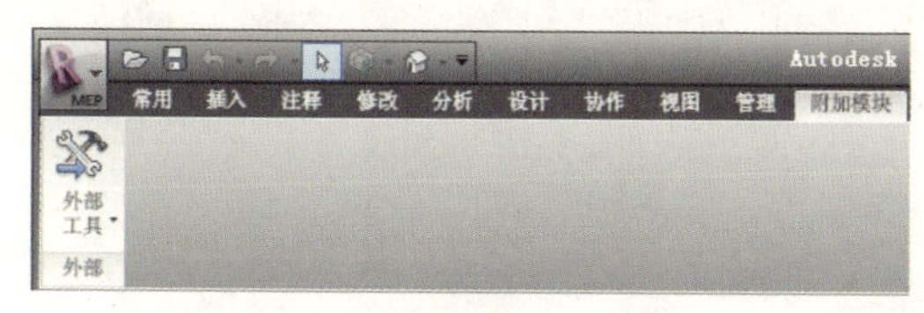

图 7–1

1）导出水暖系统模型文件

运用 Revit MEP 完成水暖模型搭建后，单击“附加模块”选项卡下“外部工具”的下拉按钮，选择“Navisworks”命令并单击，打开“导出场景为”对话框，设置保存类型为“*.nwc”，单击“保存”，导出模型文件，如图 7–2 所示。

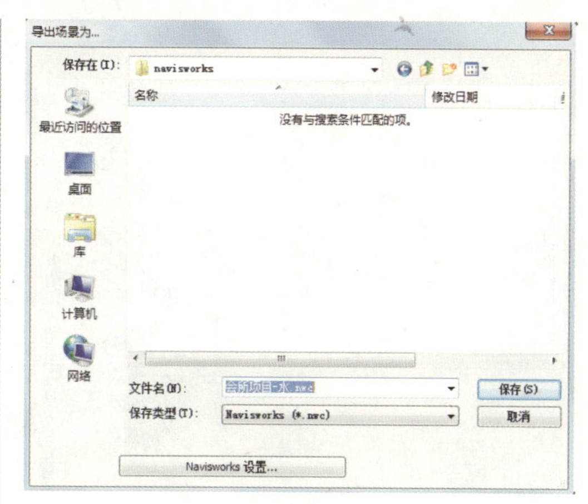

图 7–2

同样方法，导出风系统模型文件。

2）导出建筑模型文件

建筑模型文件已附在光盘里，复制到本地，打开，如图 7–3 所示。

为了能在 navisworks 里清晰地看到模型内部管线分布，以及明确管线与建筑结构之间的碰撞，导出 navisworks 前选择不显示建筑的体量、屋顶的模式。打开建筑模型文件，在模型三维视图中选择“体量 + 结构 + 犀牛结构”，如图 7–4 所示。

在左侧属性栏中单击“可见性 / 图形替

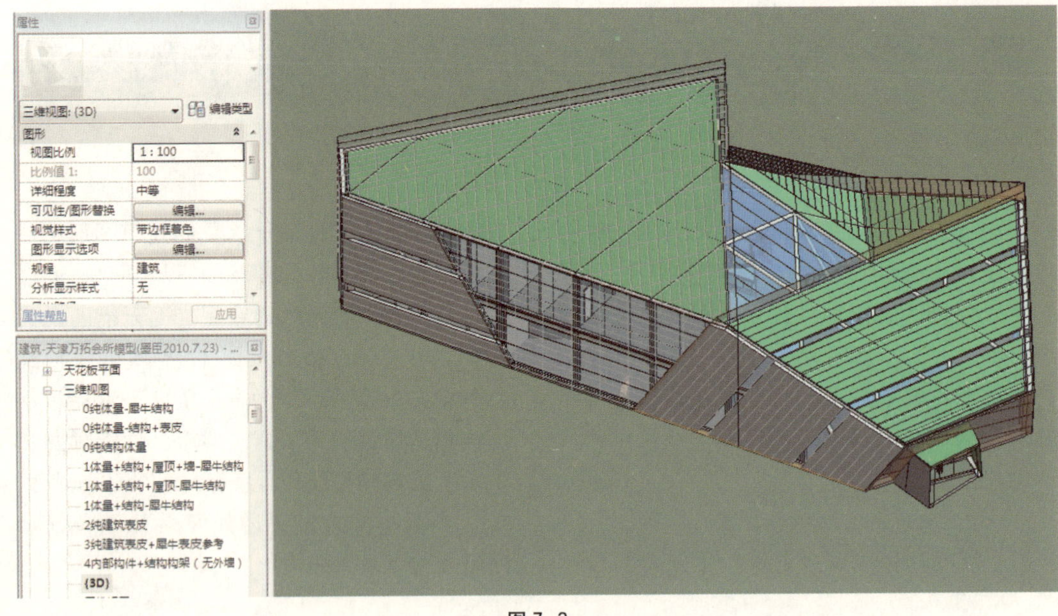

图 7–3

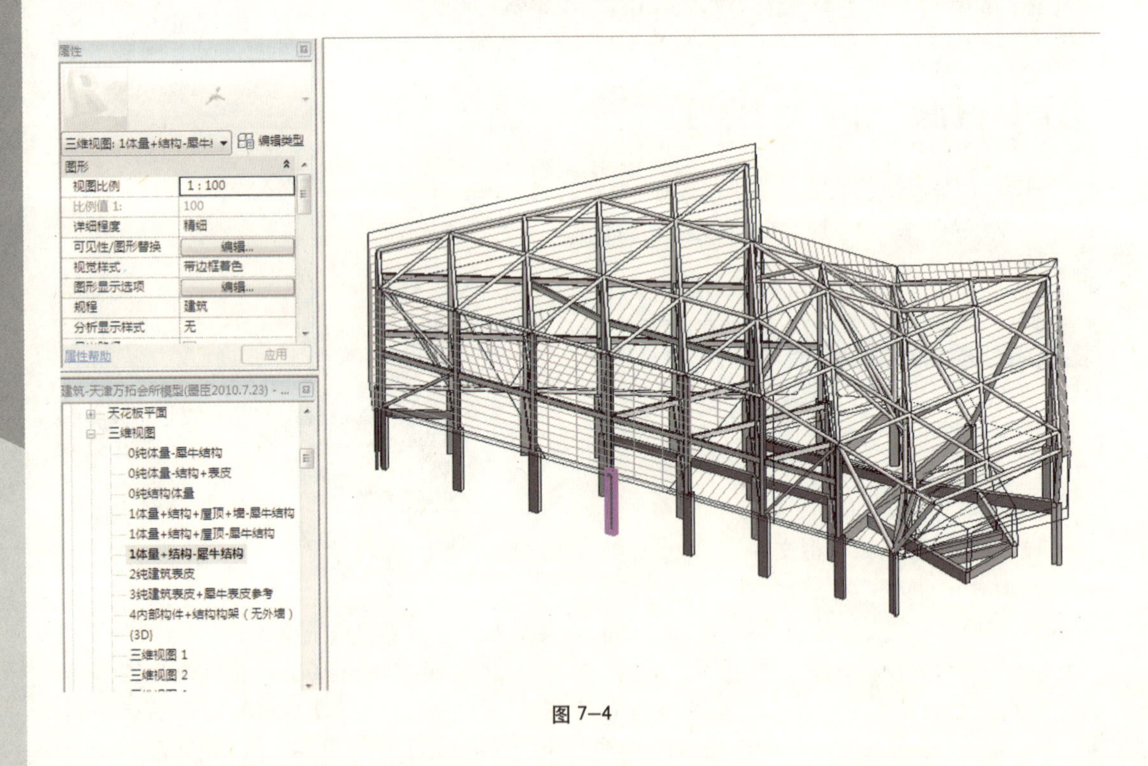

图 7–4

换”(快捷键“VV”),勾选去掉“体量”的显示。如图 7–5、图 7–6 所示。

按上述方法导出“会所模型框架 .nwc”文件。

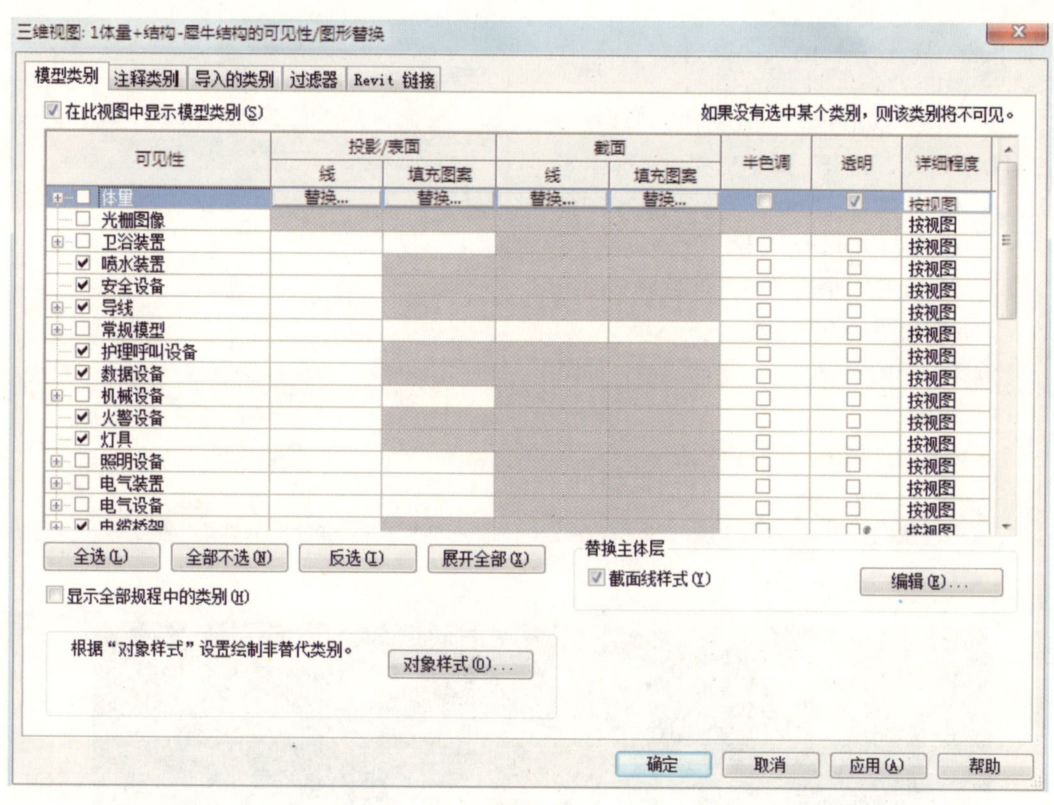
三维视图: 1体量+结构-屋牛结构的可见性/图形替换
模型类别
注释类别
导入的类别
过滤器
Revit 链接
在此视图中显示模型类别(S)
如果没有选中某个类别，则该类别将不可见。
可见性
投影/表面
截面
线
填充图案
半色调
透明
详细程度
体量
替换...
按视图
光栅图像
卫浴装置
喷水装置
安全设备
导线
常规模型
护理呼叫设备
数据设备
机械设备
火警设备
灯具
照明设备
电气装置
电气设备
全选(L)
全部不选(N)
反选(I)
展开全部(X)
替换主体层
截面线样式(Y)
编辑(E)...
显示全部规程中的类别(H)
根据“对象样式”设置绘制非替代类别。
对象样式(O)...
确定
取消
应用(A)
帮助

图 7–5

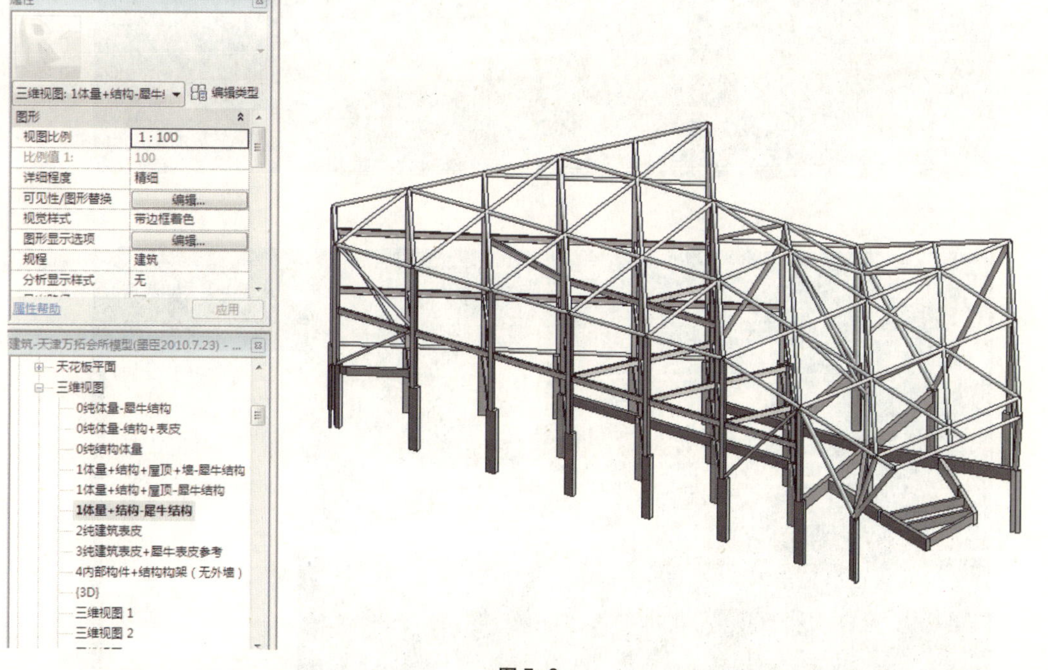
属性
三维视图: 1体量+结构-屋牛
编辑类型
图形
视图比例
1:100
比例值 1:
100
详细程度
精细
可见性/图形替换
编辑...
视觉样式
带边框着色
图形显示选项
编辑...
规程
建筑
分析显示样式
无
属性帮助
应用
天花板平面
三维视图
0纯体量-屋牛结构
0纯体量-结构+表皮
0纯结构体量
1体量+结构+屋顶+墙-屋牛结构
1体量+结构+屋顶-屋牛结构
1体量+结构-屋牛结构
2纯建筑表皮
3纯建筑表皮+屋牛表皮参考
{3D}
三维视图 1
三维视图 2

图 7–6

7.1.2 载入“*.nwc”文件

运行 Navisworks，单击“文件”–“打开”，在自动弹出的“打开”对话框中，选择需要载入的文件（按住 Ctrl 键，可一次选择多个文件），如图 7–7 所示。

完成选择后，单击“打开”完成文件的载入，效果如图 7–8 所示。

选择图中的模型线条，右击隐藏，如图 7–9 所示。

隐藏线后，如图 7–10 所示。

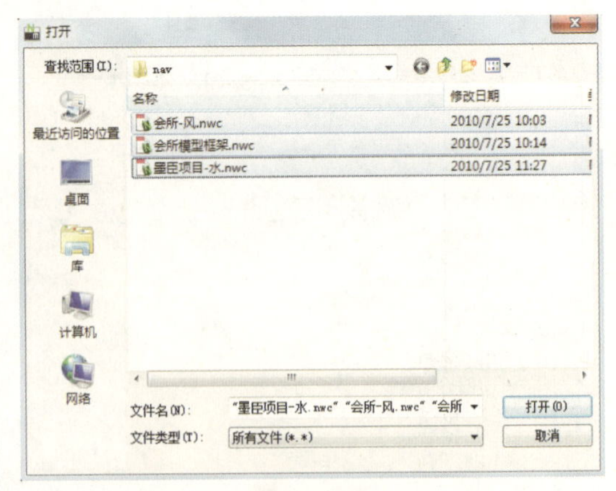

图 7–7

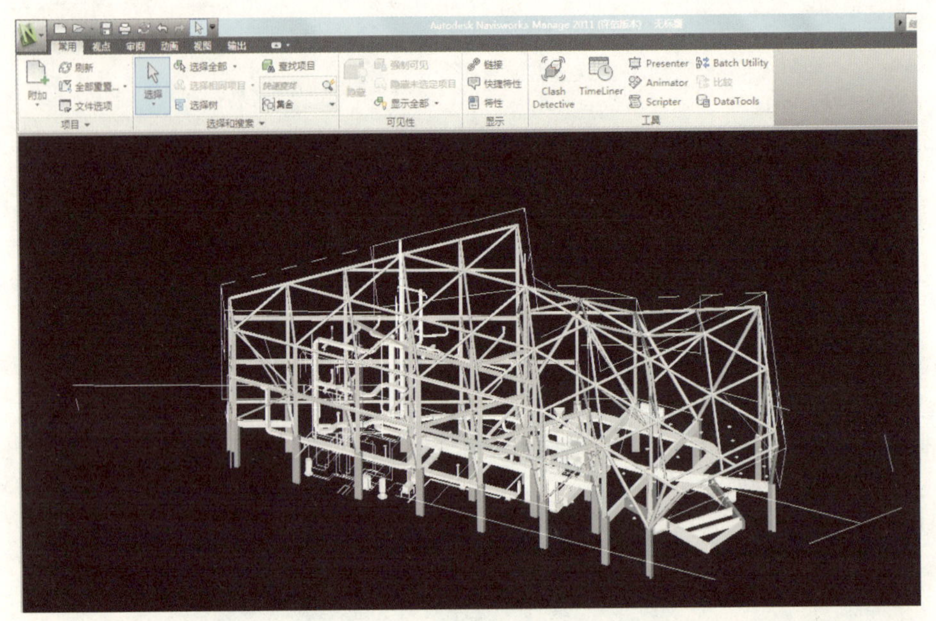

图 7–8

图 7–9

图 7-10

7.1.3 为 Navisworks 中的管道添加颜色

因为当 Revit 导出 Navisworks 后，用 Navisworks 打开， Revit 里添加的颜色在 Navisworks 里不会显示，为了更清楚地分辨各种管道，可以在 Navisworks 里再为各个系统添加颜色。以给风系统添加颜色为例。

步骤如下：

(1) 选中该模型中任一图元，按住 shift 键点击风系统以选中风系统（风系统无法直接选中）。如图 7-11、图 7-12 所示。

(2) 点击屏幕右上方 presenter 键，弹出如图添加材质对话框，在材质下拉选项中选择所需材质。如图 7-13、图 7-14 所示。

图 7-11

图 7–12

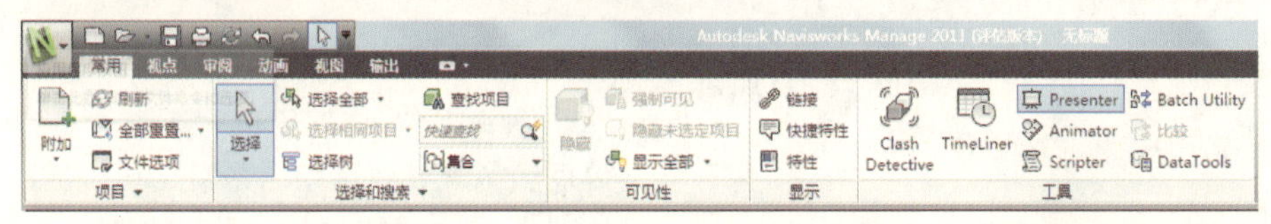

图 7–13

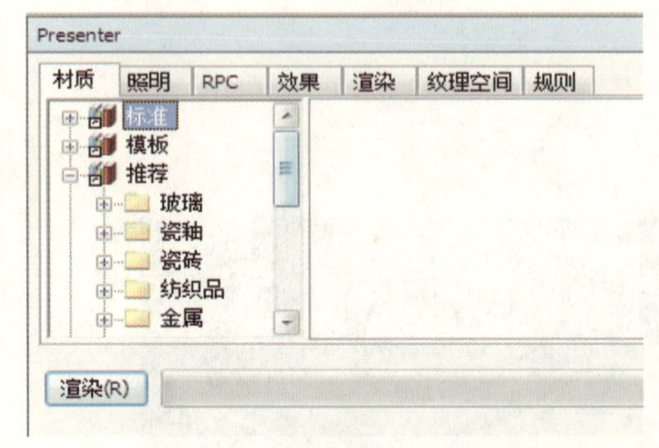

图 7–14

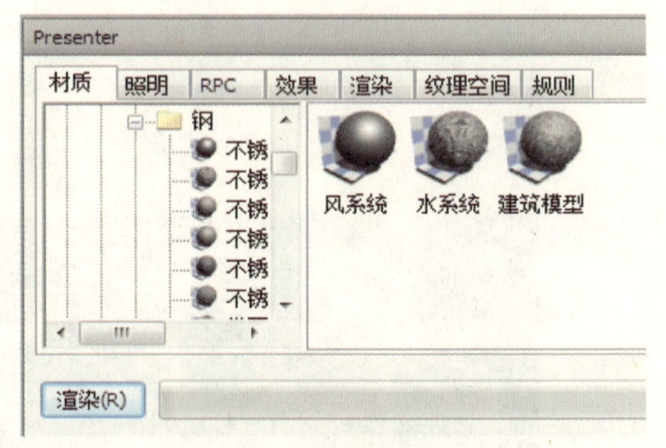

图 7–15

(3) 将选中材质拖入右侧，重命名为“风系统”，类似如“水系统”、“建筑模型”，如图 7–15 所示。

双击材质，弹出材质编辑器以改变其颜色，双击颜色条弹出“调色盘”，选择绿色，确定，完成颜色添加，如图 7–16 所示。

保持风系统在选中的情况下，拖动材质框内的绿色“风系统”材质至模型文件中“风系统”，此时风系统被改变为绿色，如图 7–17 所示。

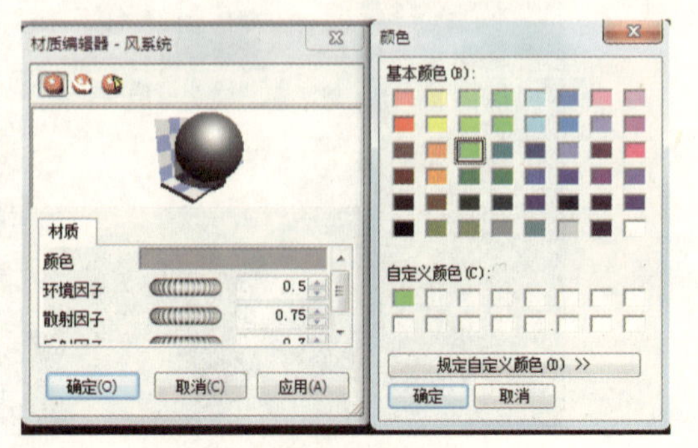

图 7–16

图 7-17

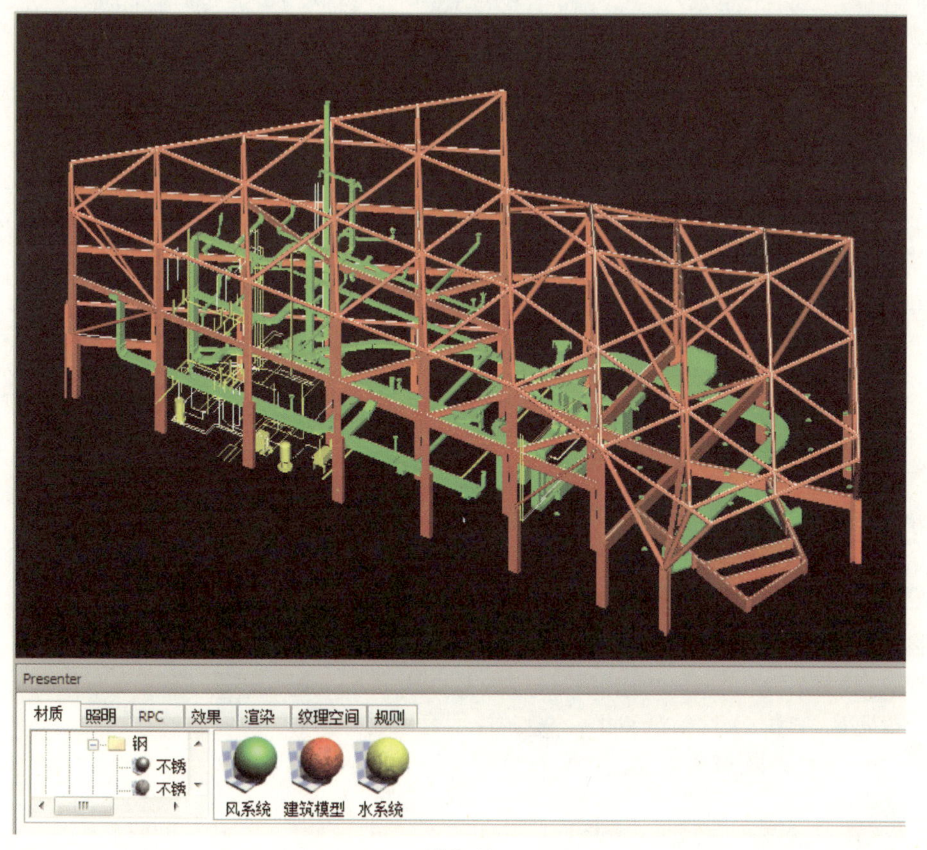

图 7-18

(4) 类似的方法为水系统，建筑框架附上颜色，最终效果图如图 7-18 所示。

7.2 Navisworks碰撞检查

7.2.1 进行碰撞检查

单击“常用”选项卡下“Clash Detective”工具，打开“Clash Detective”工具面板。如图 7–19 所示。

弹出“Clash Detective”对话框，勾选左右两个“自相交”，设置公差“0.1”，并按住“ctrl”键选中左右框中的“.nwc”文件，点击“开始”即开始碰撞检查，如图 7–20、图 7–21 所示。

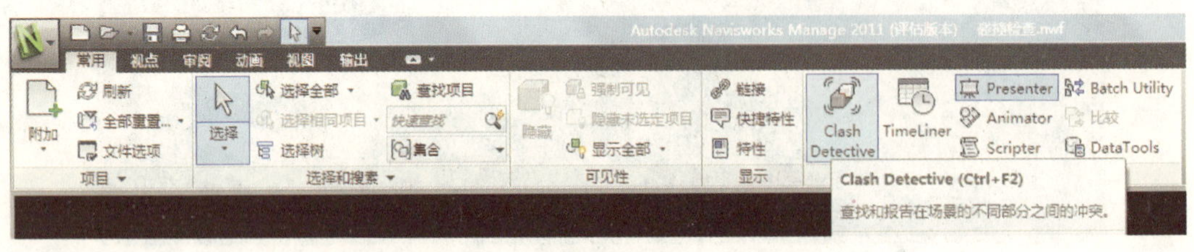

图 7–19

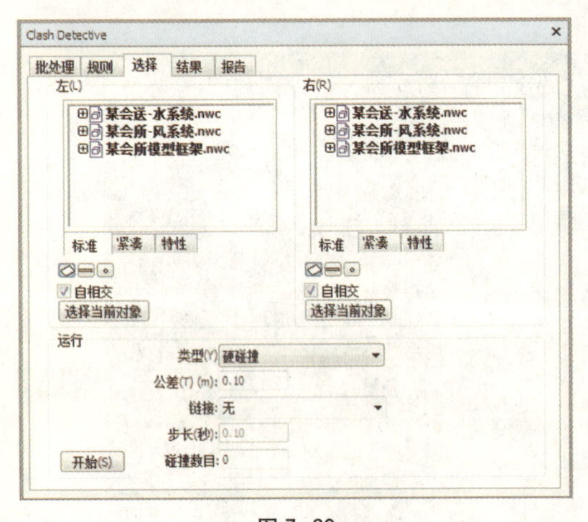

图 7–20

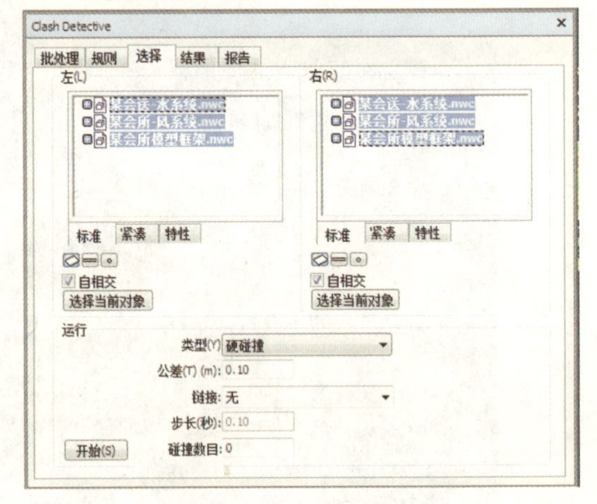

图 7–21

单击切换到“结果”工具卡，可以查看碰撞结果，如图 7–22 所示。

单击“报告”标签，选择“报告格式”，报告格式有以下几种：XML、HTML、正文、作为视点。选择HTML格式，单击“书写报告”在自动弹出的“另存为”对话框中，选择存放文件的位置及名称，单击“保存”，生成碰撞检查，如图 7–23 所示。

点击保存后，生成碰撞报告（包括图片和 HMTL 格式报告），如图 7–24、图 7–25 所示。

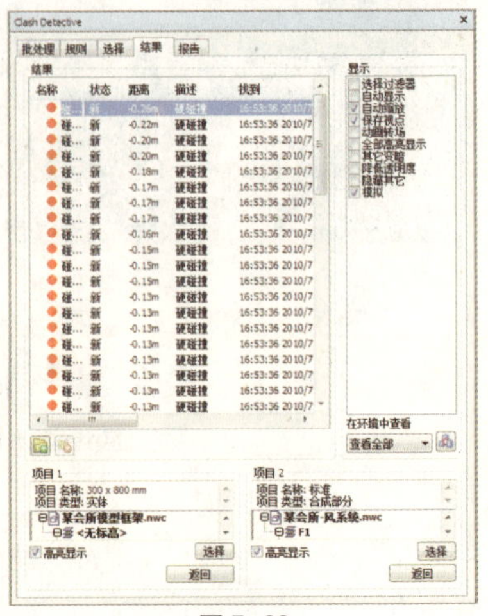

图 7–22

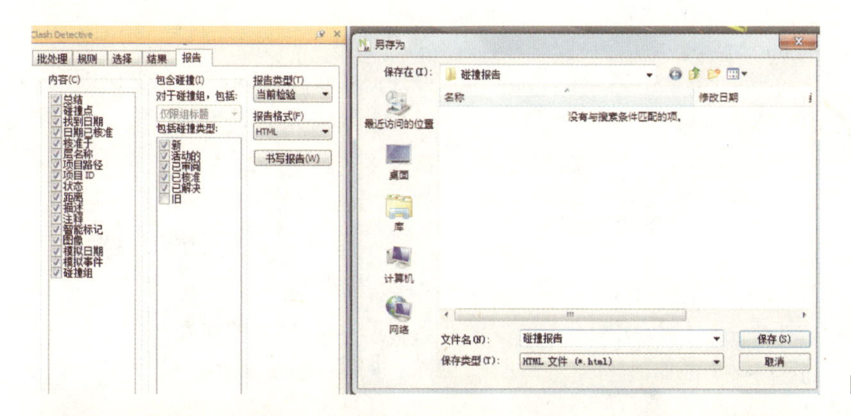

图 7–23

图 7–24

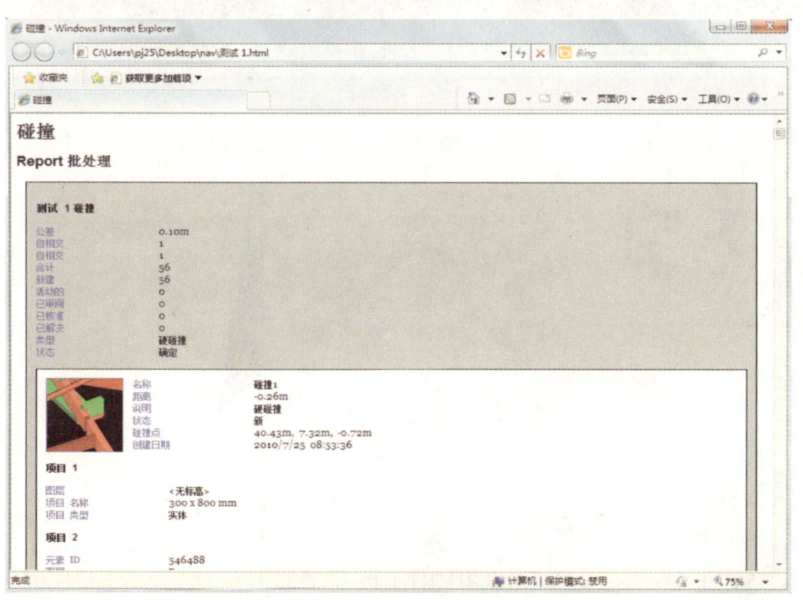

图 7–25

7.2.2 查找碰撞处并修改

1）确定碰撞位置

为了更清晰地查看碰撞位置，可将模型的材质颜色还原，或者直接将其删去，如图7–26所示。

单击“Clash Detective”对话框中的“结果”，单击“结果”中的任一栏，视图会自动切换至碰撞处，如图7–27所示。

移动鼠标单击发生碰撞的构件，右侧会出现特性工具框，（如没有，可按SHIFT+F7），在“元素”标签下，读取ID值，如图7–28所示。

进入Revit MEP软件界面，在“管理”上下文选项卡下，单击“按ID选择”工具，在弹出的“按ID号选择图元”对话框中，输入读取的ID。点击显示即可显示发生碰撞的构件。如图7–29所示。

图7–26

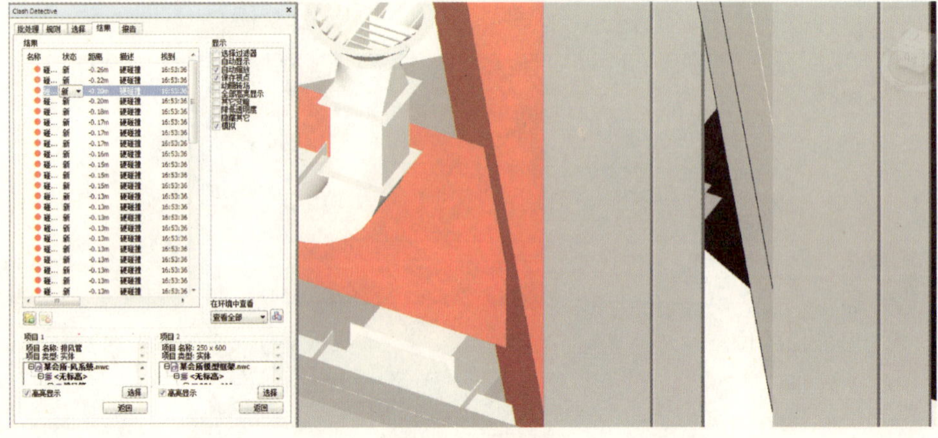

图7–27

图 7–28

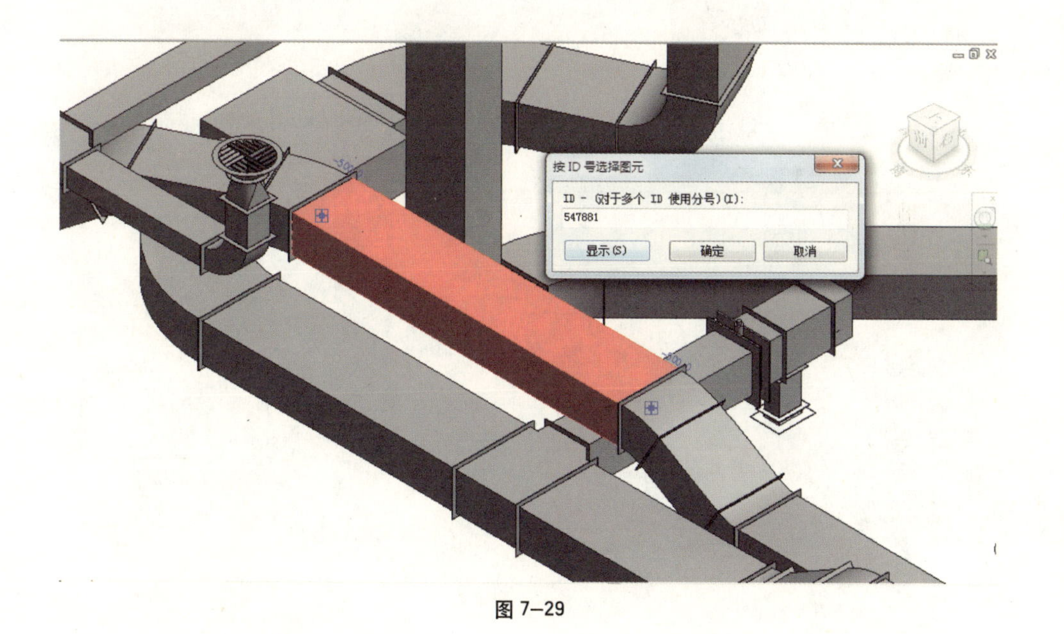

图 7–29

多次点击显示，显示切换不同的视图，如图 7–30 所示。

确定发生碰撞的位置后，在 revit MEP 图纸上找到碰撞点，单击“注释”选项卡下“详图”面板中“云线批注”，使用云线标注错误的地方，如图 7–31 所示。

2) 优化原则的确定：

(1) 小管避让大管；

(2) 单管避让排管；

(3) 有压管避让无压管。

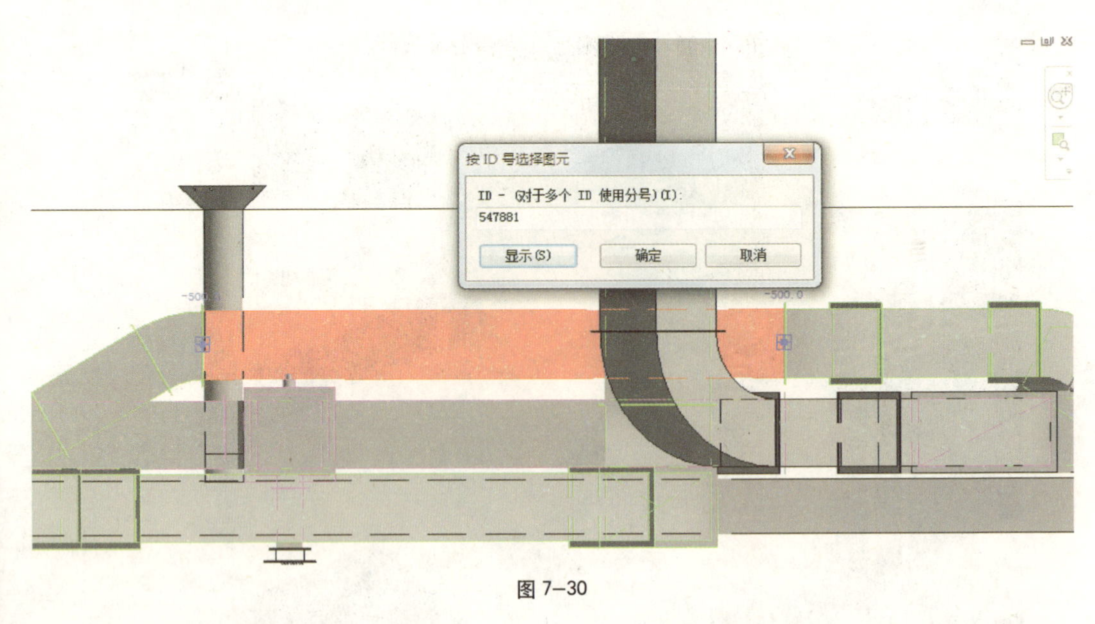

图 7–30

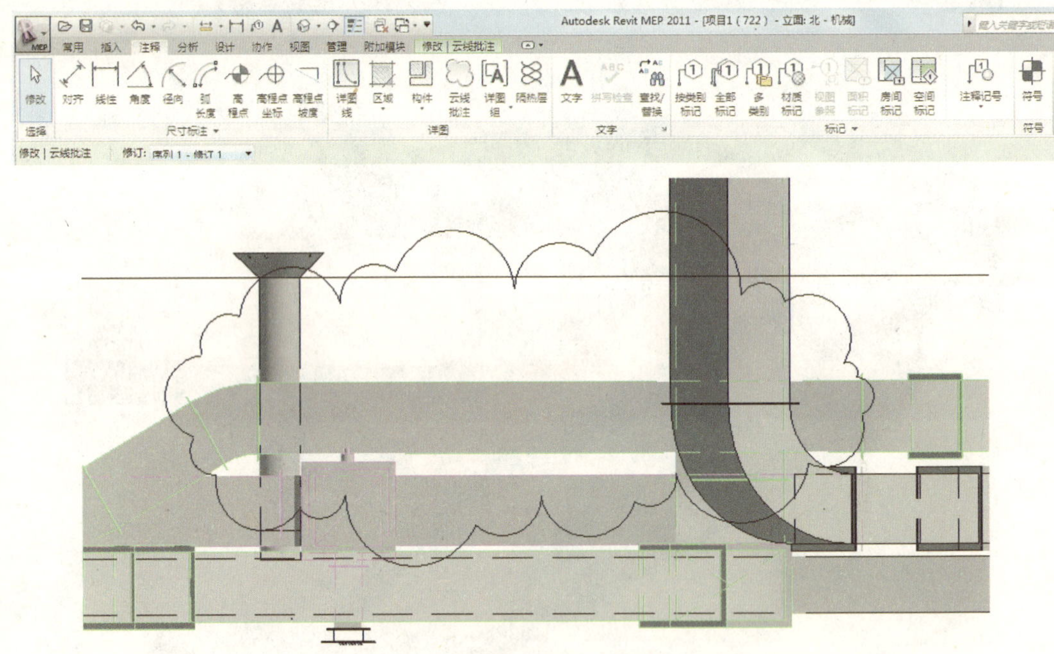

图 7–31

7.3 漫游

Navisworks2011 有与 Revit 同样的观察三维操作方式，如按住鼠标“中键”是平移，同时按住“shift+ 中键”是动态查看，滚动鼠标“中键”是缩小放大。在屏幕右侧动态导航工具栏中提供了环视、缩放、缩放框、平移、动态检查、检查、转盘等工具，利用这些工具可以编辑模型的显示状态。如图 7–32 所示。

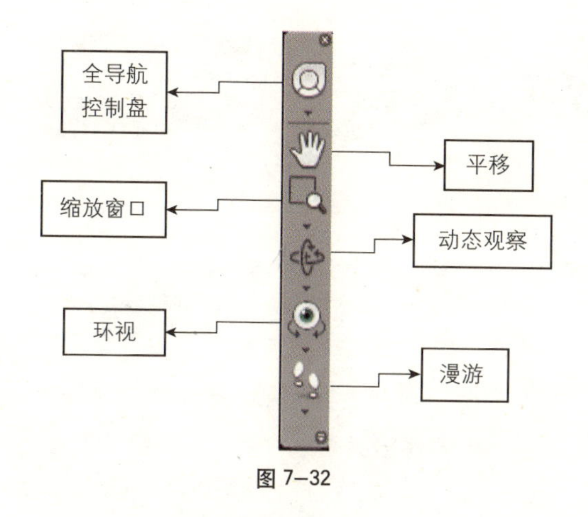

图 7–32

1）“全导航控制盘”工具

2）“平移”工具

单击“平移”工具，移动鼠标到绘图区域，鼠标会变成手掌，按住鼠标移动，可上下左右移动模型，滚动中轮也可以起到放大缩小的效果。

3）“缩放窗口”工具

单击“缩放”工具，移动鼠标到绘图区域，按住鼠标向上（向下）移动，视图会放大（缩小）滚动中轮也可以起到相同效果。

4）“动态观察”工具

单击“动态观察”工具（相当于 revit 里 shift+ 中键），旋转观察视角。

5）“环视”工具

单击“环视”工具，移动鼠标到绘图区域，按住鼠标向右（向左）偏移，视图会原来保持水平状态向右（向左）旋转。

6）“漫游”

单击“漫游”，在下拉的工具栏中选择第三者工具，在视图上会出现一个模拟人形。在右侧栏中还有其他一些工具：

碰撞：选中此项，模拟人形在室内漫游时不能穿越实体，如墙、柱等。

重力：选中此项，模拟人形在移动时脚下必须有实体，在此状态下，模拟人形可以上楼梯。

蹲伏：选中此项，当模拟人形遇到高度不足的地方会自动蹲伏通过。

通过调整视图，把模拟人形调整到一个合适的位置，以方便进行室内漫游。单击“漫游”工具，调整右侧栏中的工具。使其具有重力状态、碰撞状态。然后移动鼠标即可进行室内模拟（使用上下左右控制键也可以控制漫游走向）。

7）编辑视点

单击“视点”–“编辑当前视点”，打开“编辑视点 – 当前视图”对话框，在“编辑视点 – 当前视图”的对话框中，单击“碰撞”选项下的“设置”按钮，打开“碰撞”对话框。如图 7–33 所示进行设置。

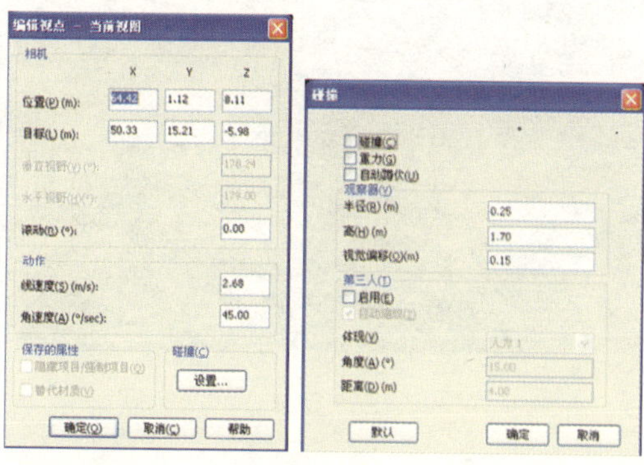

图 7–33

完成“当前视点”的设置后，单击“漫游”工具，在模型中按住鼠标左键移动，进行实时漫游。如图 7–34 所示。

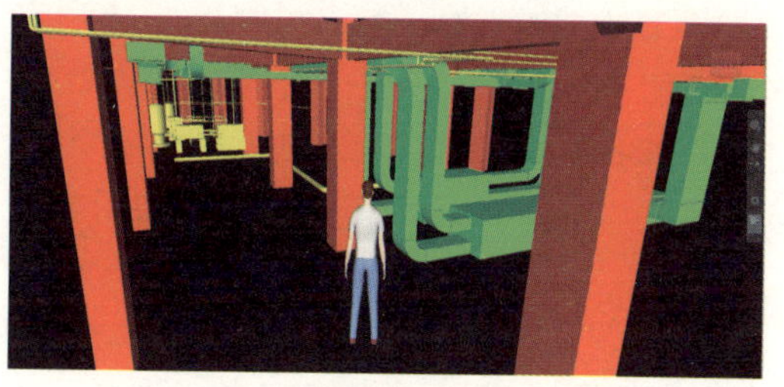

图 7–34

第 8 章　剖面大样图

8.1　大样图简介

大样图是指针对某一特定区域进行特殊性放大标注，详细地表达该区域管道走向和连接方式。如某些形状特殊、开孔或连接较复杂的零件或节点，在整体图中不便表达清楚时，需要移出另画大样图，以便施工安装。

CAD 绘制的大样图如图 8–1 所示。

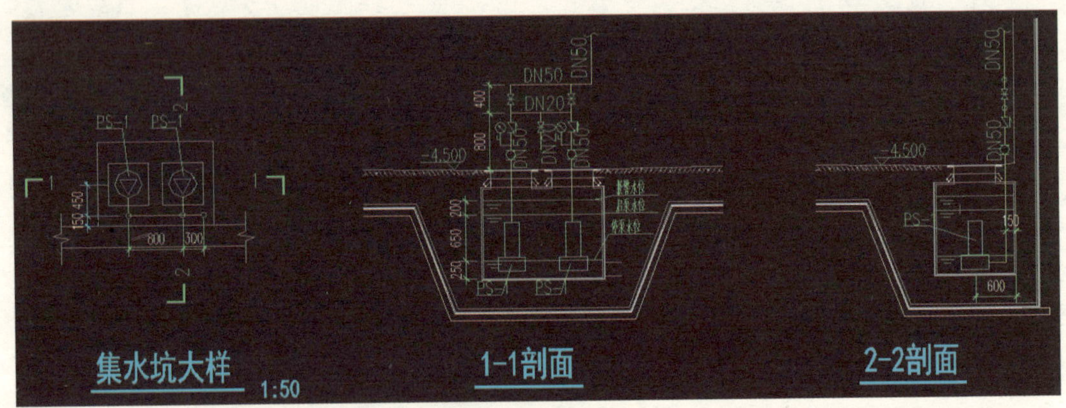

图 8–1

8.2　Revit MEP大样图的绘制

本小节简述简单的管道剖面图的绘制

(1) 绘制剖面。单击“视图”选项卡下“创建”面板中的“剖面”工具，在需要的合适位置绘制剖面。单击确定剖面起点，再次单击确定剖面终点，如图 8–2 所示。

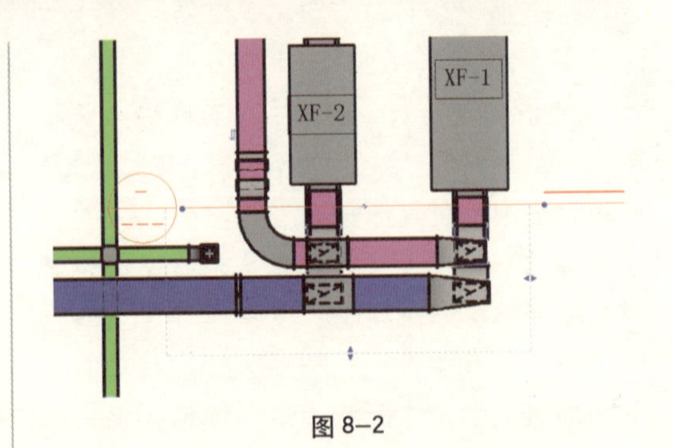

图 8–2

(2) 调整剖面范围：把鼠标移动到◄►处，按住鼠标不放，水平或竖直拖拽，调整剖面的位置。

(3) 双击剖面框头部或右击剖面符号选择“转到视图”，进入剖面视图，拖拽表框，调整剖面框视图范围，如图 8–3 所示。

(4) 添加参数。单击“注释”—“尺寸

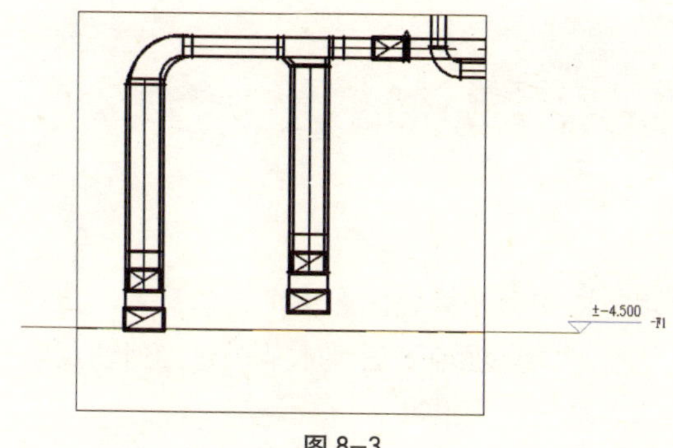

图 8-3

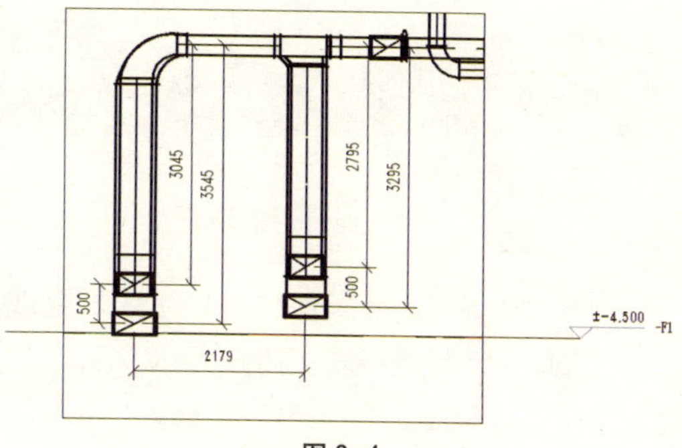

图 8-4

标注”—“对齐”工具，为风道添加间距、标高等参数（如果无法捕捉管道中点，可按住 Tab 键切换，即可选择到风管中点），最终结果如图 8-4 所示。

单击“注释”—“标记”—“按类别标记”工具，单击风管，为风管添加管径等参数，最终结果如图 8-5 所示。

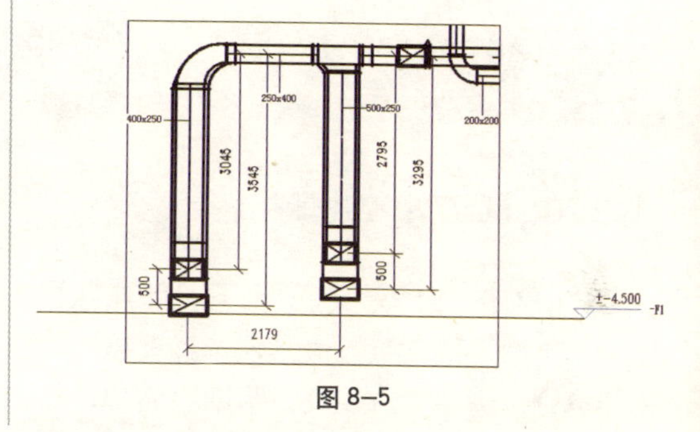

图 8-5

第 9 章　工程量统计

明细表是 Revit MEP 软件的重要组成部分。通过定制明细表，用户可以从所创建的 Revit MEP 模型（建筑信息模型）中获取项目应用中所需要的各类项目信息，应用表格的形式直观地表达。本节讲述如何使用明细表来统计工程量。

9.1　新建明细表

9.1.1　创建实例明细表

(1) 单击“分析”选项卡下“创建”面板中“明细表 / 数量”命令，选择要统计的构件类别，例如管道，设置明细表名称，给明细表应用阶段，确定。如图 9–1 所示。

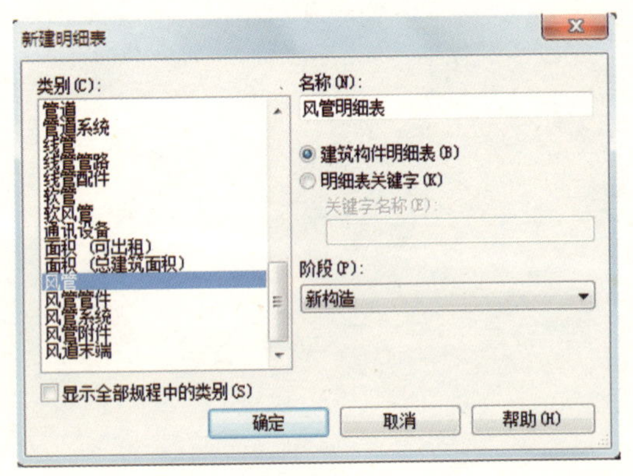

图 9–1

(2)“字段”选项卡：从“可用字段”列表中选择要统计的字段，如材质、直径、类别、隔热层厚度、长度。点击“添加”，移动到“明细表字段”列表中，“上移”、“下移”调整字段顺序，如图 9–2 所示。

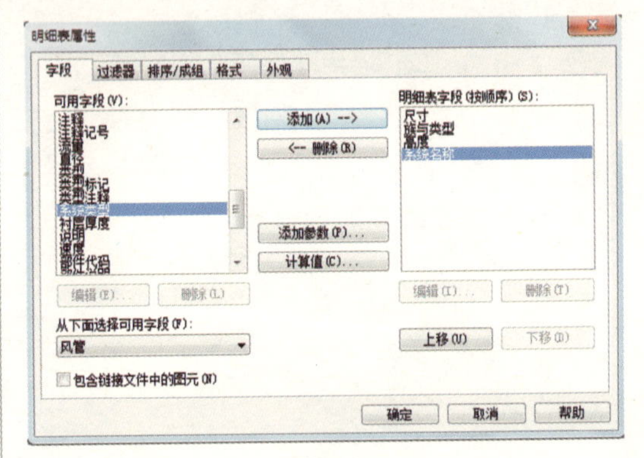

图 9–2

(3)“过滤器”选项卡：设置过滤器可以统计其中部分构件，不设置则统计全部构件。在这里不设过滤器。如图 9–3 所示。

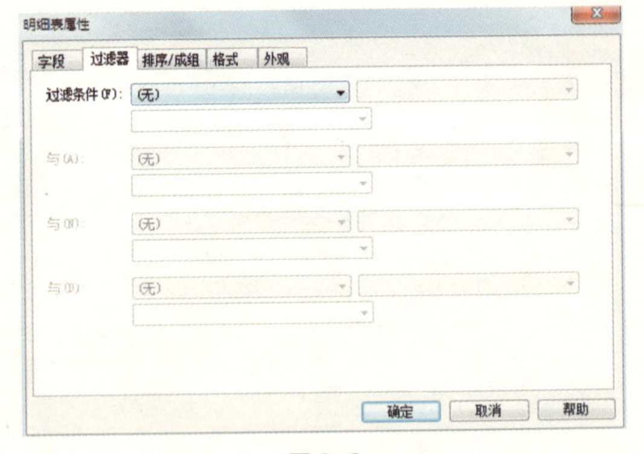

图 9–3

(4)“排序 / 成组”选项卡：设置排序方式，可供选择的有“总计”、“逐项列举每个实例”。勾选“总计”，在下拉菜单中有四种总计的方式，勾选“逐项列举每个实例”则在明细表中列出统计每一项，如图 9–4 所示。

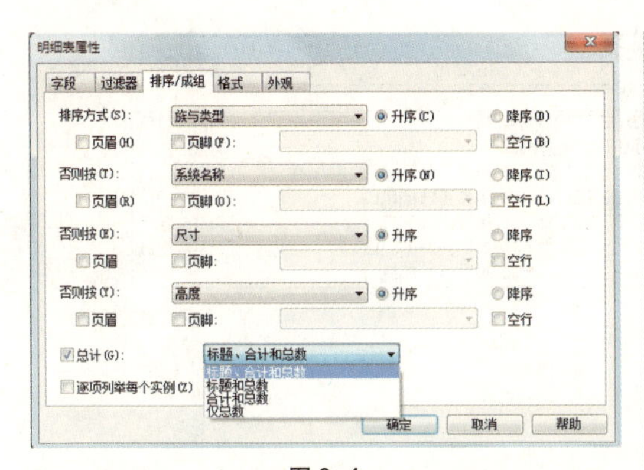

图 9–4

(5) “格式”选项卡：设置字段在表格中的标题名称（字段和标题名称可以不同，如“类型”可修改为窗编号）、方向、对齐方式，需要时勾选“计算总数”选项，则统计此项参数的总数，如图 9–5 所示。

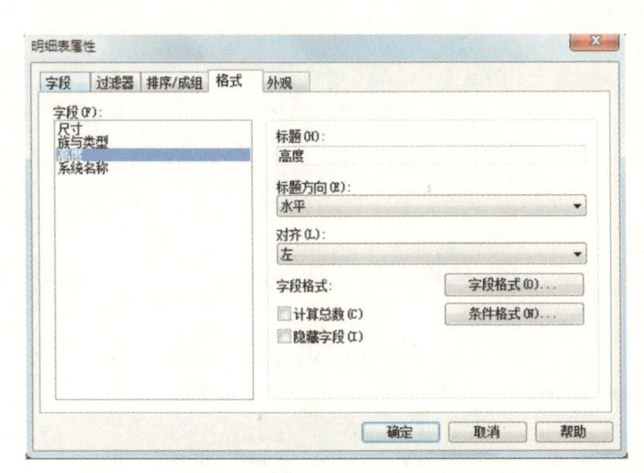

图 9–5

(6) “外观”选项卡：设置表格线宽、标题和正文文字字体与大小，确定。如图 9–6 所示。

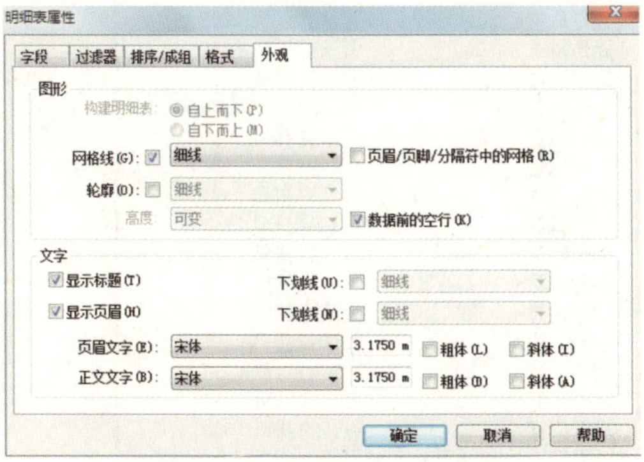

图 9–6

风管明细表，如图 9–7、图 9–8 所示。

类似的方法创建风道末端明细表，如图 9–9 所示。

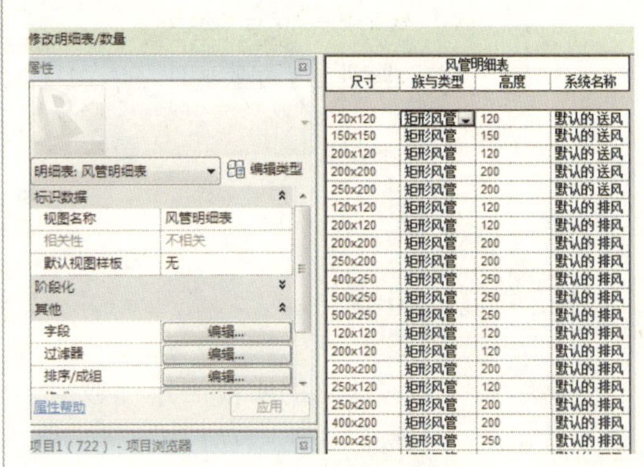

图 9–7

风管明细表

尺寸	族与类型	高度	系统名称	宽度
250x200	矩形风管	200	默认的 排风	250
400x250	矩形风管	250	默认的 排风	400
500x250	矩形风管	250	默认的 排风	500
500x250	矩形风管	250	默认的 排风	500
120x120	矩形风管	120	默认的 排风	120
200x120	矩形风管	120	默认的 排风	200
200x200	矩形风管	200	默认的 排风	200
250x120	矩形风管	120	默认的 排风	250
250x200	矩形风管	200	默认的 排风	250
400x200	矩形风管	200	默认的 排风	400
400x250	矩形风管	250	默认的 排风	400
90x90	矩形风管	90	默认的 回风	90
120x120	矩形风管	120	默认的 回风	120
150x100	矩形风管	100	默认的 回风	150
200x120	矩形风管	120	默认的 回风	200
200x200	矩形风管	200	默认的 回风	200
240x240	矩形风管	240	默认的 回风	240
250x120	矩形风管	120	默认的 回风	250
250x200	矩形风管	200	默认的 回风	250
250x250	矩形风管	250	默认的 回风	250
400x150	矩形风管	150	默认的 回风	400
400x200	矩形风管	200	默认的 回风	400
400x250	矩形风管	250	默认的 回风	400
400x300	矩形风管	300	默认的 回风	400
500x250	矩形风管	250	默认的 回风	500
90x90	矩形风管	90	机械 回风 1	90
200x120	矩形风管	120	机械 回风 1	200
400x300	矩形风管	300	机械 回风 1	400
500x250	矩形风管	250	机械 回风 1	500
160x120	矩形风管	120		160
250x200	矩形风管	200		250
500x250	矩形风管	250		500
1000x400	矩形风管	400		1000
1000x250	矩形风管	250		1000
1000x400	矩形风管	400		1000
2000x250	矩形风管	250		2000
150ø	圆形风管		默认的送风	
总计: 249				

图 9–8

风道末端明细表				
合计	族	类型	族与类型	系统名称
1	防雨百叶	防雨百叶排风口	防雨百叶排风口: 防雨百叶排风口	默认的 排风
58	地板送风	地板送风口	地板送风口: 地板送风口	默认的 送风
2	单层百叶	单层百叶回风口	单层百叶回风口500×400: 单层百叶回风口	
1	单层百叶	单层百叶回风口	单层百叶回风口500×250: 单层百叶回风口	默认的 回风
1	单层百叶	单层百叶回风口	单层百叶回风口250×250: 单层百叶回风口	默认的 回风
6	单层百叶	单层百叶回风口	单层百叶回风口250×200: 单层百叶回风口	默认的 回风
6	单层百叶	单层百叶回风口	单层百叶回风口100×100: 单层百叶回风口	
总计: 75				

图 9–9

9.1.2 编辑明细表

明细表需要添加新的字段来统计数据，可通过编辑明细表来实现。在左侧属性栏中单击字段后的编辑按钮，打开明细表属性对话框，选择需要的字段，如“宽度”，单击“添加”，单击“上移”、“下移”调整字段的位置，单击“确定”，即完成字段的添加，如图 9–10 所示。即可在明细表添加出了“宽度”的参数统计，如图 9–11 所示。

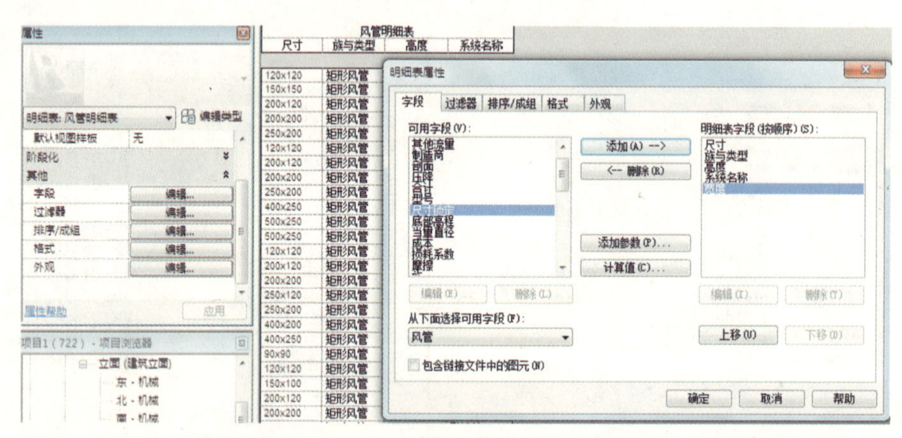

图 9–10

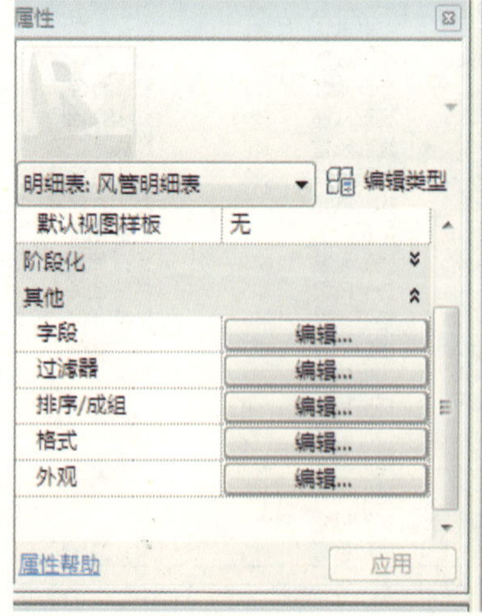

风管明细表				
尺寸	族与类型	高度	系统名称	宽度
120x120	矩形风管	120	默认的 送风	120
150x150	矩形风管	150	默认的 送风	150
200x120	矩形风管	120	默认的 送风	200
200x200	矩形风管	200	默认的 送风	200
250x200	矩形风管	200	默认的 送风	250
120x120	矩形风管	120	默认的 排风	120
200x120	矩形风管	120	默认的 排风	200
200x200	矩形风管	200	默认的 排风	200
250x200	矩形风管	200	默认的 排风	250
400x250	矩形风管	250	默认的 排风	400
500x250	矩形风管	250	默认的 排风	500
500x250	矩形风管	250	默认的 排风	500
120x120	矩形风管	120	默认的 排风	120
200x120	矩形风管	120	默认的 排风	200
200x200	矩形风管	200	默认的 排风	200
250x120	矩形风管	120	默认的 排风	250
250x200	矩形风管	200	默认的 排风	250
400x200	矩形风管	200	默认的 排风	400

图 9–11

附录1　BIM应用现状概况

著名的未来学家尼葛洛庞帝曾这样描述我们的未来世界："信息的DNA正在迅速取代原子成为人类生活中的基本交换物。'大众'传媒正演变成个人化的双向交流，信息不再被'推给'消费者，相对人们或他们的数字勤务员将它们所需要的信息'拿过来'，并参与到创造他们的活动之中。"

从计算机绘图到协同设计，再由目前的建筑信息模型（BIM）到未来的数字城市，我们的设计模式在经历着一步又一步具有里程碑意义的变革。如今，建筑信息模型（BIM）作为一种新型的设计手段，在这一场全球性的变革中得到了迅速的发展。

建设部信息化专家李云贵先生对我国建筑业信息化的历史归纳为每十年解决一个问题，十五——十一五（2001-2010）期间，解决计算机辅助管理问题，包括电子政务（e-government）、电子商务（e-business）、企业信息化（ERP）等。十一五结束之后，建筑业信息化行业就目前发展趋势分析，BIM作为建设项目信息的承载体，作为我国建筑业信息化下一个十年横向打通的核心技术和方法已经没有太大争议。

据相关调查结果显示，目前北美的建筑行业有一半的机构在使用建筑信息模型（即BIM，Building Information Modeling）或与BIM相关的工具——这一使用率在过去两年里增加了75%。美国基于IFC标准制定了BIM应用标准——NBIMS，成为一个完整的BIM指导性和规范性的标准，美国各个大承包商的BIM应用也已经成为普及的态势。

美国斯坦福大学整合设施工程中心（CIFE）根据32个采用BIM的项目总结了使用建筑信息模型的一系列优势；美国Letterman数字艺术中心项目在2006完工时表示，通过BIM她们能按时完成，并且低于预算，估算在这个耗资3500万美元的项目里节省了超过1000万美元；英国机场管理局利用BIM削减了希思罗5号航站楼10%的建造费用。

在其他国家，例如同为亚洲国家的日本，BIM应用也已开始，其优势早已初现端倪，日本某建筑类杂志曾将2009年定义为日本的"BIM元年"，BIM应用正在全球范围内迅速扩展。在中国，BIM技术也开始逐渐被各大设计院运用到项目中。目前，建设部院、中建国际、清华大学设计研究院、华通等一大批国内领先的设计院纷纷成立BIM小组。2010年6月，由全球二维和三维设计、工程及娱乐软件领导者欧特克有限公司与中国勘察设计协会共同举办的"创新杯"——建筑信息模型（即BIM，Building Information Modeling）设计大赛圆满结束，共收到来自全国范围46个单位的147个作品，其中包括：世博文化中心、国家电力馆、上汽通用企业馆、上海案例馆、奥地利馆等。此外，中国商业地产协会也成立BIM应用协会，某些地产商已经开始了BIM技术的应用。

工欲善其事，必先利其器。目前，许多建筑师怠于学习、钻研新技术，部分设计院掌握了一些BIM技术的应用也是秘而不宣不愿授之于人。面对BIM技术的一系列优势及其全球普及应用趋势，BIM咨询及培训体系应运而生。

北京柏慕进业工程咨询有限公司是一家专业致力于以BIM技术应用为核心的建筑设计及工程咨询服务的公司。公司以绿色建筑设计咨询、二维和三维的协同设计体系、BIM 云计算为主要业务方向，其中包括柏慕培训、柏慕咨询、柏慕设计、柏慕外包等四大业务部门。

柏慕作为教育部行业精品课程 BIM 应用系列教材的编写单位，Autodesk Revit 系列官方教材编写者，除了本次编写的《柏慕培训 BIM 与绿色建筑分析实战应用系列教程》共三本之外，还组织编写了数十本 BIM 和绿色建筑的相关教程。

目前，在全国各大高校里开办 BIM 技术相关必修课、选修课的高校已有天津大学、华南理工大学、华中科技大学、大连理工大学等 90 余所。此外，建筑学科专业指导委员会自 2006 年开始，每年举办一次 Revit 大学生建筑设计大赛，得到了广大建筑专业学生的积极响应和参与。

同时，柏慕长期致力于 BIM 技术在高校的推广，在学生与设计单位之间搭建就业互通桥梁，让每一个柏慕学员都能凭借其独特的竞争优势，在柏慕的推荐下进入国内一流的设计院，迈出理想的第一步。

在柏慕培训毕业的历届学员凭借其在柏慕三到六个月的实战培训，拥有了扎实的 BIM 技术功底和丰富的 BIM 实战经验，大都被推荐就业于国内一流的设计院，如建设部院、清华大学设计研究院、中建国际、华通……目前，柏慕已与国内数十所国内领先的设计院签订了《BIM 人才定向培养服务协议》，为其输送优秀的 BIM 人才。

柏慕的另一大业务部门柏慕咨询以其多年的技术经验积累，帮助全国数十家设计院、地产商、总承包商完成了近百个技术领先的 BIM 应用项目的咨询设计服务，帮助客户将 BIM 技术的优势转化成生产力，在项目中得到了卓有成效的应用。同时，柏慕也将这些咨询服务经验和技巧总结转化成柏慕培训课程及 BIM 应用咨询服务体系。

凡购买此书者可登陆柏慕网站（www.51bim.com）“柏慕教程回馈专区”（http://www.51bim.com/showtopic-2051.aspx）下载填写读者反馈表并发送至 51bim@51bim.com，即可获得 100 柏慕币换取相关 revit 族库及其他珍贵学习资源。

附录2 柏慕中国咨询服务体系

一、BIM和绿色建筑应用体系

体系一：建筑施工图体系

1）Revit 绘制建筑施工图的优点

(1) 各构件间的关联性。平、立、剖面、明细表双向关联，一处修改处处更新，自动避免低级错误。

从开始的方案设计，初步设计再到最后的施工图设计，项目在不断的产生变化，设计图纸需要经常性的修改。因此，在接受构件、设备等其他专业的反馈信息的同时，在建筑图中快速做出修正和变动也是必不可少的。

在繁琐的修改过程中，CAD 绘制的图纸时常出现平、立、剖面不对应等类似的低级错误。然而 Revit 由于其关联性的优势，使修改变得异常的高效、便捷。在平、立、剖面的其中一个面作出修改后，其他两面自动作出相应调整。这种对象与对象间的关联性使得建筑师的工作效率大大提高。

(2) 建筑设计不仅是一个模型，也是一个完整的数据库。可以导出各种建筑部件的三维尺寸，并能自动生成各种报表、工程进度及概预算等，其准确程度与建模的精确程度成正比。

(3) 具有及时更新能力。Revit 依赖族创建的模型，当修改其中一个构件时，所有同类型的构件在所有视图里全部自动更新，节约大量人力和时间。

2）Revit 绘制建筑施工图的问题

(1) 虽然 Revit 在设计方面具有很大的优势，但由于国际标准和国内标准之间存在一些差异，需要做一些本地化的定制工作，此项工作需要对 revit 有较高的熟悉程度和全面的了解。

(2) Revit 的使用在施工图阶段，建筑专业需要与其他专业配合，即导出 CAD 图后统一图层标准和出图线宽等设置，这一环节也需要一定的项目经验和图层定制整理等工作。

(3) Revit 的绘图方式建立在“族”的调用及其参数设置上，才能更快的提高设计效率。由于“族”的库有限，需要不断地下载完善，缺少的地方只能自己来做，无形中给设计师们加大了工作量。而族库的积累和制作是需要时间和经验的。

3）柏慕的优势

针对 Revit 现阶段绘制施工图的问题制定了一套完整的体系，解决了以上提到问题

(1) 为客户提供符合当地及本企业施工图出图标准的定制服务。

(2) 通过导出图层设置以及导出图纸技巧，再将二维协同与三维协同设计相结合以实现 Revit 建筑专业与 CAD 结构及设备专业的协同设计。

(3) 针对族文件的完善，柏慕同样有一套属于自己的族和样板的制作及管理体系。

【成功案例】

1）天津某高层住宅项目

项目介绍：

该项目总用地约 1.78 公顷，规划可用地约 0.96 公顷。地上总建筑面积：4.36 万

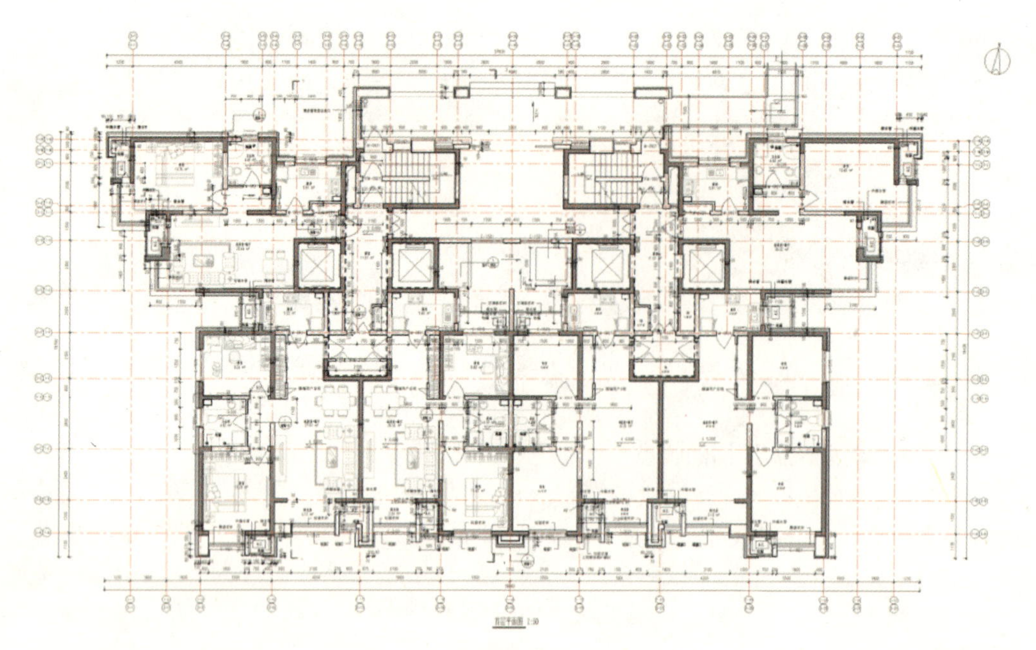

附图 —1

平方米，地下建筑面积 0.75 万平方米。小区建筑性质为居住式公寓，其中包括 3 个高层居住式公寓、1 个配套公建（商业和会馆）及非经营性配套。人口规模为 1254 人，规划户数为 448 户。

本次报建建筑包含 2 个 29 层高层，及 1 个 25 层高层和 1 个三层公建。总建筑面积 51100 平方米，地上建筑面积：43600 平方米。

客户需求：

完成地上部分建筑施工图，提交 Revit 模型文件及图纸文件，导出 CAD 图纸供其他专业使用。

2）某联排别墅项目

项目介绍：

该项目规划用地面积为 $47800m^2$，总建筑面积为 $29129.7m^2$。

客户需求：

用 Revit 完成建筑全套施工图。

3）某异型会所项目

项目介绍：

该项目地下 1 层为设备用房，一层、二层为办公、洽谈等，三层夹层办公，总建筑面积为 $1245.71m^2$，其中地下面积为 $292.57m^2$，地上面积为 $953.14m^2$。

附图 —2

客户需求：

(1) 利用 Revit 完成建筑施工图；

(2) 利用 Ecotect 对其进行能耗分析。

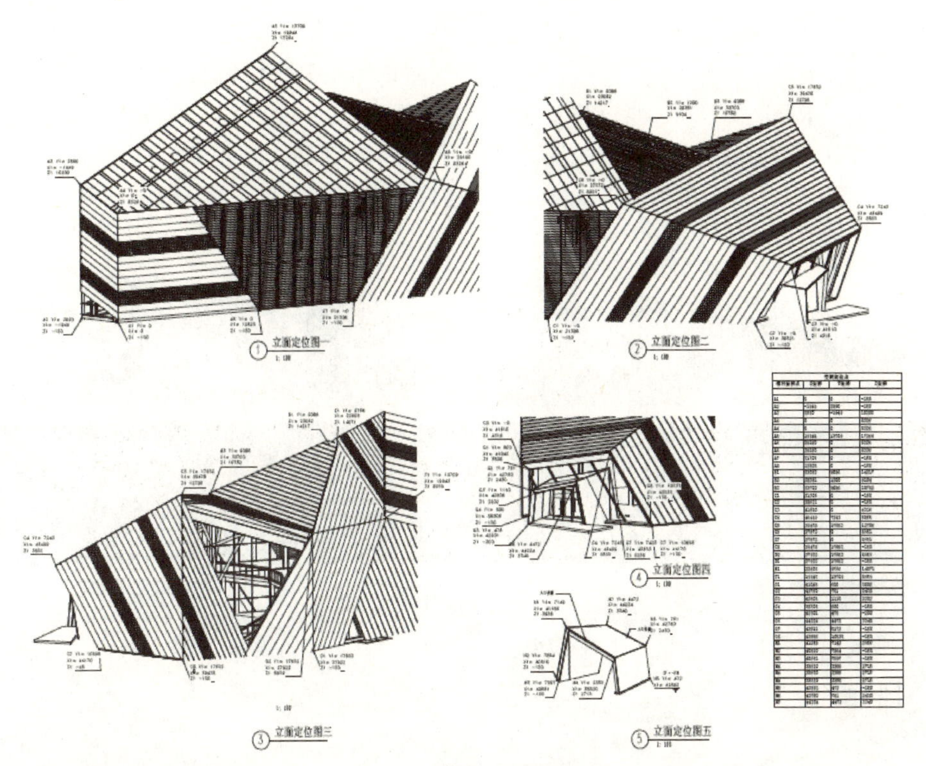

附图 –3

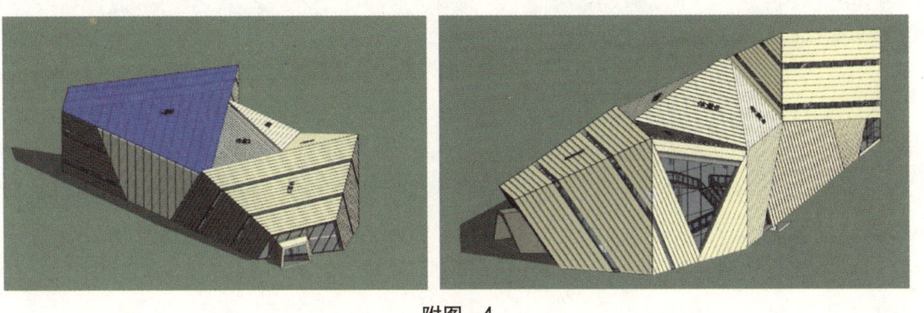

附图 –4

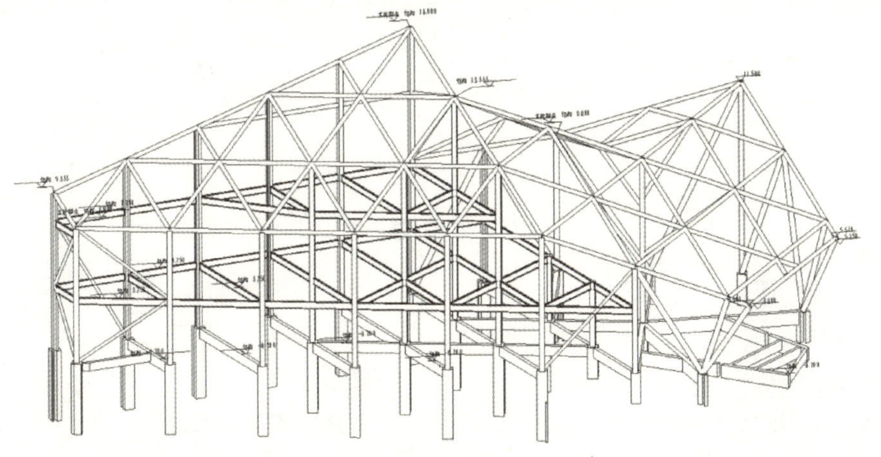

附图 –5

4）成都某异型别墅设计

项目介绍：

本工程由A，B，C，D四种户型的异型别墅组成。别墅群绕湖而建，风景优美，所以在建筑方案设计上充分考虑地形条件。

客户需求：

(1) 运用Revit完成四个异型别墅的建筑施工图；

(2) 搭建四个户型的水暖电模型并进行碰撞检查。

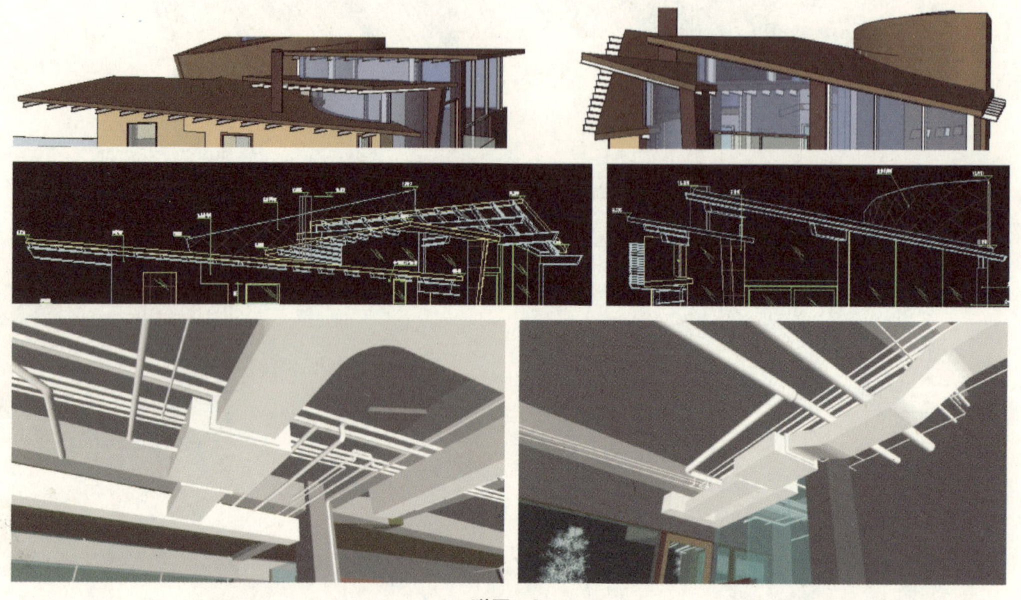

附图 –6

体系二：BIM绿色建筑分析体系

建筑的可持续发展，不仅是对建筑环境工程师、建筑设备工程师的挑战，更重要的是对建筑师的挑战。绿色建筑的一个基本特征就是节约能源，降低能耗。在决定建筑能量性能的各种因素中，建筑的体型、方位及围护结构形式起着决定性作用，直接地影响包括建筑物与外界的换热量、自然通风状况和自然采光水平。而这三方面涉及的内容将构成70%以上的建筑采暖通风空调能耗。因此建筑设计对建筑的能量性能起着主导作用。不同的建筑设计方案，在能耗方面会有巨大的差别。单凭经验或者手工计算，很难正确判断建筑设计的优劣。应用Revit Architecture与Ecotect Analysis绿色分析软件，通过二者之间数据的直接交换，完成从概念设计到施工图不同阶段的可持续设计，使绿色设计有可信服的数据支撑，并同时完成绿色设计方案优化。

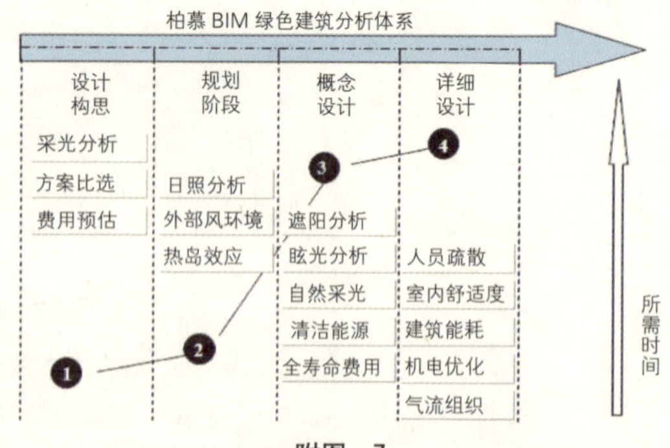

附图 –7

【成功案例】

1）某援疆住宅项目

某援疆住宅项目位于新疆和田地区，通

过应用 BIM 绿色建筑分析手段，和田地区的太阳辐射量非常丰富，因此充分利用太阳能可以有效节能减排。在和田地区南向开窗较大，且外墙保温较好，在充分利用太阳能的前提下，可以大幅提高室内热舒适度。

2）某异型会所绿色分析

主要通过软件模拟真实环境，在一年中的能量消耗，保证从方案阶段开始，就始终

附图 –8

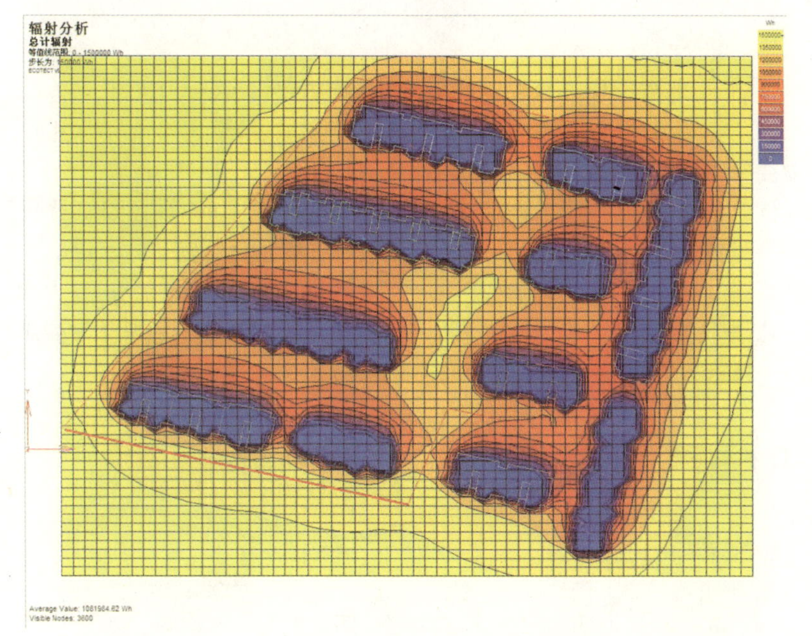

附图 –9

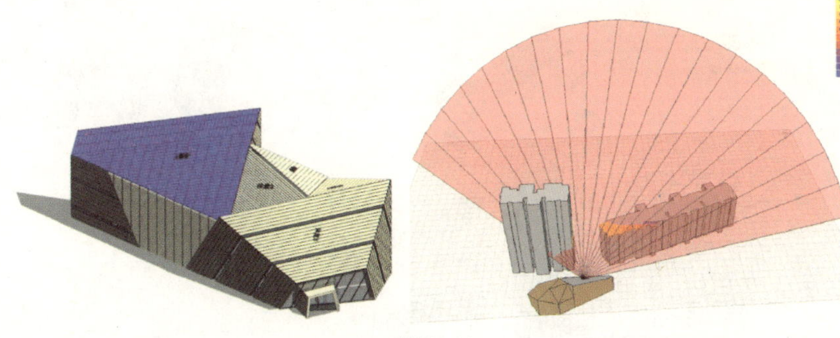

附图 –10

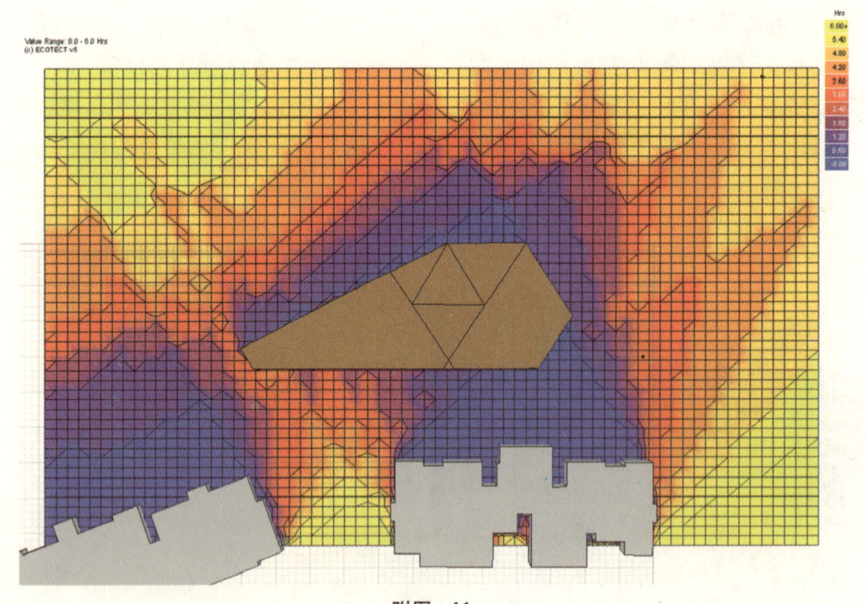

附图 –11

将环保、绿色、低碳、节能的概念贯穿设计全过程。

3）灾后重建

应用 BIM 建筑信息模型的技术，成功解决了该项目在经济性、多样性、抗震、快速大量建造等方面的问题，为汶川地震灾区提供一个可选的重建方案。

4）某国际竞赛项目

项目介绍：

场地位于辽宁本溪市

建筑面积：3021m^2

功能：教室、会议室、食堂、办公室等

通过应用 BIM 绿色建筑分析手段，完成最终的绿色设计优化方案：

改进了遮阳设计

通过增加庭院，改善了室外风环境

改进了拔风烟囱的设计

改进了日光房的设计

改进了自然采光设计

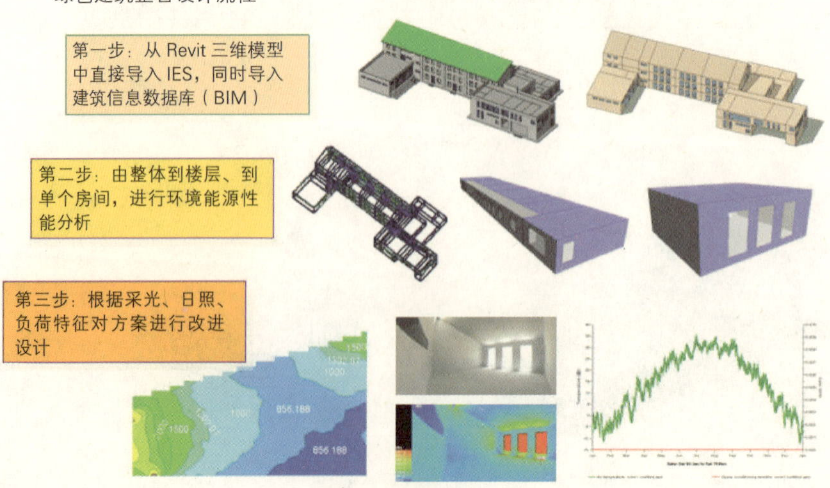

附图 –12

体系三：单元式住宅

单元式住宅，是目前在我国大量兴建的多、高层住宅中应用最广的一种住宅建筑形式。

其基本特点有：（1）重复利用的单元；（2）变化的组合单体；（3）可以标准化生产，造价经济合理。

针对此类型住宅项目，在 Revit Architecture 软件中根据项目规模、户型种类及其不同组合形成，通过组或者外部链接的方式来绘制。通过这两种方式来完成标准户型或者标准单元的创建，极大提高设计效率，减少专业内部及专业之间大量重复性制图及修改工作。例如一个住宅小区里通常是通过户型组成单元，再由单元的组合形成了单栋楼，住宅单元是构成住宅单体，住宅组团和住宅小区的基本单位。针对 BIM 三维设计的特点，利用单元链接的方法，此单元上包含了完整的施工图信息，用这样的方式来处理此类项目大大地提高了效率。

【成功案例】

1）某联排别墅项目

项目介绍：

该项目规划用地面积为 47800m^2，总建筑面积为 29129.7m^2。

客户需求：

用 Revit 完成建筑全套施工图。

2）天津某住宅项目

项目介绍：

本项目总用地面积：514132.6m^2，本次规划设计建设用地面积：78804.4m^2。住户：1236 户，住宅类型主要有一梯四户的高层和一梯两户的多层。

甲方需求：

按照甲方出图标准用 Revit 完成全套建筑施工图。

3）某援疆住宅项目

项目介绍：

该项目位新疆和田市棚户区改造 9 号片

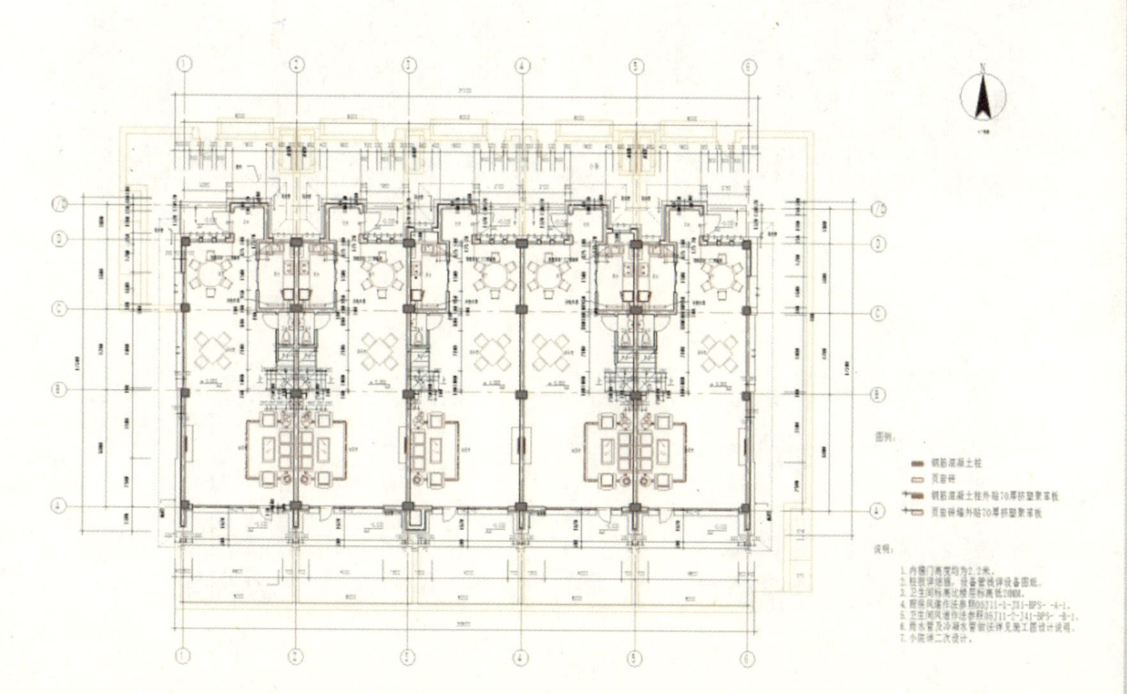

附图－13

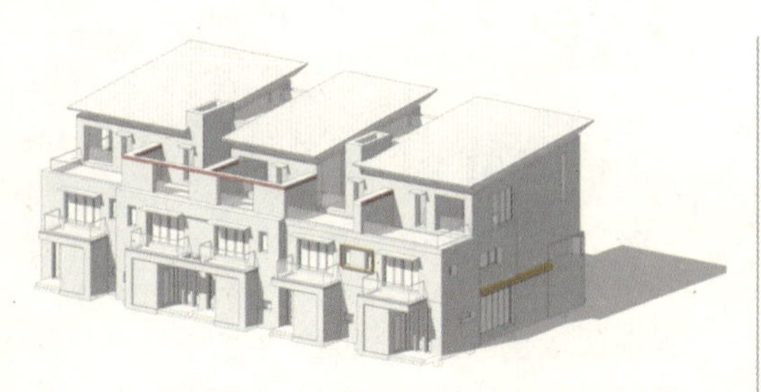

附图 –14

区，小区共有住宅楼 8 栋，均为 6 层普通住宅，层高 2.8m，1 梯 2 户，共有两种户型。

客户需求：

根据甲方要求需要在两天的时间内提交以下图纸作为汇报展示：

(1) 住宅楼图纸表达；

(2) 小区四维施工模拟；

(3) 单体四维施工模拟；

(4) 室内效果图纸表达及漫游动画；

(5) 小区全景效果图纸及漫游动画；

(6) 住宅管道效果展示及错误检查；

(7) 绿色建筑分析；

(8) Navisworks 实时漫游动画。

附图 –15

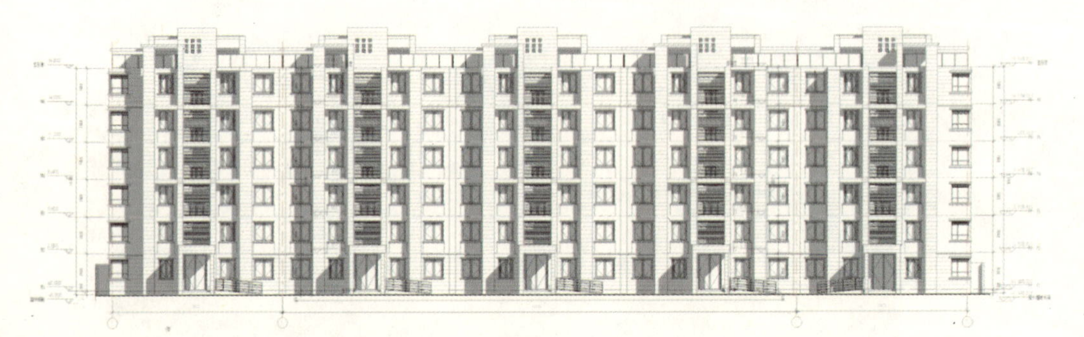

附图 –16

体系四：工业化预制建筑

工业化建筑体的特征为建筑设计标准化、构配件生产工厂化、施工机械化和管理科学化四个方面。它具有能够加快建设速度、降低劳动强度、减少人工消耗、提高施工质量，彻底改变建筑业的落后状态。除此之外工业化的建造方式同时能够为资源消耗现状作出贡献。

通过 BIM 的参数化及标准化模式，将标准化的构件进行统一、归并、简化，并且能够把所有构件的尺寸准确定位，优化减少构件类型，同时还能精确统计整个施工的造价及材料信息。

模块化定义

通过对某一类产品系统的分析和研究，把其中含有相同或相似的功能单元分离处理，用标准化的原理进行统一、归并、简化，以通用单元的形式独立存在。这就是分解而得到的模块，然后用不同的模块组合来形成多种产品。这种分解和组合的全过程就是模块化。

新产品（系统）= 通用模块（不变的部分）+ 专用模块（变动的部分）

——《模块化原理设计方法及应用》

模块化应用

在 Revit Architecture 软件中，应用幕墙系统来进行模块化设计可以简化设计流程，还可以根据统计的工程量提高施工效率。按照所需划分网格后，可以利用替换嵌板的方法来设置通用模块和专用模块，然后组合起来形成新的房间,便于大规模集成化设计。

例如：在需要铺设规格板的洁净厂房里，很多房间都有相似之处，应用模块化设计可以简化设计流程，还可以根据统计的工程量提高施工效率。

【成功案例】

1）天津某洁净药厂项目

项目介绍：

该项目总建筑面积：20000 ㎡；功能：洁净厂房、会议室、加工车间、办公室等；根据甲方需求，选择 M4 作为试点项目进行预置模块化设计。

客户需求：

运用模块化设计来完成 M4 模型搭建及图纸输出。由于房间是幕墙系统组成的，可以根据嵌板的类型在明细表中统计各种房间信息，称为 ROOM DATA，包括：房间的工程量统计，颜色方案等内容。

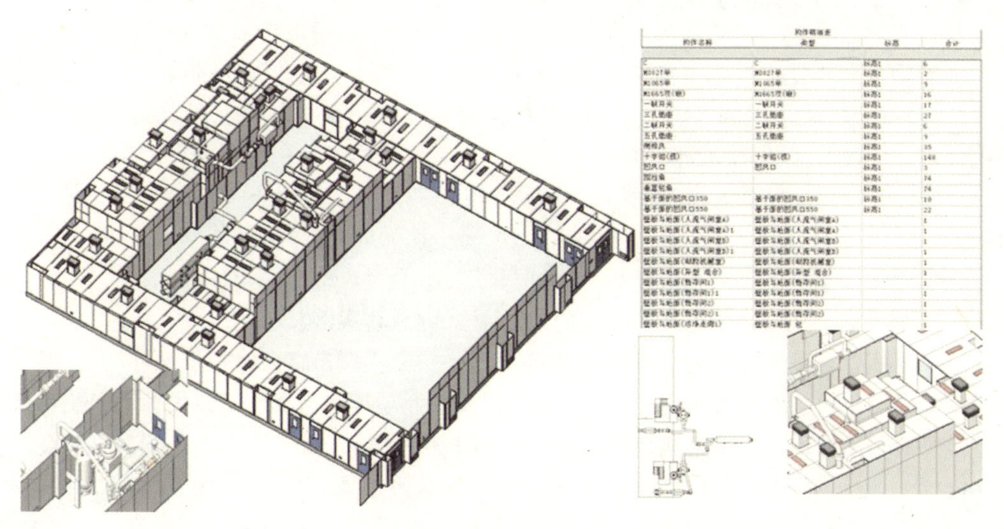

附图 –17

2）某工业化住宅项目

3）灾后重建装配式住宅

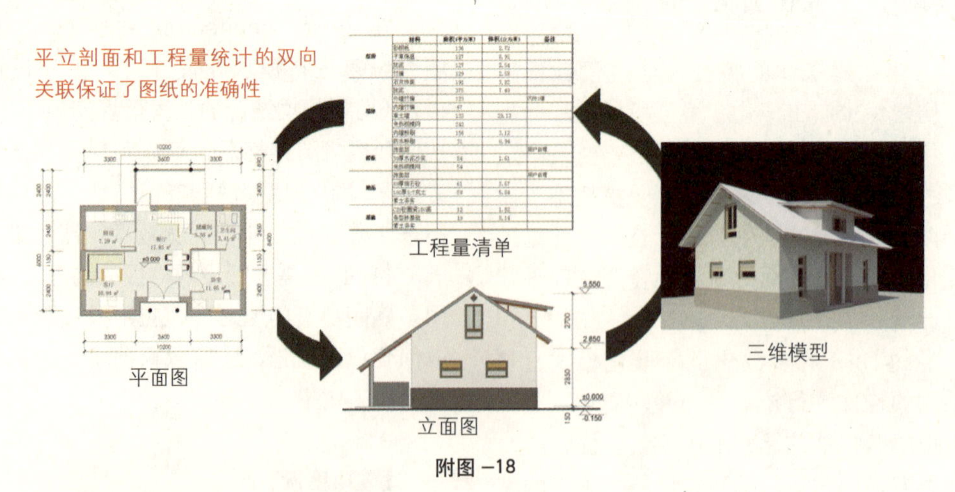

附图 –18

一层建筑面积：70.44m² 二层建筑面积：37.58m² 总建筑面积：107.99m²

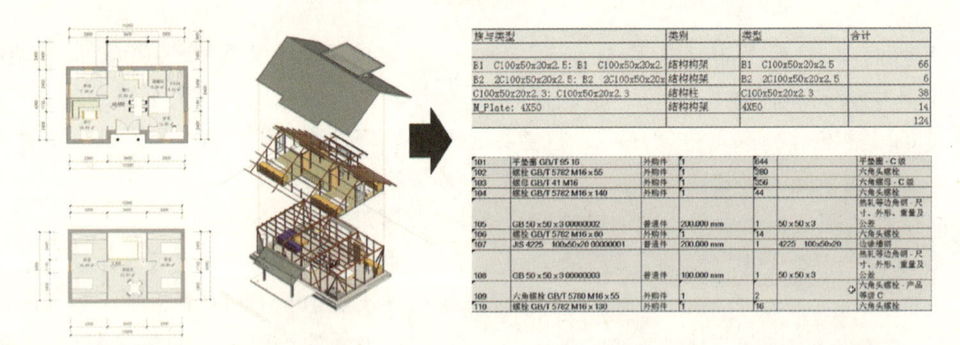

族与类型	类别	类型	合计
B1 C100x50x20x2.5: B1 C100x50x20x2.	结构构架	B1 C100x50x20x2.5	66
B2 2C100x50x20x2.5: B2 2C100x50x20x	结构构架	B2 2C100x50x20x2.5	6
C100x50x20x2.3: C100x50x20x2.3	结构柱	C100x50x20x2.3	38
M_Plate: 4X50	结构构架	4X50	14
			124

101	平垫圈 GB/T 95 16	外购件	1	644		平垫圈 - C 级
102	螺栓 GB/T 5782 M16 x 55	外购件	1	280		六角头螺栓
103	螺母 GB/T 41 M16	外购件	1	356		六角螺母 - C 级
104	螺栓 GB/T 5782 M16 x 140	外购件	1	44		六角头螺栓
105	GB 50 x 50 x 3 00000002	普通件	200.000 mm	1	50 x 50 x 3	热轧等边角钢 - 尺寸、外形、重量及公差
106	螺栓 GB/T 5782 M16 x 80	外购件	1	14		六角头螺栓
107	JIS 4225 100x50x20 00000001	普通件	200.000 mm	1	4225 100x50x20	边缘槽钢
108	GB 50 x 50 x 3 00000003	普通件	100.000 mm	1	50 x 50 x 3	热轧等边角钢 - 尺寸、外形、重量及公差
109	六角螺栓 GB/T 5780 M16 x 55	外购件	1	2		六角头螺栓 - 产品等级 C
110	螺栓 GB/T 5782 M16 x 130	外购件	1	16		六角头螺栓

附图 –19

体系五：大项目协同设计体系

大型项目形式复杂，工作量大，不可能由一个人来单独完成，因此团队内部如何有机配合是一个重点。利用 REVIT 中的“工作集”功能，可以解决多个人同时进行一个项目的工作问题。

建筑整体形态确定以后，大量的建筑细部设计便展开了，Revit 提供了工作集的功能，工作集的划分灵活性很大，BIM 团队可以根据具体项目对工作集做不同的划分。比如建筑师可将室外环境、建筑内墙、建筑外墙、楼梯、楼板、屋面、装饰等分为不同的工作集。团队成员便可以同时工作，而且可以随时上传至中心文件，其他成员便能直接看到建筑物的即时状态，就好比一个空箱子，每个人都不停地向里面投球，大家随时随刻可以看到箱子的状态。因此合理利用 Revit 中工作集功能，在大型项目上相互之间的配合变得轻松，大大提高项目组的工作效率，减少协调成本。

【成功案例】

1）某城市综合体初步设计

此项目由商业、建筑立面、公寓和天幕四个主要部分组成。商业面积达 60000 平方米，公寓楼高 100 米，面积达 40000 平方米，天幕以钢为结构，每片叶子造型犹如雕塑，天幕净高20米，宽80米，长约340米贯穿整个商业街上空。

2）天津某酒店

此项目采用中轴对称和南北朝向整体建筑风格为中式古典风格。规划用地为103808.7平方米，地上总建筑面积87.696平方米，一期建筑容积率0.79，主体建筑二层至五层。

体系六：工业建筑设计体系

Revit Architecture作为一种三维信息化的建筑设计软件，功能全面，在工业建筑设计的专业领域方面也能全面达到建筑设计的实际需求。应用者可以根据工业建筑设计的特点和要求，完成在建模、节点详图、图纸及视图组织等各方面设计内容。

工业建筑设计的范畴及特点

工业建筑设计的原则是十足的功能主义，根据不同的工艺要求，建筑的特征也各不相同。其中有一些工艺简单、要求的尺度及空间接近于民用建筑的工业建筑，设计师在进行设计处理时可以较多的借鉴民用建筑设计的特点，从设计软件的研究方面，可以把它们归纳到民用建筑设计之列。而在更多其他类型的工业建筑设计中，设计师则需要面对与民用建筑大为不同的技术要求：不同的空间尺度、不同的结构形式、不同的交通组织形式、不同的采光通风要求。面对这些与民用建筑差异很大的工业建筑，设计师们更需要一种更专业的满足工业建筑设计要求的设计软件。Revit Architecture则向这样的设计师们提供了这样一个良好的设计平台，为设计师解决工业设计中的问题提供了帮助。

Revit Architecture进行工业建筑设计的优势：

1）全面的图纸视图表达功能

工业建筑图纸当中，对于图纸中要表达对象的多种要求，通过用户的定制，可以在Revit Architecture中实现完美的表达。

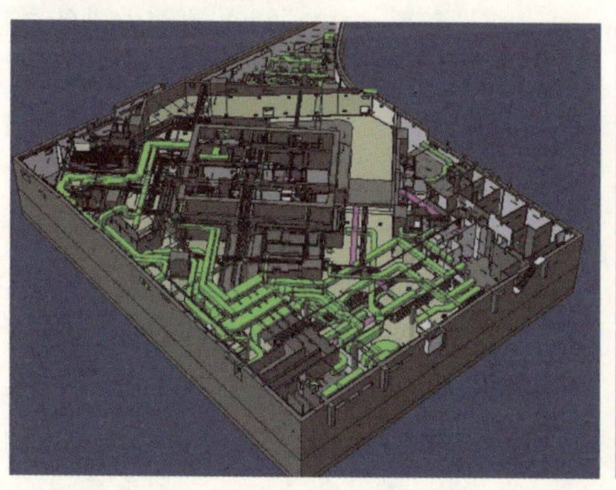

附图－20

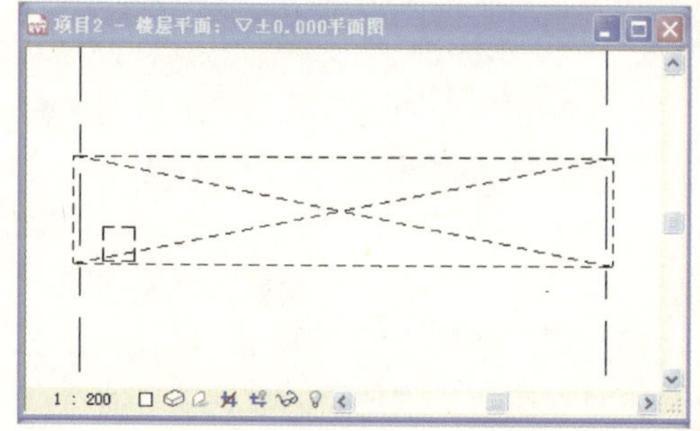

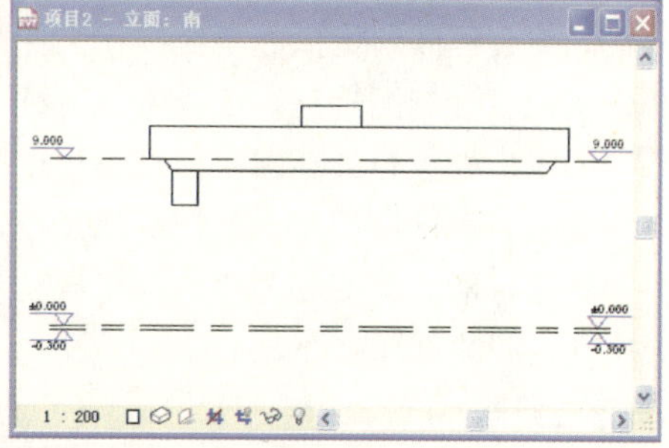

附图－21　——吊车族在平面视图与立面视图中的不同显示

2）标准、参数、模块化设计的强大工具—族

用户对族的制作，可以完成在工业建筑设计中对建筑及结构构件的参数化定制工作，同时最大限度地拓展了 Revit Architecture 的应用范围。

工业建筑虽然没有民用建筑那样丰富多彩的建筑体形和外观，但却存在着多种多样的功能形式，组合复杂的模块化内部构件。针对工业建筑的特点，对于设计软件来说，其中专业模块化的设计功能必须强大、适应范围必须广泛，这样才能广泛地应用到各行业的工业建筑设计当中。

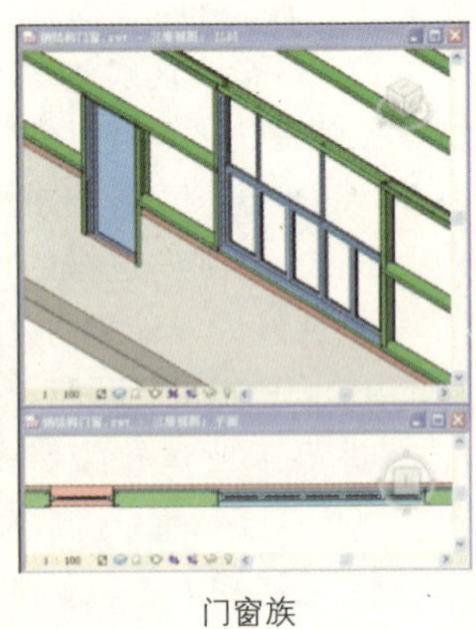
门窗族

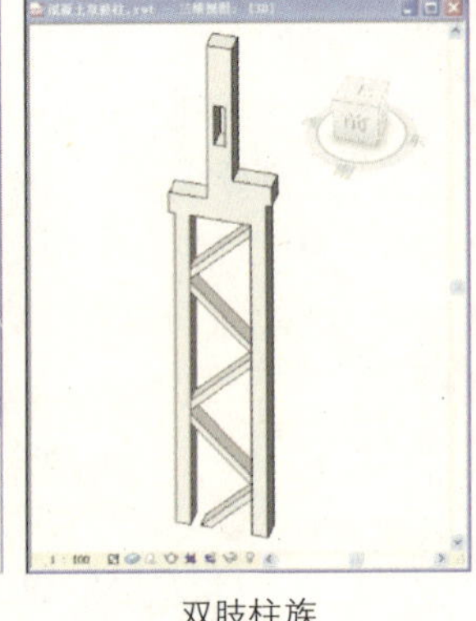
双肢柱族

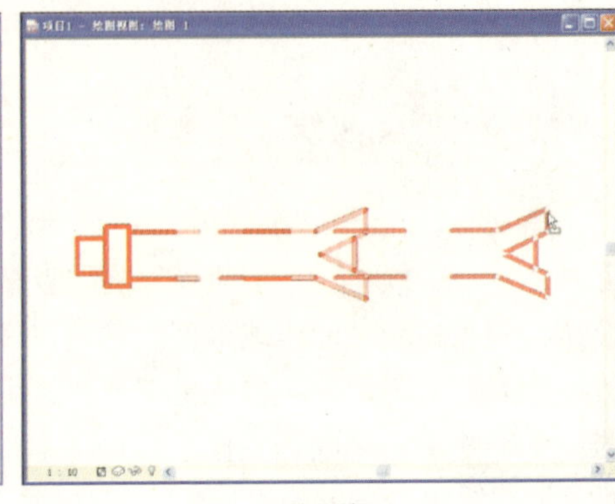
详图族

附图 –22

体系七：族和样板文件的制作及管理体系

在 Revit 中族是其核心，它贯穿于整个设计项目中，是最基本的构成单元。整个项目的实现都是通过族来实现的，要想真正掌握 Revit 必须先掌握族，只有先掌握了族才能说对整个软件有所了解，才能在项目设计中把自己的设计意图完整地表达出来，才能把软件的功能最大地发挥出来，才能真正的提高设计效率。

对于使用 Revit Architecture 的中国建筑师来说，安装程序所提供的系统样板文件会不符合国内设计制图规范，应用者从各种渠道获得的国标样板也会与自己所在设计单位的一些要求或设计师的个人习惯有或多或少的差异。尽可能地改变和缩小这些差异就是样板文件定制的目标之一。

1）存在问题

(1) “族”的调用及其参数设置上，有其利自然有其弊。由于“族”的库有限，需要不断地下载完善，缺少的地方只能自己来做，无形中给设计师们加大了工作量。

(2) 设置样板文件需要大量的积累以及时间来做测试，并且需要考虑全面。

2）柏慕的优势

提供系统的族制作及样板文件规划流程培训，满足客户实际使用需求。

(1) 项目的积累使得柏慕的族库相当全面，每一个族文件都是经过专业 BIM 技术人员测试，严格参照专业图纸来创建，并且为每一个族文件制作一个族说明。

(2) 根据设计阶段将样板文件分为方案设计阶段、施工图设计阶段；根据项目特点将样板文件分为景观、室内设计等。无论定制何种类型的样板文件总是存在着一些固定的工作需要做，其中一些是共性的问题，例如门窗表、建筑面积的统计、建筑装修表、图纸目录等等，根据不同设计项目的特点和要求，把上面这些重复性的工作在项目样板文

件里就预先做好，就可以避免在每个项目设计中重复这些工作，从而提高设计质量和设计效率。

柏慕族库（网络资源）：

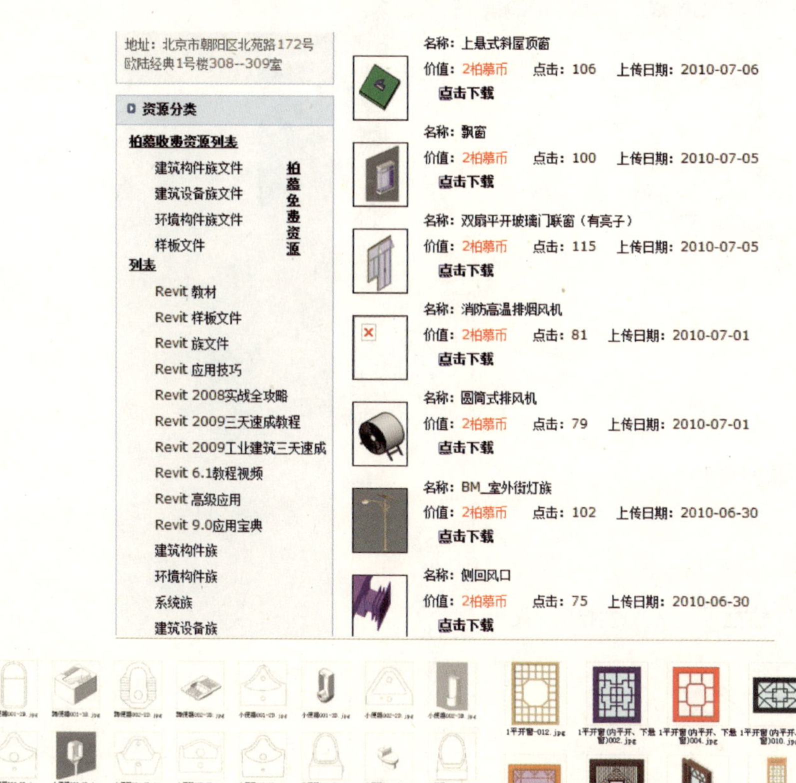

附图－23

族统计及说明：

分类		种类	参数	图片	数量	推荐与否	日期	审核人	是否上传网站（时）	文件存放
系统族	BM_标记、符号									
建筑构件	BM_窗									
		外飘窗	BM_外飘窗：能够调节窗户高度和宽度，同时还能控制外飘窗外伸的宽度；控制竖梃的位置以及显示与否；调节各部分的材质。		1	是	10.01.19	徐钦		\\bim\标准\03-族文件\02 建筑构件\窗族\现代\BM_外飘窗0119
			BM_外飘窗（半圆）：能够调节窗户高度和宽度，同时还能控制外飘窗外伸的宽度；控制下部亮子的高度；调节各部分的材质。		1	是	10.01.19	刘海军		\\bim\标准\03-族文件\02 建筑构件\窗族\现代\BM_外飘窗（半
			BM_外飘窗（异型飘板）：能够调节窗户高度和宽度，同时还能控制外飘窗外伸的宽度；控制下部亮子的高度；调节各部分的材质。		1	是	10.01.19	刘海军		\\bim\标准\03-族文件\02 建筑构件\窗族\现代\BM_外飘窗（异
			BM_外飘窗（护栏）：能够调节窗户高度和宽度，同时还能控制外飘窗外伸的宽度和护栏高度；调节各部分的材质。		1	是	10.01.20	刘海军		\\bim\标准\03-族文件\02 建筑构件\窗族\现代\BM_外飘窗（带
			BM_外飘窗（转角）：能够调节窗户高度和宽度，同时还能控制外飘窗外伸的宽度，亮子的高度；调节各部分的材质。更改板抚宽度会移动窗户位置，注意对位。		1	是	10.01.20	刘海军		\\bim\标准\03-族文件\02 建筑构件\窗族\现代\BM_外飘窗（转

附图－24

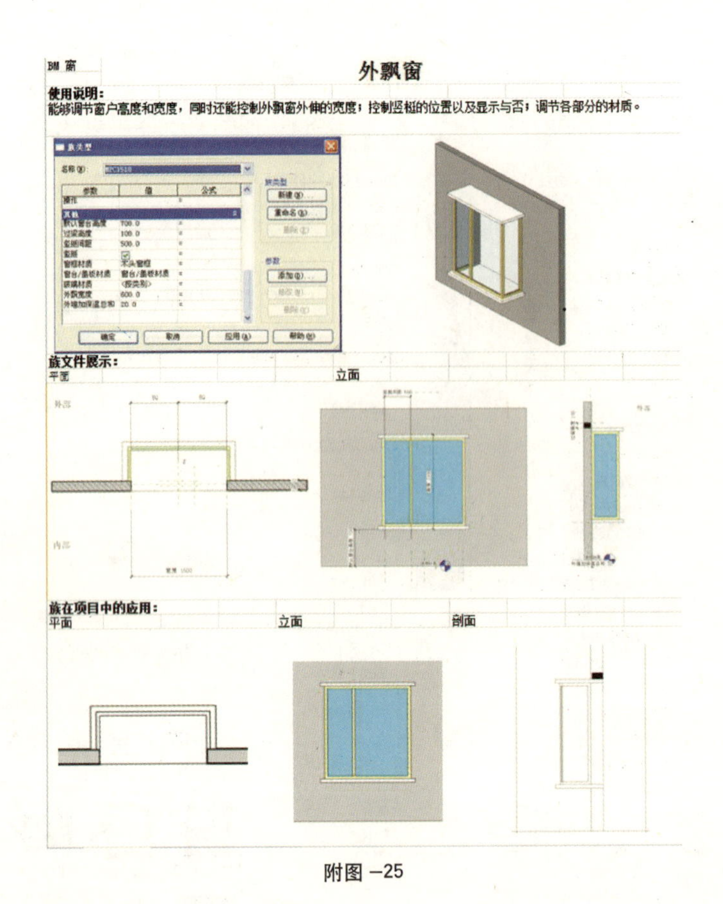

附图 –25

样板文件本地化标准：

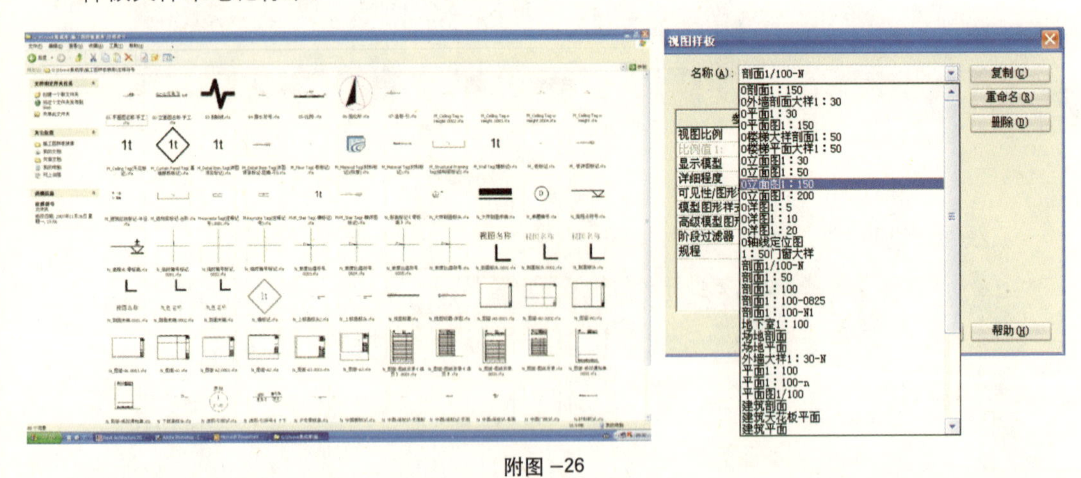

附图 –26

体系八：管线综合及四维施工模拟

工程上的管线综合是通过 Revit 系列软件和 Navisworks 软件的结合实现的。Revit MEP 是一款能够按照您的思维方式工作的智能设计工具。它通过数据驱动的系统建模和设计来优化建筑设备与管道（MEP）专业工程。在工作流中，借助 Revit MEP，可以与使用 Revit Structure 软件的结构工程师以及使用 Revit Architecture 软件的建筑工程师进行全面的设计与制图协作，最大限度地减少设备专业设计团队之间以及与建筑师和结构工程师之间的协调错误，可以在设计早期发现建筑设备与建筑设计、结构设计之间的潜在冲突，从而节约成本。

Navisworks 四维的施工模拟。在 4D 环境中对施工进度和施工过程进行仿真，以可视化的方式交流和分析项目活动，并减少延误和施工排序问题。4D 模拟功能通过将模型几何图形与时间和日期相关联来制定施工或拆除顺序，从而支持您验证建造流程或拆除流程的可行性；从项目管理软件导入时间、日期和其他任务数据，以此在进度和项目模型之间创建动态链接；制定预计和实际时间，直观显示计划进度与实际项目进度之间的偏差。

【成功案例】

1）某综合楼 MEP 项目

该项目通过 Revit 搭建模型，导入到 navisworks，勾选所需要检查碰撞的模块，进行碰撞检查，输出报告。

2）天津某药厂项目

该项目要求从 CAD 施工图翻成 Revit 三维模型，完成信息模型的搭建，包括暖通模型图，电气模型图，给排水模型图，消防模型图。再由 Revit 导出到 Navisworks，进行可视化处理、碰撞检查及 4D 施工模拟。

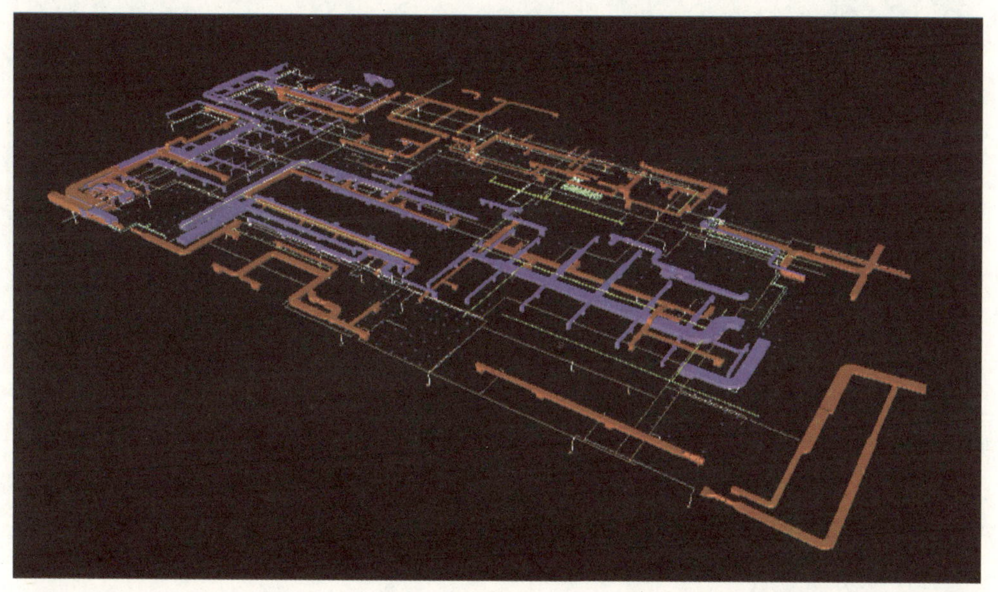

附图 –27

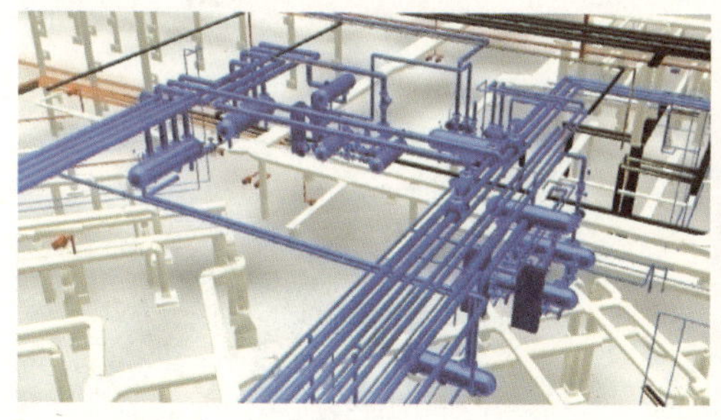

附图 –28

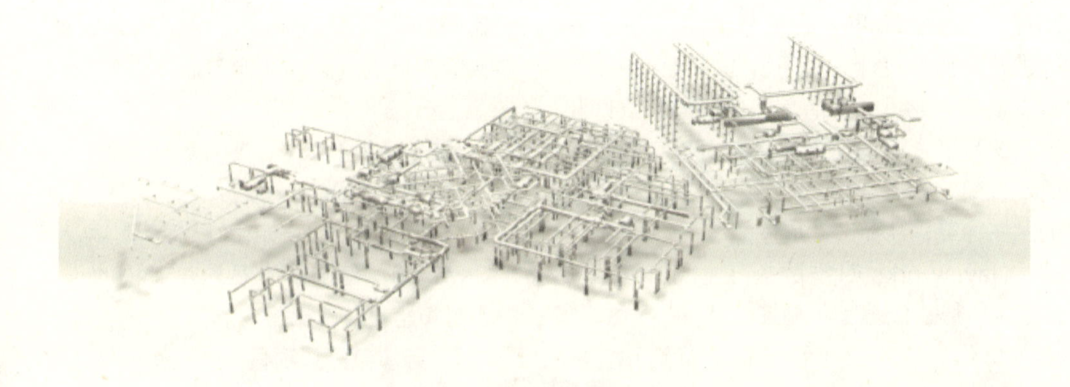

附图 –29

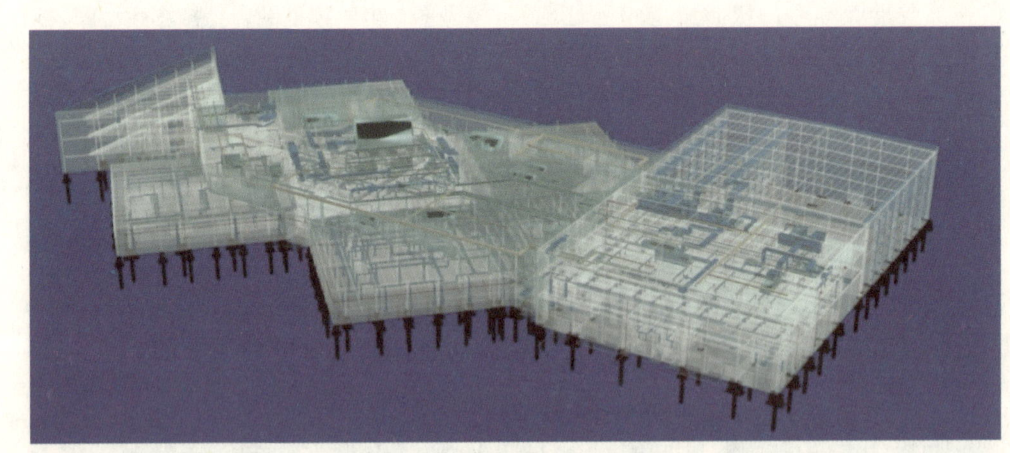

附图 –30

3）北京某住宅小区一期地下车库管线综合

本工程总建筑面积 8982.27m^2。要求从 CAD 施工图翻成 Revit 三维模型，完成信息模型的搭建，包括暖通模型图，电气模型图，给排水模型图，消防模型图。再由 Revit 导出到 Navisworks，进行可视化处理、碰撞检查及 4D 施工模拟。

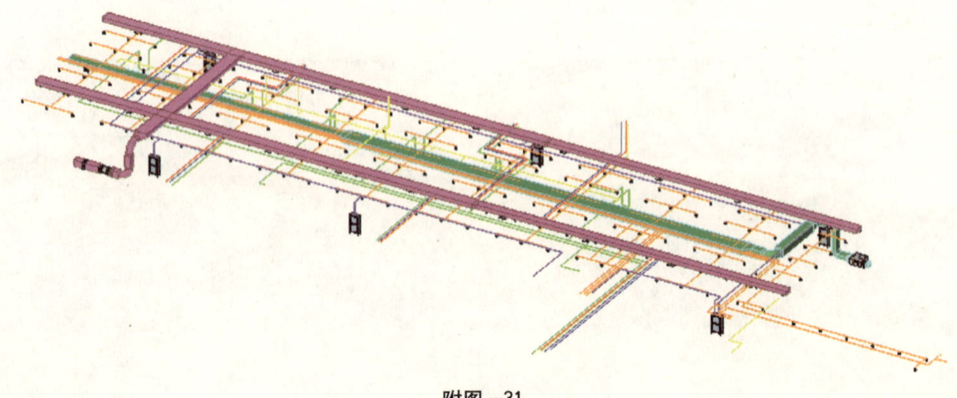

附图 –31

附图 –32

其他体系：室内设计

Revit Architecture 软件为室内设计师提供了一个用于概念设计、扩初设计、可视化、渲染和文档制作的统一环境，而无需花费更多精力或复制模型信息。Revit 参数化建筑建模器能够在项目相关的所有表现方式和备选设计方案间协调这些信息，从而让设计师及其客户对室内设计文档和信息的精确性和可靠性倍感放心。

照明设备明细表

族与类型	型号	瓦特	制造商	合计
古典吊灯 2: 类型 1		150 W		4
台灯 1: 60 瓦白炽灯		120 W		6
嵌套灯: 50瓦		9 W		16
嵌套线性光源: 嵌套线性光		17 W		1
工作台灯: 20 瓦 U 型荧光灯		20 W		1
暗灯槽 - 抛物面正方形: 600		40 W		2
总计:				30

附图 –33

对于室内设计师、建筑师和其他建筑设计专业人员而言，建筑信息模型不仅是构思和交流设计的强大工具，同时也是赢得室内设计业务竞争的有利优势。

室内设计师都可以从 BIM 中可以获得以下主要优势：

1) 快速、轻松地创建室内设计模型，并实现设计的可视化。

2) 查找和管理一个模型中的多个设计选项——这些方案可能在空间布局、材料选择等任何方面有所差别。

3) 利用建筑信息模型中丰富、可靠的数据。从最初制定空间规划和总明细表(master schedule)，到详图设计阶段精确的材料算量和成本预算，再到最后生成协调一致的文档，这一点都非常重要。

家具明细表			
族与类型	制造商	成本	合计
M_厨房水槽-单: 760 x 535 mm			1
书柜: BS 3020 W1600*D450*	Livart		1
双门衣柜: 双门衣柜 1680			2
台面-L 形，带水槽: 600mm			1
床02: 1300 x 1901			1
床02: 1800 x 1900			1
床03: W1200*D1900			1
底柜-单门: 500 mm			1
底柜-单门，带滑动抽屉: 03			2
底柜-双门洗涤台: 1000 mm			3
排风罩: 600 x 490 mm			1
木茶几: 木茶几44" x 20"			1
椅子1: 540x460x880 mm			1
椅子03: 餐椅(430*530*920)			4
沙发01: W1100*D870*H920			1
沙发02: W2060*D870*H920			1
液晶电视: W1028*D89*H660			1
滚筒洗衣间: W*600*D600*H8			1
炉灶面-2 套: 305 x 457 mm			1
电冰箱: 600 x 660 mm			1
电脑桌-103: DNZ13261			1
餐桌: 800 x 1400 mm			1
总计:			29

附图 –34

二、协同设计体系

CAD/BIM 设计协同工作模式：简单地说就是将设计文件放在公共的平台上、执行共同的 CAD/BIM 标准进行协同设计。这种工作方式得以实现一是要靠标准约定，二是要有公共平台 – IT 网络和公共服务器或数据中心。设计协同工作模式对设计企业具有以下战略意义：

公司战略层面

(1) 提升整体设计质量和效率，提升企业的核心竞争力；

(2) 有利于企业标准化和制度化建设，规范员工职业化行为；

(3) 创造开放、积极、合作的企业文化，促进员工的技术交流和经验交流；

(4) 提升企业设计工作平台和国际化形象，与国际先进设计技术与设计团队接轨。

设计业务管理层面

(1) 减少专业内部及专业之间大量重复性制图及修改工作；

(2) 避免重复位置修改过程中的遗漏；

(3) 避免专业图纸之间基本信息的不一致；

(4) 增强专业之间的信息沟通的及时性、强制性和互动性，及时发现并更正设计错误；

(5) 设计人员以协同工作模式可将各专业及各阶段的配合即时地深入到设计过程中，提高设计人员的综合协同工作能力；

(6) 将专业间的配合问题更多地转化为专业内的问题，有的放矢地加强专职校审的责任；

(7) 为传统的二维设计转入革命性的 BIM 设计时代做好基础。

柏慕协同设计咨询

柏慕的协同设计咨询包括以下内容:

(1) 协助搭建 BIM/CAD 协同工作管理团队;

(2) 协助建立协同设计的 IT 框架(域文件存储服务器);

(3) 定制企业级 CAD /BIM 标准、制度、操作规程;

(4) 起步阶段以具体项目,全程指导协同设计操作;

(5) CAD/BIM 应用技巧培训。

三、BIM和云计算

BIM 设计时代对 IT 提出了新的挑战:一是对硬件运算速度的要求越来越高,相应的是硬件更换、更新成本给企业带来沉重的设备更新资金压力;二是 BIM 协同设计贯穿于建筑全生命周期的各个阶段、容纳了各个参与方(顾问公司)的不同设计任务,理想的设计协同是不受时间和地域的限制"即时协同"。

BIM 云为应对上述挑战的完美解决方案。

BIM 云特点

(1) 所有设计文件放在云虚拟存储服务上,方便调用,同时便于安全维护;

(2) 所有设计人员通过远程桌面控制接入云工作,才能实现真正意义上的实时的、不受地点限制的协同工作;

(3) HPGW (高性能图形工作站云)上安装标准设置的应用程序,应用程序标准化得以实现,同时有利于加载、更新标准项目设置;

(4) 个人计算机仅作为接入云工作站的设备,无需安装各种应用程序,随用随取;

(5) VAN 网络仅作为接入云工作站的条件,一旦接入云,即不受网速限制。

BIM 云应用效益

(1) 经济性—极大降低 IT 硬件投入和维护运营成本,整合 IT 资源:

- 设计人员多人共享 HPGW(高性能图形工作站云);
- 数据中心整合,IT 维护整合。

(2) 实效性—迅速提升 BIM/CAD 的运行速度:

- 高性能图形工作站上运行 BIM/CAD 相关大型应用程序;
- 动态流量调整、整合"闲置"运算能力。

(3) 更趋完善的协同工作平台:

- 标准化应用程序设置;
- 方便灵活地运行应用程序;
- 不受地域限制的即时协同工作;
- 安全连续的设计工作(不受 PC"系统崩溃"的影响)。

柏慕 BIM 云计算咨询

柏慕的 BIM 云咨询包括以下内容:

(1) 协助建立 BIM 云 IT 框架(企业内部私有云);

(2) 远程协助管理和维护云计算中心;

(3) BIM 云上 SAAS 服务:包括样板文件、族、BIM 工具或插件、培训等。